工业和信息化普通高等教育“十三五”规划教材立项项目
21 世纪高等学校规划教材

U0887639

概率论与数理统计

刘家春 关明 ◎ 主 编
王晓丹 王贺平 ◎ 副主编

Probability Theory & Mathematical Statistics

人 民 邮 电 出 版 社
北 京

图书在版编目（CIP）数据

概率论与数理统计 / 刘家春，关明主编. -- 北京：
人民邮电出版社，2015.9（2018.3重印）
21世纪高等学校规划教材
ISBN 978-7-115-39451-4

Ⅰ. ①概… Ⅱ. ①刘… ②关… Ⅲ. ①概率论－高等学校－教材②数理统计－高等学校－教材 Ⅳ. ①O21

中国版本图书馆CIP数据核字（2015）第177324号

内容提要

本书根据高等学校理工类专业“概率论与数理统计”课程的教学大纲编写而成，系统地讲解了“概率论与数理统计”的相关知识. 全书共有8章，内容包括概率论的基本概念、一维和多维随机变量及其分布、随机变量的数字特征、数理统计的基础知识、参数估计、假设检验、方差分析和回归分析等知识. 本书力求深入浅出，通俗易懂，突出应用. 全书例题量大，解题详细，便于教学. 为了便于读者学习和检验学习效果，把握学习进度，每章都附有丰富的习题，并在书后配有详细的参考答案.

本书可作为应用型高等院校本科各专业“概率论与数理统计”课程的教材.

◆ 主　　编　刘家春　关　明
副 主 编　王晓丹　王贺平
责任编辑　张孟玮
执行编辑　税梦玲
责任印制　沈　蓉　彭志环
◆ 人民邮电出版社出版发行　　北京市丰台区成寿寺路 11 号
邮编　100164　　电子邮件　315@ptpress.com.cn
网址　http://www.ptpress.com.cn
北京九州迅驰传媒文化有限公司印刷
◆ 开本：787×1092　1/16
印张：15.5　　　2015 年 9 月第 1 版
字数：364 千字　　　2018 年 3 月北京第 4 次印刷

定价：38.00 元

读者服务热线：(010)81055256　印装质量热线：(010)81055316
反盗版热线：(010)81055315

序言 Preface

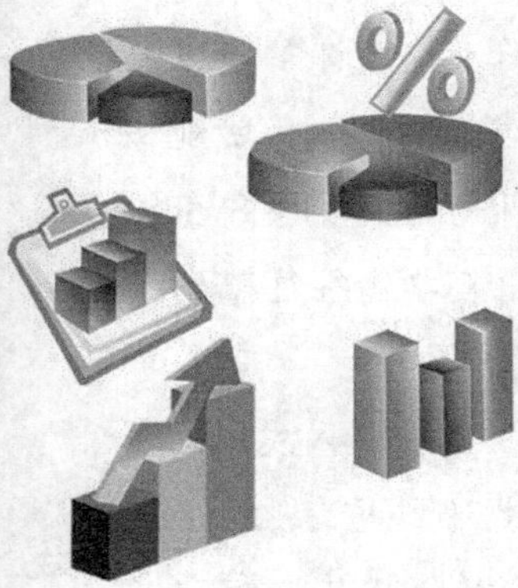

在自然界和现实生活中，一些事物都是相互联系和不断发展的.在它们彼此的联系和发展中，根据它们是否有必然的因果联系，可以分成两大类：一类是确定性的现象，指在一定条件下，必定会导致某种确定的结果.例如，在标准大气压下，水加热到100摄氏度，就必然会沸腾.事物间的这种联系是属于必然性的，这种现象叫做必然现象或确定性现象.另一类是不确定性的现象.这类现象在一定条件下的结果是不确定的.例如，同一个工人在同一台机床上加工同一种零件若干个，它们的尺寸总会有一点差异.又如，在同样条件下，进行小麦品种的人工催芽试验，各颗种子的发芽情况也不尽相同，有强弱和早晚之别等.为什么在相同的情况下，会出现这种不确定的结果呢？ 这是因为，我们说的“相同条件”是指一些主要条件来说的，除了这些主要条件外，还会有许多次要条件和偶然因素是人们无法事先预料的.这类现象，我们无法用必然性的因果关系，对现象的结果事先做出确定的答案.事物间的这种关系是属于偶然性的，这种现象叫作偶然现象，或者叫作随机现象.

“概率论与数理统计”是研究随机现象内在规律性的一门数学学科.它具有严密、深刻的理论体系.同时，它又是一门应用学科，在工业、农业、军事、医学、公共事业及尖端科学等几乎所有科学技术领域得到越来越重要的应用.

前 言 Foreword

“概率论与数理统计”作为数学的一个重要分支，在许多领域中有着广泛的应用.现在，不但理工学科，而且经济学、管理学等专业，对概率统计的要求也越来越高.由于概率统计是研究随机现象内在规律的，它所用的方法不同于以往学过的数学，所以初学者往往感到比较难学.

本书针对应用型本科教育和职业教育的特点，力求深入浅出，通俗易懂，从实际问题出发，引出基本概念，进而上升到理论，特别强调了处理各种问题的思路、方法和步骤，力求做到全面并富有启发性，以便使读者能够举一反三，触类旁通，开拓处理问题的思路，提高解决问题的能力.本书的主要内容包括随机事件与概率、随机变量及其分布、多维随机变量及其分布、随机变量的数字特征和极限定理，数理统计的基本概念、参数估计、假设检验、单因素试验的方差分析及一元正态线性回归.同时，本书对各章课后习题都做了较详细的解答.书中有“*”的部分为选修内容.

本书的第1～2章由王晓丹编写，第3、4章由关明编写，第6～8章由刘家春编写，预备知识、第5章及参考答案由王贺平编写，王双、张晓楠、于佳彤、杨德彬参加了本书部分章节的编写及附表和答案的校对工作.全书由刘家春统稿.

由于编者水平有限，书中难免存在疏漏之处，恳请读者批评指正.

编 者

2015年4月

预备知识

1. 加法原理

设完成一件事有 m 种方式，其中第一种方式有 n_1 种方法，第二种方式有 n_2 种方法，……，第 m 种方式有 n_m 种方法，无论通过哪种方法都可以完成这件事，则完成这件事的方法总数为 $n_1+n_2+\cdots+n_m$.

2. 乘法原理

设完成一件事有 m 个步骤，其中第一个步骤有 n_1 种方法，第二个步骤有 n_2 种方法，……，第 m 个步骤有 n_m 种方法；完成该件事必须通过每一步骤才算完成，则完成这件事的方法总数为 $n_1\times n_2\times\cdots\times n_m$.

3. 排列、组合

(1) 选排列

从 n 个不同的元素中，任意选取 r 个($0<r\leqslant n$，不许重复)，然后按顺序排成一列，称为从 n 个元素中取 r 个元素的一种选排列，其排列总数记为 P_n^r，则

$$P_n^r=n\times(n-1)\times(n-2)\times\cdots\times(n-r+1)=\frac{n!}{(n-r)!}$$

特别地，当 $n=r$ 时，这种选排列称为全排列，排列数为 $P_n^n=n!$.

(2) 有重复排列

从 n 个不同的元素中，任意选出 m 个(每个元素可重复选取)，然后按顺序排成一列，称为有重复排列，其排列数为 n^m.

(3) 不同元素的组合

从 n 个不同元素中，每次不重复地取出 r 个($r\leqslant n$)元素组成一组，不计较组内各元素的次序，叫作从 n 个不同元素中取出 r 个元素的一个组合，其组合数为

$$C_n^r=\frac{P_n^r}{r!}=\frac{n!}{(n-r)!\ r!}=\frac{n(n-1)(n-2)\cdots(n-r+1)}{r(r-1)(r-2)\cdots(2)(1)}$$

性质 1. $C_n^r=C_n^{n-r}$(剩余公式)

2. $C_n^0=C_n^n=1$

(4) 有重复的组合

从 n 个不同元素中，每次取 r 个为一组，各组的对象可以任意重复，则此种组合称为取的重复组合，其重复组合数以符合 H_n^r 表示，且

$$H_n^r=C_{n+r-1}^r$$

4. 二项式公式

对任意正整数 n 及非负整数 r，

$$(x+y)^n = C_n^0 x^n + C_n^1 x^{n-1} y + \cdots + C_n^r x^{n-r} y^r + \cdots + C_n^{n-1} x y^{n-1} + C_n^n y^n$$

$$= \sum_{r=0}^{n} C_n^r x^{n-r} y^r$$

于是有

$$2^n = C_n^0 + C_n^1 + C_n^2 + \cdots + C_n^n$$

$$(1+x)^n = C_n^0 + C_n^1 x + C_n^2 x^2 + C_n^3 x^3 + \cdots + C_n^r x^r + \cdots + C_n^n x^n$$

目 录 Content

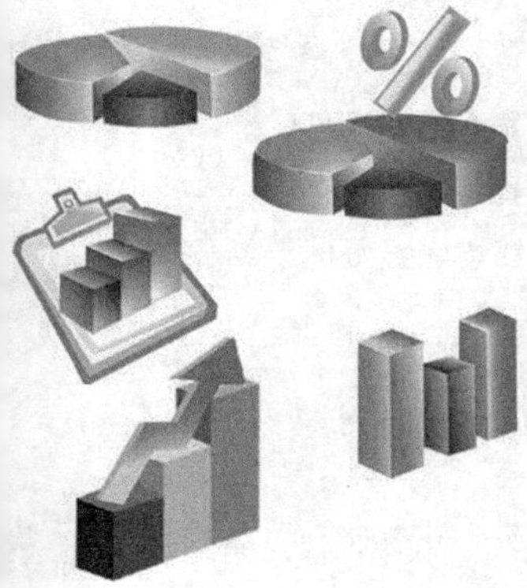

第 1 章 随机事件及其概率

第 2 章 随机变量及其分布

第 3 章 多维随机变量

第 4 章 随机变量的数字特征和极限定理

第 5 章 数理统计的基本概念

第1章 随机事件及其概率

1.1 随机事件

1.1.1 随机试验

概率论是一门研究随机现象内在规律性的数学学科.为了研究随机现象,就要对客观要求进行观察和试验,我们把这种观察和试验统称为试验.概率论中所研究的试验具有下列特点:

(1) 可以在相同的条件下重复进行;

(2) 试验的可能结果不止一个,并且在试验前能明确知道所有可能的结果;

(3) 试验前无法预知哪一个结果出现.

我们把具有上述特点的试验称为**随机试验**,简称为**试验**,记为 E.例如,观察某射手对固定目标进行射击;抛一枚硬币三次,观察出现正面的次数;记录某市 120 急救电话一昼夜接到的呼叫次数等均为随机试验.

1.1.2 随机事件

在随机试验中可能发生也可能不发生的事情称为**随机事件**,简称为**事件**,常用字母 A、B、…表示.

例如,抛一枚均匀硬币,"正面朝上"是一个随机事件,将其记作 A,简写为

$$A=\text{"正面朝上"}$$

同样地,有

$$B=\text{"正面朝下"}$$

1. 基本事件与复合事件

随机试验的每一个可能结果,它是最基本的不能再分的事件称为**基本事件(或样本点)**,记为 e.

例如,掷一枚骰子这一试验,出现"1 点""2 点""3 点""4 点""5 点""6 点",都是基本事件,可分别用

$$e_i=\text{"出现 } i \text{ 点"}(i=1,2,\cdots,6)$$

表示.

在一个试验中,由两个或两个以上基本事件复合而成的事件称为**复合事件**.

例如,掷一枚骰子这一试验,出现偶数点是一复合事件,它是由出现"2 点""4 点""6 点",这三个基本事件复合而成的复合事件,当且仅当上述三个基本事件中的一个发生它才发生,可用 $e_2+e_4+e_6$ 表示.

2. 必然事件

在一定条件下必然会发生的事件称之为**必然事件**,记为 S(或 Ω).

3. 不可能事件

在一定条件下必定不会发生的事件称为**不可能事件**，记为∅.

为讨论方便，必然事件、不可能事件作为极端情况都视为随机事件.

1.1.3 样本空间

试验 E 的所有基本事件构成的集合，称为 E 的**样本空间**，记为 S(或 Ω).

例如，"从标号为 1,2,…,10 的 10 个完全相同的球中任取一个"为一个随机试验，记 e_i＝"取得 i 号球"($i=1,2,\cdots,10$)，则其样本空间

$$S=\{e_1,e_2,\cdots,e_{10}\}$$

它的子集$\{e_6,e_7,e_8,e_9,e_{10}\}$表示"取到的号码大于 5"这一事件，$\{e_1,e_3,e_5,e_7,e_9\}$表示"取到奇数号球"这一事件，……，可见，样本空间的某个子集就是一个事件，今后我们称样本空间的某个子集为**随机事件**.

空集∅不包含任何基本事件，在每次试验中都不会发生，称为**不可能事件**.

全集 S 作为自身的子集，包含所有的基本事件，在每次试验中必然发生，称为**必然事件**.

例 1.1 同时掷两枚骰子，试写出该试验的样本空间和事件 A＝"点数之和等于 10"，B＝"点数之和大于 8".

解 样本空间为

$$S=\left\{\begin{matrix}(1,1),(1,2),(1,3),(1,4),(1,5),(1,6)\\(2,1),(2,2),(2,3),(2,4),(2,5),(2,6)\\(3,1),(3,2),(3,3),(3,4),(3,5),(3,6)\\(4,1),(4,2),(4,3),(4,4),(4,5),(4,6)\\(5,1),(5,2),(5,3),(5,4),(5,5),(5,6)\\(6,1),(6,2),(6,3),(6,4),(6,5),(6,6)\end{matrix}\right\}$$

$$A=\{(4,6),(5,5),(6,4)\}$$

$$B=\{(3,6),(4,5),(5,4),(6,3),(4,6),(5,5),(6,4),(5,6),(6,5),(6,6)\}$$

1.1.4 事件的关系和运算

1. 事件的关系和运算

(1) 事件的包含和相等

设有事件 A 与 B，如果 A 发生，则 B 必然发生，则称 B 包含 A，或 A 包含于 B，如图 1.1 所示，记为

$$A\subset B \text{ 或 } B\supset A$$

如果事件 A 包含事件 B，同时事件 B 也包含事件 A，则称事件 A 与 B 相等，记为

$$A=B$$

特别地，对任一个事件 A，有

$$\varnothing\subset A\subset S$$

如图 1.2 所示.

(2) 事件的和(并)

A 与 B 两个事件中至少有一个发生，称这一事件为事件 A 与事件 B 的和(或并)，如图 1.3 所示，

记为

$$A \cup B \text{ 或 } A+B$$

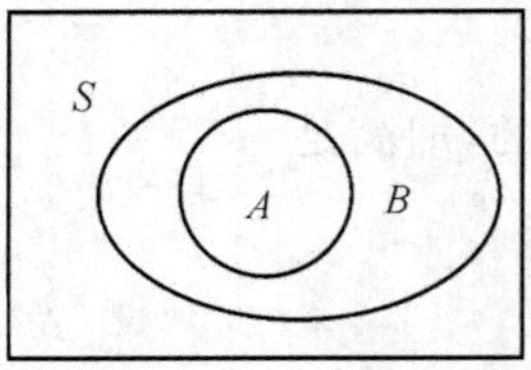

图 1.1

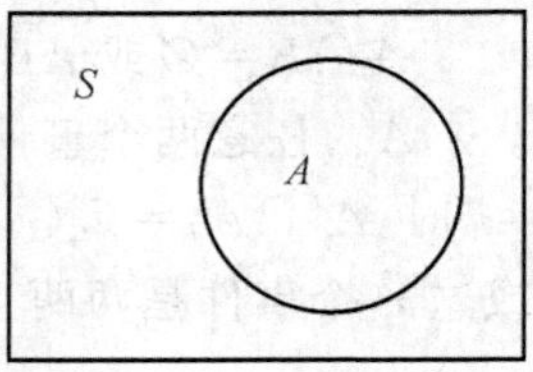

图 1.2

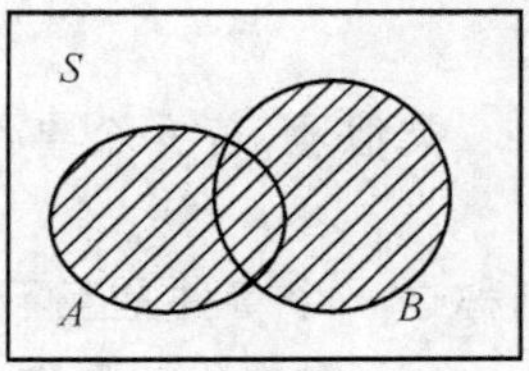

图 1.3

类似地，可定义 n 个事件及可列无穷个事件的和.若 n 个事件 $A_1,A_2,\cdots,A_n$ 中至少有一个发生，则称这一事件为 $A_1,A_2,\cdots,A_n$ 的和，记为

$$A_1+A_2+\cdots+A_n \text{ 或} \bigcup_{i=1}^{n} A_i$$

若可列无穷个事件 $A_1,A_2,\cdots,A_n,\cdots$ 中至少有一个发生，则称这一事件为 $A_1,A_2,\cdots,A_n,\cdots$ 的和，记为

$$A_1+A_2+\cdots+A_n+\cdots \text{或} \bigcup_{i=1}^{\infty} A_i$$

(3) 事件的积(交)

两事件 A 与 B 同时发生，称这一事件为事件 A 与事件 B 的积或交，如图 1.4 所示，记为

$$A \cap B \quad \text{或 } AB$$

类似地，可定义 n 个事件及可列无穷个事件的积.

若 n 个事件 $A_1,A_2,\cdots,A_n$ 同时发生，则称这一事件为 $A_1,A_2,\cdots,A_n$ 的积，记为

$$A_1A_2\cdots A_n \text{ 或} \bigcap_{i=1}^{n} A_i$$

若可列无穷个事件 $A_1,A_2,\cdots,A_n,\cdots$ 同时发生，则称这一事件为 $A_1,A_2,\cdots,A_n,\cdots$ 的积，记为

$$A_1A_2\cdots A_n\cdots \text{或} \bigcap_{i=1}^{\infty} A_i$$

(4) 事件的差

事件 A 发生而事件 B 不发生，称这一事件为事件 A 与事件 B 的差，如图 1.5 所示，记为

$$A-B \text{ 或 } A\overline{B}$$

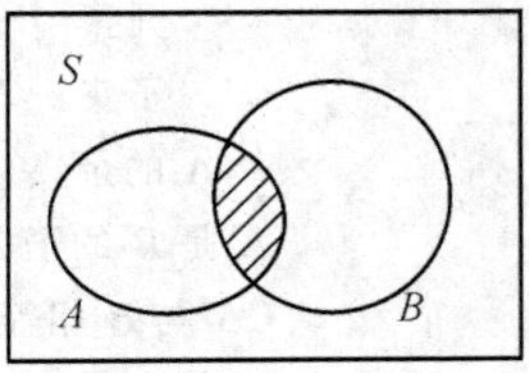

图 1.4

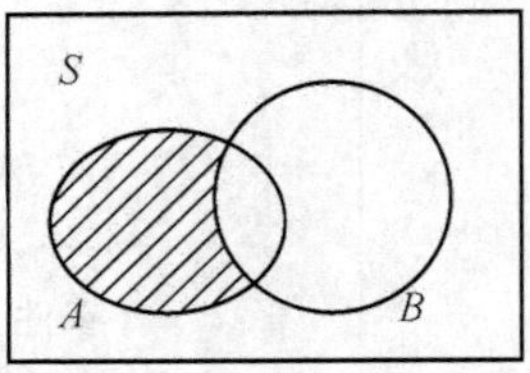

图 1.5

这时，各部分的表示如图 1.6 所示.

特别地，对任一个事件 A，有

$$A-A=\varnothing, A-\varnothing=A$$

(5) 互不相容(互斥)

若两事件 A 与 B 不能同时发生,则称事件 A 与事件 B 是互不相容(互斥)的,如图 1.7 所示,记为

$$A\cap B=\varnothing \text{或} AB=\varnothing$$

类似地,若 n 个事件 $A_1,A_2,\cdots,A_n$,任意两个事件是互不相容的,即满足

$$\text{当} i\neq j \text{时},A_i\cap A_j=\varnothing(i,j=1,2,\cdots,n)$$

则称这 n 个事件是互不相容的,或这 n 个事件是两两互不相容的.

(6) 对立(逆)事件

由事件 A 不发生所确定的事件称为 A 的对立(逆)事件,如图 1.8 所示,记作$\overline{A}$,由定义可知

$$\overline{(\overline{A})}=A$$

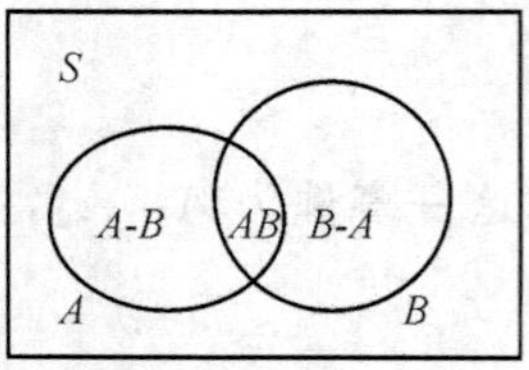

图 1.6

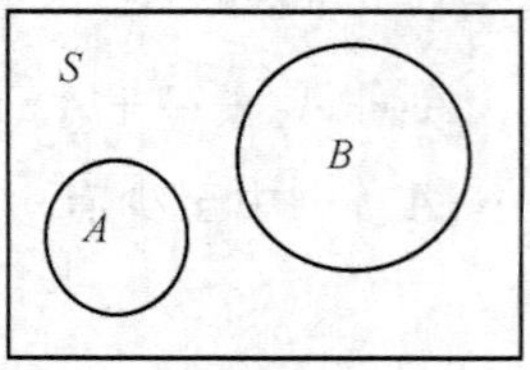

图 1.7

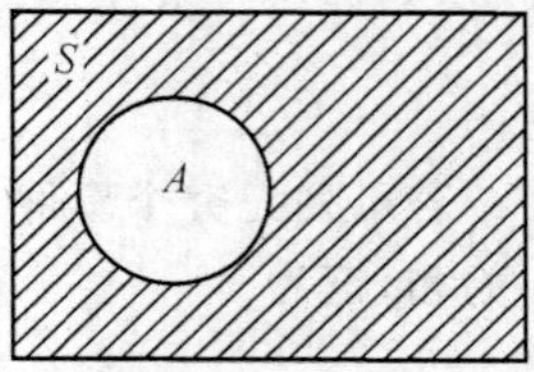

图 1.8

在一次试验中,A 和$\overline{A}$不会同时发生,且 A 与$\overline{A}$至少有一个发生,因此 A 和$\overline{A}$满足

$$A+\overline{A}=S,A\cap\overline{A}=\varnothing,\overline{A}=S-A$$

人们注意到,随机试验的所有基本事件都是两两互斥的,因为每次试验只能出现一个结果,任何两个不同结果都不能同时出现,但基本事件彼此未必互为逆事件. 例如,在掷一骰子的试验中,"掷出 3 点"与"掷出 4 点"是互斥事件,但不是互逆事件,因为不掷出 3 点还可能掷出 2 点,5 点,1 点,6 点来,因此,互斥未必互逆,但互逆必定互斥.

2. 事件的运算规律

事件间的关系及运算与集合的关系及运算是一致的,给出下列对照表 1.1.

表 1.1

记　号	概　率　论	集　合　论
S	样本空间,必然事件	全集
$\varnothing$	不可能事件	空集
e	基本事件	元素
A	事件	子集
$\overline{A}$	A 的对立事件	A 的余集
$A\subset B$	事件 A 发生导致 B 发生	A 是 B 的子集
$A=B$	事件 A 与事件 B 相等	A 与 B 相等
$A\cup B$	事件 A 与事件 B 至少有一个发生	A 与 B 的和集
AB	事件 A 与事件 B 同时发生	A 与 B 的交集
$A-B$	事件 A 发生而事件 B 不发生	A 与 B 的差集
$AB=\varnothing$	事件 A 和事件 B 互不相容	A 与 B 没有相同的元素

根据集合的运算性质，可推得事件的运算性质如下：

(1) 交换律：$A\cup B=B\cup A$，$A\cap B=B\cap A$；

(2) 结合律：$(A\cup B)\cup C=A\cup(B\cup C)$，$(A\cap B)\cap C=A\cap(B\cap C)$；

(3) 分配律：$A\cup(B\cap C)=(A\cup B)\cap(A\cup C)$，$A\cap(B\cup C)=(A\cap B)\cup(A\cap C)$；

(4) 对偶律：$\overline{A\cup B}=\overline{A}\cap\overline{B}$，$\overline{A\cap B}=\overline{A}\cup\overline{B}$，$\overline{\bigcup_{i=1}^{n}A_i}=\bigcap_{i=1}^{n}\overline{A_i}$，$\overline{\bigcap_{i=1}^{n}A_i}=\bigcup_{i=1}^{n}\overline{A_i}$.

例 1.2 在管理系学生中任选一名学生，令事件 A 表示选出的是男生，事件 B 表示选出的是三年级学生，事件 C 表示该生是运动员.

(1) 叙述事件 $AB\overline{C}$ 的意义；

(2) 什么条件下 $C\subset B$ 成立？

(3) 在什么条件下 $ABC=C$ 成立？

(4) 什么条件下 $\overline{A}=B$ 成立？

解 (1) $AB\overline{C}$ 是指当选的学生是三年级男生，但不是运动员.

(2) $C\subset B$ 表示全部运动员都是三年级学生，也就是说，若当选的学生是运动员，那么一定是三年级学生，即除三年级学生之外其他年级没有运动员条件下才有 $C\subset B$.

(3) 只有在 $C\subset AB$，即 $C\subset A$，$C\subset B$ 同时成立的条件下才有 $ABC=C$ 成立，即只有在全部运动员都是男生，且全部运动员都是三年级学生的条件下才有 $ABC=C$.

(4) $\overline{A}\subset B$ 表示当选的女生一定是三年级学生，且 $B\subset\overline{A}$ 表示当选的三年级学生一定是女生.换句话说，若女生都在三年级且三年级学生都是女生，在这样的条件下，$B=\overline{A}$ 成立.

例 1.3 甲，乙，丙三人各射一次靶，记 A＝"甲中靶"，B＝"乙中靶"，C＝"丙中靶"，则可用上述三个事件的运算来分别表示下列各事件：

(1)"甲未中靶"：　$\overline{A}$；

(2)"甲中靶而乙未中靶"：　$A\overline{B}$；

(3)"三人中只有丙未中靶"：　$AB\overline{C}$；

(4)"三人中恰好有一人中靶"：　$A\overline{B}\,\overline{C}\cup\overline{A}B\overline{C}\cup\overline{A}\,\overline{B}C$；

(5)"三人中至少有一人中靶"：　$A\cup B\cup C$；

(6)"三人中至少有一人未中靶"：　$\overline{A}\cup\overline{B}\cup\overline{C}$；或 $\overline{ABC}$；

(7)"三人中恰有两人中靶"：　$AB\overline{C}\cup A\overline{B}C\cup\overline{A}BC$；

(8)"三人中至少两人中靶"：　$AB\cup AC\cup BC$；

(9)"三人均未中靶"：　$\overline{A}\,\overline{B}\,\overline{C}$；

(10)"三人中至多一人中靶"：　$\overline{A}\,\overline{B}\,\overline{C}\cup A\overline{B}\,\overline{C}\cup\overline{A}B\overline{C}\cup\overline{A}\,\overline{B}C$；

(11)"三人中至多两人中靶"：　$\overline{ABC}$；或 $\overline{A}\cup\overline{B}\cup\overline{C}$.

注： 用其他事件的运算来表示一个事件，方法往往不唯一，如上例中的(6)和(11)实际上是同一事件，读者应学会用不同方法表达同一事件，特别在解决具体问题时，往往要根据需要选择一种恰当的表示方法.

例 1.4 指出下列各等式命题是否成立，并说明理由.

(1) $A\cup B=(A\overline{B})\cup B$；

(2) $\overline{A}B=A\cup B$；

(3) $\overline{A\cup B}\cap C=\overline{A}\,\overline{B}\,\overline{C}$；

(4) $(AB)(A\overline{B})=\varnothing$.

解 (1)成立.$(A\overline{B})\cup B=(A\overline{B})\cup(AB\cup B)=A(\overline{B}\cup B)\cup B=A\cup B$.

(2) 不成立.若 A 发生,则必有 $A\cup B$ 发生,A 发生,必有$\overline{A}$不发生,从而$\overline{A}B$ 不发生,故$\overline{A}B=A\cup B$ 不成立.

(3) 不成立.若$\overline{A\cup B}\cap C$ 发生,即 C 发生且$\overline{A\cup B}$发生,即必然有 C 发生.由于 C 发生,故$\overline{C}$必然不发生,从而 $\overline{A}\,\overline{B}\,\overline{C}$ 不发生,故(3)不成立.

(4) 成立.$(AB)(A\overline{B})=(AB)(\overline{B}A)=A(B\overline{B})A=(A\cap\varnothing)A=\varnothing\cap A=\varnothing$.

1.2 随机事件的概率

在一个随机试验中,往往有多个随机事件,有些事件出现的可能性大些,有些出现的可能性小些.事件出现的可能性大小是客观存在的,它揭示了随机现象的内在规律性.

为了研究事件发生的可能性,就需要用一个数字来描述这种可能性的大小.我们称描述一个事件出现的可能性大小的实数为该事件的概率.事件 $A,B,C,\cdots$ 的概率分别用 $P(A),P(B),P(C),\cdots$ 表示.

对于随机试验,给定的事件 A 发生的概率 $P(A)$ 到底是一个什么数?怎样能求出这个数?本节我们就来讨论这些问题.

1.2.1 概率的公理化定义

任何一个数学概念都是对现实世界的抽象,这种抽象使得其具有广泛的适用性.从概率论有关问题的研究算起,经过近三个世纪的漫长探索历程,人们才真正完整地解决了概率的严格数学定义.1933 年,前苏联著名的数学家柯尔莫哥洛夫,在他的《概率论的基本概念》一书中给出了现在已被广泛接受的概率公理化体系,第一次将概率论建立在严密的逻辑基础上.

定义 1.1 设 E 是随机试验,S 是它的样本空间,对于 E 的每一个事件 A 赋于一个实数,记为 $P(A)$,若 $P(A)$满足下列三个条件(称为概率的三条公理):

(1) 非负性:对每一个事件 A,有

$$P(A)\geqslant 0 \tag{1.1}$$

(2) 规范性:对于必然事件 S,有

$$P(S)=1 \tag{1.2}$$

(3) 可列可加性:设 $A_1,A_2,\cdots$是两两互不相容的事件,即若 $i\neq j$,则 $A_iA_j=\varnothing,i,j=1,2,\cdots$,有

$$P(\bigcup_{i=1}^{\infty}A_i)=\sum_{i=1}^{\infty}P(A_i) \tag{1.3}$$

则称 $P(A)$为事件 A 的概率.

1.2.2 概率的性质

性质 1
$$P(\varnothing)=0 \tag{1.4}$$

证 令 $A_n=\varnothing(n=1,2,\cdots)$,则 $\bigcup\limits_{n=1}^{\infty}A_n=\varnothing$,且 $A_iA_j=\varnothing,i\neq j,i,j=1,2,\cdots$,由概率的可列可加性得

$$P(\varnothing)=P(\bigcup_{n=1}^{\infty}A_n)=\sum_{n=1}^{\infty}P(A_n)=\sum_{n=1}^{\infty}P(\varnothing)$$

由概率的非负性知，$P(\varnothing)\geqslant 0$，故由上式知 $P(\varnothing)=0$.

性质2(有限可加性) 若 $A_1,A_2,\cdots,A_n$ 是两两互不相容的 n 个事件，则有

$$P(A_1+A_2+\cdots+A_n)=P(A_1)+P(A_2)+\cdots+P(A_n) \tag{1.5}$$

上式称为概率的**有限可加性**.

证 令 $A_{n+1}=A_{n+2}=\cdots=\varnothing$，即有 $i\neq j$，$A_iA_j=\varnothing$，$i,j=1,2,\cdots$，则有

$$\begin{aligned}P(A_1+A_2+\cdots+A_n)&=P(\bigcup_{k=1}^{\infty}A_k)=\sum_{k=1}^{\infty}P(A_k)=\sum_{k=1}^{n}P(A_k)+0\\&=P(A_1)+P(A_2)+\cdots+P(A_n)\end{aligned}$$

性质3(减法公式) 设 A、B 是两个事件，则有

$$P(B-A)=P(B)-P(AB) \tag{1.6}$$

特别地，若 $A\subset B$，则 $P(B-A)=P(B)-P(A)$，从而 $P(B)\geqslant P(A)$.

证 $B=AB\cup(B-A)$，且 $AB\cap(B-A)=\varnothing$，再由概率的有限可加性，得

$$P(B)=P(AB)+P(B-A)$$

故

$$P(B-A)=P(B)-P(AB)$$

若 $A\subset B$，则 $A\cap B=A$，由减法公式得

$$P(B-A)=P(B)-P(A)$$

又由概率的非负性，$P(B-A)\geqslant 0$ 知

$$P(B)\geqslant P(A)$$

性质4 对于任一事件 A，

$$P(A)\leqslant 1 \tag{1.7}$$

证 因 $A\subset S$，由性质3得

$$P(A)\leqslant P(S)=1$$

性质5(逆事件的概率) 对于任一事件 A，有

$$P(\overline{A})=1-P(A) \tag{1.8}$$

证 因 $A\cup\overline{A}=S$，且 $A\overline{A}=\varnothing$，得

$$1=P(S)=P(A\cup\overline{A})=P(A)+P(\overline{A})$$

性质6(加法公式) 设 $A_1,A_2,\cdots,A_n$ 为任意的 n 个事件，则

$$\begin{aligned}P(\bigcup_{i=1}^{n}A_i)=&\sum_{i=1}^{n}P(A_i)-\sum_{1\leqslant i<j\leqslant n}P(A_iA_j)+\sum_{1\leqslant i<j<k\leqslant n}P(A_iA_jA_k)-\cdots\\&+(-1)^{n-1}P(A_1A_2\cdots A_n)\end{aligned} \tag{1.9}$$

特别地，对于任意两事件 A,B，有

$$P(A\cup B)=P(A)+P(B)-P(AB) \tag{1.10}$$

对于三个事件 A,B,C，有

$$P(A\cup B\cup C)=P(A)+P(B)+P(C)-P(AB)-P(AC)-P(BC)+P(ABC) \tag{1.11}$$

证(仅证两个事件的情况) 因

$$A\cup B=A\cup(B-AB)$$

且

$$A(B-AB)=\varnothing, AB\subset B$$

故

$$P(A\cup B)=P(A)+P(B-AB)=P(A)+P(B)-P(AB)$$

例 1.5 已知 $P(\overline{A})=0.5, P(\overline{A}B)=0.2, P(B)=0.4$，求

(1) $P(AB)$；(2) $P(A-B)$；(3) $P(A\cup B)$；(4) $P(\overline{A}\,\overline{B})$.

解 (1) 因为 $AB+\overline{A}B=B$，且 AB 与 $\overline{A}B$ 是不相容的，故有

$$P(AB)+P(\overline{A}B)=P(B)$$

于是

$$P(AB)=P(B)-P(\overline{A}B)=0.4-0.2=0.2$$

(2) $P(A)=1-P(\overline{A})=1-0.5=0.5$,

$P(A-B)=P(A)-P(AB)=0.5-0.2=0.3$;

(3) $P(A\cup B)=P(A)+P(B)-P(AB)=0.5+0.4-0.2=0.7$;

(4) $P(\overline{A}\,\overline{B})=P(\overline{A\cup B})=1-P(A\cup B)=1-0.7=0.3$.

例 1.6 已知 $P(A)=0.7, P(A-B)=0.3, P(B-A)=0.2$，求 $P(\overline{AB})$ 及 $P(\overline{A}\,\overline{B})$.

解 由 $P(A-B)=P(A)-P(AB)=0.7-P(AB)=0.3$ 得

$$P(AB)=0.4$$

故

$$P(\overline{AB})=1-P(AB)=1-0.4=0.6$$

$$\begin{aligned}P(\overline{A}\,\overline{B})&=P(\overline{A+B})=1-P(A+B)=1-[P(A)+P(B)-P(AB)]\\&=1-[P(A)+P(B-A)]=1-(0.7+0.2)=0.1\end{aligned}$$

例 1.7 设 $AB\subset C$，试证明 $P(A)+P(B)-P(C)\leqslant 1$.

证 由 $AB\subset C$，所以

$$P(C)\geqslant P(AB)=P(A)+P(B)-P(A+B)$$

又由

$$P(A+B)\leqslant 1$$

得

$$P(C)\geqslant P(A)+P(B)-P(A+B)\geqslant P(A)+P(B)-1$$

整理得

$$P(A)+P(B)-P(C)\leqslant 1$$

一般来说，对于一个随机试验 E，要定义其中事件的概率并不容易，只有某些特殊的情况下，定义概率比较容易，下面就介绍三种特殊的概型.

1.3 古典概率

1.3.1 古典概率的定义

引例 掷一颗质地均匀的骰子，考察 e_i =“出现 i 点”($i=1,2,\cdots,6$)，A =“出现偶数点”，B =

“出现的点数大于 2”这三个事件出现的概率.

由于骰子是均质的，所以出现每种点数的可能性相同，即

$$P(e_1)=P(e_2)=\cdots=P(e_6)=\frac{1}{6}$$

事件 $A=\{e_2,e_4,e_6\}$ 中包含三个基本事件，所以认为

$$P(A)=\frac{A\text{ 中包含的基本事件数}}{\text{基本事件总数}}=\frac{3}{6}=\frac{1}{2}$$

同理

$$P(B)=\frac{B\text{ 中包含的基本事件数}}{\text{基本事件总数}}=\frac{4}{6}=\frac{2}{3}$$

在这个例子中，事件的概率所以能够很容易求出来，是因为试验具有两个特点：

(1) 随机试验只有有限个可能的结果，只有 6 个；

(2) 每一个结果发生的可能性大小相同，都是$\frac{1}{6}$.

这样一类随机试验是一类最简单的概率模型，它曾经是概率论发展初期主要的研究对象.

定义 1.2 设 E 为一随机试验，若其满足下列两个条件：

(1) 随机试验只有有限个可能的结果(有限性)；

(2) 每一个结果发生的可能性大小相同(等可能性).

则称该随机试验 E 为古典概型的试验，简称为**古典概型**.在古典概型中，事件 A 的概率定义为

$$P(A)=\frac{A\text{ 包含的基本事件数}}{\text{基本事件的总数}}=\frac{\#(A)}{\#(S)} \tag{1.12}$$

称此概率为**古典概率**.这种研究概率的方法称为古典方法.这就把求古典概率的问题转化为对基本事件的计数问题.

显然，古典概率满足概率的三条公理，它是公理化定义的特例.

1.3.2 古典概率的计算举例

利用古典概率求解问题的关键步骤是：

(1) 确定该随机试验的基本事件和样本空间；

(2) 确认其样本空间是由有限个等可能的基本事件组成；

(3) 数清基本事件总数与所关心事件中基本事件个数，代入公式求出概率.

例 1.8 抛两枚质地均匀硬币，求出现正面反面各一个的概率.

解 样本空间

$$S=\{(\text{正},\text{正}),(\text{正},\text{反}),(\text{反},\text{正}),(\text{反},\text{反})\}$$

由硬币的均匀性知 4 个样本点是等可能的，所以是古典概型.
事件

$$A=\text{“正面反面各一个”}=\{(\text{正},\text{反}),(\text{反},\text{正})\}$$

含两个样本点，故由式(1.12)得

$$P(A)=\frac{\#(A)}{\#(S)}=\frac{2}{4}=\frac{1}{2}$$

历史上曾有人认为此题的解是 1/3，理由是样本空间由 $e_1=$“两个正面”，$e_2=$“一个正面一个

反面”，e_3 =“两个反面”三个基本事件组成，这样做的错误在于这三个基本事件不是等可能的.

例 1.9 将标号为 1,2,3,4 的四个球随意地排成一行，求下列各事件的概率：

(1) A =“各球自左至右或自右至左恰好排成 1,2,3,4 的顺序”；

(2) B =“第 1 号球排在最右边或最左边”；

(3) C =“第 1 号球与第 2 号球相邻”；

(4) D =“第 1 号球排在第 2 号球的右边(不一定相邻)”.

解 将 4 个球随意地排成一行有 $4!=24$ 种排法，即基本事件总数为 24.

(1) A 中有两种排法，故有

$$P(A)=\frac{2}{24}=\frac{1}{12}$$

(2) B 中有 $2\times(3!)=12$ 种排法，故有

$$P(B)=\frac{12}{24}=\frac{1}{2}$$

(3) 先将第 1,2 号球排在任意相邻两个位置，共有 2×3 种排法，其余两个球可在其余两个位置任意排放，共有 $2!$ 种排法，因而 C 有 $2\times3\times2=12$ 种排法，故

$$P(C)=\frac{12}{24}=\frac{1}{2}$$

(4) 第 1 号球排在第 2 号球的右边的每一种排法，交换第 1 号球和第 2 号球的位置便对应于第 1 号球排在第 2 号球的左边的第一种排法，反之亦然.因而第 1 号球排在第 2 号球的右边与第 1 号球排在第 2 号球的左边的排法种数相同，各占总排法数的 1/2，故有

$$P(D)=\frac{1}{2}$$

例 1.10 一个袋子中装有 10 个大小相同的球，其中 3 个黑球，7 个白球，求

(1) 从袋子中任取一球，这个球是黑球的概率；

(2) 从袋子中任取两球，刚好一个白球一个黑球的概率以及两个球全是黑球的概率.

解 (1) 设事件 A =“取到的球为黑球”.10 个球中任取一个，共有 $C_{10}^1=10$ 种.从而根据古典概率计算

$$P(A)=\frac{C_3^1}{C_{10}^1}=\frac{3}{10}$$

(2) 记 B =“刚好取到一个白球一个黑球”，C =“两个球均为黑球”，10 球中任取两球的取法有 C_{10}^2 种，其中刚好一个白球，一个黑球的取法有 $C_3^1\cdot C_7^1$ 种取法，两个球均是黑球的取法有 C_3^2 种，则

$$P(B)=\frac{C_3^1C_7^1}{C_{10}^2}=\frac{21}{45}=\frac{7}{15},P(C)=\frac{C_3^2}{C_{10}^2}=\frac{3}{45}=\frac{1}{15}$$

例 1.11 一个袋子中装有 a 个黑球，b 个白球，随意的每次从中取出一个球(不放回)，求下列各事件的概率：

(1) 第 i 次取到的是黑球；

(2) 第 i 次才取到黑球.

解 因为所考虑的事件涉及取球的次序，基本事件也应考察顺序，$(a+b)$ 次取球的总取法为 $(a+b)!$，(1)，(2) 中的事件分别为 A,B.

(1) 第 i 次取到的黑球可以是 a 个黑球中任意一个，取出一个后，各次取球必在 $a+b-1$ 个球中任意选取，共有 $(a+b-1)!$ 种选法，A 中包含的取法有 $a\cdot[(a+b-1)!]$ 种，故

$$P(A)=\frac{a[(a+b-1)!]}{(a+b)!}=\frac{a}{a+b}$$

(2) 第 i 次才取到的黑球可以是 a 个黑球中的任意一个，第 1 到第 $i-1$ 是在 b 个白球中任选 $i-1$ 个(共有 P_b^{i-1} 种取法)，其他各次在剩下的 $a+b-i$ 个球中任意选取(共有 $(a+b-i)!$)，于是 B 所含的总取法为 $a\cdot P_b^{i-1}\cdot[(a+b-i)!]$，故

$$P(B)=\frac{a\cdot P_b^{i-1}\cdot[(a+b-i)!]}{(a+b)!}=\frac{a\cdot P_b^{i-1}}{P_{a+b}^{i}}$$

例 1.12 有 M 个盒子和 n 个球 $(M>n)$，每个盒子可以装任意多个球，每个球以相同的概率落到每个盒子中，今将球随意的放入盒子中，求下列事件的概率：

$A=$“某指定的 n 个盒子中各有一球”；

$B=$“恰有 n 个盒子中各有一球”；

$C=$“某指定的一个盒子中有 k 个球”.

解 n 个球放入到 M 个盒子中的一种放法是一个基本事件，因为每个盒子可以装任意多个球，所以每个球都有 M 种放法，即 $\#(S)=M^n$

$$\#(A)=n!,\text{则 } P(A)=\frac{n!}{M^n}$$

$$\#(B)=C_M^n n!,\text{则 } P(B)=\frac{C_M^n n!}{M^n}$$

$$\#(C)=C_n^k(M-1)^{n-k},\text{则 } P(C)=\frac{C_n^k(M-1)^{n-k}}{M^n}$$

例 1.13 从 52 张扑克牌中取出 13 张牌，求有 5 张黑桃、3 张红心、3 张方块、2 张草花的概率？

解 设 $A=$“13 张牌中有 5 张黑桃、3 张红心、3 张方块、2 张草花”，则

$$P(A)=\frac{C_{13}^5C_{13}^3C_{13}^3C_{13}^2}{C_{52}^{13}}\approx 0.01293$$

例 1.14 在电话号码簿中任取一个号码(电话号码由 7 个数字组成)，求取到的号码是由完全不同的数字组成的概率？

解 设 $A=$“取到的号码由完全不同的数字组成”，则

$$P(A)=\frac{P_{10}^7}{10^7}$$

这个问题也可以看成摸球问题，将这 10 个数字看成 10 个球，从中有放回地取 7 次，要求 7 次取得的号码都不相同.

例 1.15 在 1～2000 的整数中随机地取一个数，问取到的整数既不能被 6 整除，又不能被 8 整除的概率是多少？

解 设 $A=$“取到的数能被 6 整除”，$B=$“取到的数能被 8 整除”，则所求概率为

$$P(\overline{A}\,\overline{B})=P(\overline{A\cup B})=1-P(A\cup B)=1-[P(A)+P(B)-P(AB)]$$

由 $333<\frac{2000}{6}<334$ 得

$$P(A)=\frac{333}{2000}$$

由$\frac{2000}{8}=250$得

$$P(B)=\frac{250}{2000}$$

又由于一个数同时能被 6 与 8 整除,就相当于能被 24 整除.

因此,由$83<\frac{2000}{24}<84$得

$$P(AB)=\frac{83}{2000}$$

于是所求概率为

$$P(\overline{A}\,\overline{B})=1-\left(\frac{333}{2000}+\frac{250}{2000}-\frac{83}{2000}\right)=\frac{3}{4}$$

1.4 几何概率与统计概率

古典概率定义是在样本空间的基本事件只有有限个,且每个基本事件出现的可能性相等的条件下给出的,对于样本空间为无穷多个的情况,古典概率的定义就不适用了.本节我们介绍两种在样本空间的基本事件为无穷多个下的概率定义.

1.4.1 几何概率

首先我们研究样本空间为一线段、平面区域或空间立体等可能随机试验的概率模型——几何模型.

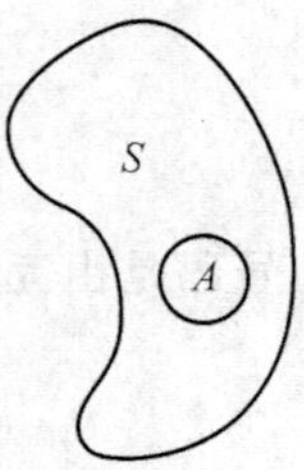

图 1.9

定义 1.3 向区域 S 上随机投掷一点,该点落入 S 内任何子区域 A 上(该事件仍记为 A)的可能性只与区域 A 的度量(长度、面积、体积等)$L(A)$ 成正比,而与区域 A 的位置和形状无关(图 1.9),这一实验称为**几何概型**,在几何概型中事件 A 的概率定义为

$$P(A)=\frac{A\text{ 的度量}}{S\text{ 的度量}}=\frac{L(A)}{L(S)} \tag{1.13}$$

如果问题可以化为向某个区域上投质点,求质点落入其某个子域上的概率,就可以用几何概型.

例 1.16 某人午觉醒来,发现表停了,他打开收音机,想听电台报时,设电台每个整点报时一次,求他等待时间短于 10 分钟的概率.

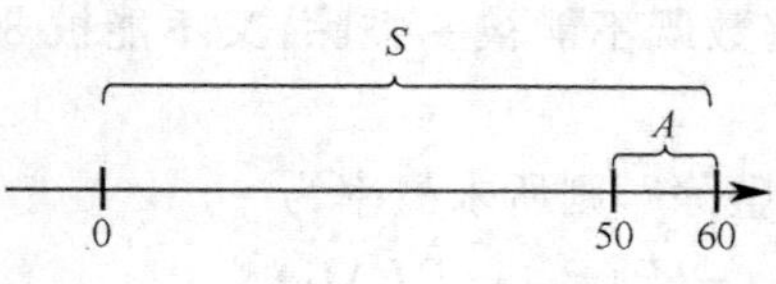

解 以分钟为单位,记上一次报时到下一次报时的间隔时间为 60,于是这个人打开收音机的时间必在(0,60)内,记 A =“等待时间短于 10 分钟”,则

$$S=(0,60),L(S)=60,A=(50,60)\subset S,L(A)=10$$

于是 $P(A)=\dfrac{L(A)}{L(S)}=\dfrac{10}{60}=\dfrac{1}{6}$.

例 1.17(会面问题) 甲、乙两人相约在 7 点到 8 点之间在某地会面,先到者等候后者 20 分钟,过时就离开.如果每个人可在指定的一小时内任意时刻到达,试计算两人能够会面的概率.

解 记 7 点为计算时刻的 0 时,以分钟为单位,x、y 分别记甲、乙到达指定地点的时刻,如图 1.10 所示,则样本空间为

$$S=\{(x,y)\mid 0\leqslant x\leqslant 60,0\leqslant y\leqslant 60\}$$

以 A 表示事件"两人能会面",则显然有

$$A=\{(x,y)\mid (x,y)\in S,\mid x-y\mid\leqslant 20\}$$

根据题意,这是一个几何概型问题,于是

$$P(A)=\frac{L(A)}{L(S)}=\frac{60^2-40^2}{60^2}=\frac{5}{9}$$

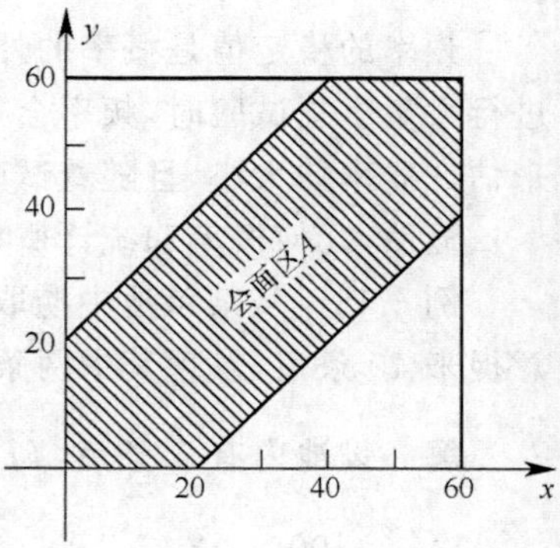

图 1.10

1.4.2 统计概率

古典概率和几何概率都是以等可能性为基础的,有很大的局限性.实际中有很多试验,它们试验的结果不具备等可能性,古典概率和几何概率就不适用了,为了描述一般试验中事件出现的可能性,我们引入统计概率的定义.

首先,我们分析一下掷硬币试验的例子,我们把部分试验者的试验结果列于表 1.2 中.

表 1.2

试验者	投掷次数 n	正面出现次数 n_A	比值 n_A/n
蒲丰	4040	2048	0.5069
费勒	10000	4979	0.4979
皮尔逊	12000	6019	0.5016
皮尔逊	24000	12012	0.5005
维尼	30000	14994	0.49998

由上表可见,随着试验次数的增加,比值 $\dfrac{n_A}{n}$ 逐渐稳定在 0.5 附近,即 0.5 可以描述掷一枚硬币,正面出现的可能性,可以认为正面出现的概率为 0.5.

定义 1.4 在相同条件下重复进行 n 次试验,其中事件 A 发生的次数为 n_A 次,则称 $f_n(A)=\dfrac{n_A}{n}$ 为事件 A 发生的**频率**.

易见,频率具有下述**基本性质**:

(1) $0\leqslant f_n(A)\leqslant 1$; (1.14)

(2) $f_n(S)=1$; (1.15)

(3) 若 $A_1,A_2,\cdots,A_k$ 是两两互不相容的事件,则

$$f_n(A_1\cup A_2\cup\cdots\cup A_k)=f_n(A_1)+f_n(A_2)+\cdots+f_n(A_k) \tag{1.16}$$

定义 1.5 在相同条件下重复进行 n 次试验,若事件 A 发生的频率 $f_n(A)=\dfrac{n_A}{n}$ 随着试验次

数 n 的增大而稳定地在某个常数 $p(0 \leqslant p \leqslant 1)$ 附近摆动，则称 p 为事件 A 的**统计概率**，记为 $P(A)$.

频率的稳定值是概率的外在表现，并非概率的本质.据此确定某事件的概率是困难的，但当进行大量重复试验时，频率会接近稳定值，因此，在实际应用时，往往是用试验次数足够大的频率来估计概率的大小，且随着试验次数的增加，估计的精度会越来越高.

显然，几何概率和统计概率都满足概率的三条公理.

例 1.18 从某鱼池中捞取 100 条鱼，做上记号后再放入该鱼池中.待充分游开后从该池中任意捉来 40 条鱼，发现其中两条有记号，问池内大约有多少条鱼？

解 设池内有 n 条鱼，则从池中捉到一条有记号鱼的概率为 $\frac{100}{n}$，它近似于捉到有记号鱼的频率 $\frac{2}{40}$，即 $\frac{100}{n} \approx \frac{2}{40}$，$n=2000$，故池内大约有 2000 条鱼.

1.5 条件概率

1.5.1 条件概率的概念

在解决许多概率问题时，往往需要在有某些附加信息(条件)下求事件的概率.如在事件 A 发生的条件下，求事件 B 发生的概率，记作 $P(B|A)$.

例 1.19 将一枚硬币抛掷两次，设事件 A 为“至少有一次正面”，事件 B 为“两次掷出同一面”，现在求已知事件 A 已经发生的条件下事件 B 发生的概率.

解 $S=\{HH,TT,HT,TH\}$，$A=\{HH,HT,TH\}$，$B=\{HH,TT\}$

在 A 发生的条件下，试验所有可能结果所成的集合就是 A，而不再是 S.

A 中共有 3 个元素，其中只有 $HH \in B$.

于是在 A 发生的条件下 B 发生的概率为

$$P(B \mid A)=\frac{1}{3}$$

另外

$$P(A)=\frac{3}{4}, P(AB)=\frac{1}{4}, P(B \mid A)=\frac{1}{3}=\frac{1/4}{3/4}$$

故有

$$P(B \mid A)=\frac{P(AB)}{P(A)}$$

以上公式不仅对古典概型有效，对所有概率模型都有效，于是我们有以下定义.

定义 1.6 设 A,B 是两个事件，且 $P(\mathrm{A})>0$，则称

$$P(B \mid \mathrm{A})=\frac{P(AB)}{P(A)} \tag{1.17}$$

为在事件 A 发生的条件下，事件 B 发生的**条件概率**.相应地，把 $P(B)$ 称为无条件概率.

注：(1) 用文氏图表达式(1.17).若事件 A 已发生，则为使 B 也发生，试验结果必须是既在 A

中又在B中的样本点，即此点必属于AB.因已知A已发生，故A成为计算条件概率$P(B\mid A)$新的样本空间，称为缩减的样本空间.

(2) 计算条件概率有两种方法：① 在缩减的样本空间A中求事件B的概率，就得到$P(B\mid A)$；② 在样本空间S中，先求$P(AB)$和$P(A)$，再按定义计算$P(B\mid A)$.

例 1.20 一盒子装有4只产品，其中3只一等品，1只二等品，从中不放回地抽取两只产品，设事件A为"第一次取到的是一等品"，事件B为"第二次取到的也是一等品"，试求条件概率$P(B\mid A)$.

解一 S中所含样本点个数：$P_4^2=12$；A中所含样本点个数：$C_3^1\cdot C_3^1=9$；AB即是第一次取到的是一等品而且第二次取到的也是一等品，简单地说就是两次取到的都是一等品，则AB中所有样本点个数为$C_3^1\cdot C_2^1=6$；因此

$$P(A)=\frac{9}{12},P(AB)=\frac{6}{12}$$

故

$$P(B\mid A)=\frac{P(AB)}{P(A)}=\frac{6/12}{9/12}=\frac{2}{3}$$

解二 设一等品编号为1,2,3,二等品记为b，则缩减的样本空间为

$$A=\{(1,2),(1,3),(2,1),(2,3),(3,1),(3,2),(1,b),(2,b),(3,b)\}$$

所以

$$P(B\mid A)=\frac{6}{9}=\frac{2}{3}$$

例 1.21 一袋中装有10个球，其中3个黑球，7个白球，先后两次从袋中各取一球(不放回)，

(1) 已知第一次取出的是黑球，求第二次取出的仍是黑球的概率；

(2) 已知第二次取出的是黑球，求第一次取出的也是黑球的概率.

解 记A_i为事件"第i次取到的是黑球"$(i=1,2)$.

(1) 在已知A_1发生，即第一次取到的是黑球的条件下，第二次取球就在剩下的9个球中任取一个，根据古典概率计算，取到黑球的概率为2/9，即有$P(A_2\mid A_1)=2/9$.

(2) 在已知A_2发生，即第二次取到的是黑球的条件下，求第一次取到黑球的概率.但第一次取球发生在第二次取球之前，故问题的结果不像(1)那么直观.

按定义计算$P(A_1\mid A_2)$更方便一些.

由$P(A_1A_2)=\dfrac{P_3^2}{P_{10}^2}=\dfrac{1}{15}$，$P(A_2)=\dfrac{3}{10}$得

$$P(A_1\mid A_2)=\frac{P(A_1A_2)}{P(A_2)}=\frac{2}{9}$$

定理 1.1 条件概率符合概率定义的三个基本条件：

(1) 非负性：$P(B\mid A)\geqslant 0$； (1.18)

(2) 规范性：$P(S\mid A)=1$； (1.19)

(3) 可列可加性：若$B_1,B_2,\cdots$互不相容，则

$$P(\bigcup_{i=1}^{\infty}B_i\mid A)=\sum_{i=1}^{\infty}P(B_i\mid A) \tag{1.20}$$

条件概率满足前面证明过的所有概率性质.

例 1.22 设某种动物由出生算起，活到20岁以上的概率为0.8，活到25岁以上的概率为0.4.如果现在有一只20岁的这种动物，问它能活到25岁以上的概率是多少？

解 设 $A=$“这种动物能活到20岁以上”

$B=$“这种动物能活到25岁以上”

由已知 $P(A)=0.8, P(AB)=P(B)=0.4$

从而 $P(B\mid A)=\dfrac{P(AB)}{P(A)}=\dfrac{0.4}{0.8}=0.5.$

1.5.2 乘法公式

由条件概率的定义，可得下述定理

定理 1.2
$$P(AB)=P(A)P(B\mid A)(P(A)>0) \tag{1.21}$$

注意到 $AB=BA$ 及 A,B 的对称性，可得到

$$P(AB)=P(B)P(A\mid B)(P(B)>0) \tag{1.22}$$

(1.21)和(1.22)式都称为**乘法公式**，利用它们可计算两个事件同时发生的概率.若 A,B,C 为三个事件，且 $P(AB)>0$，

$$P(ABC)=P(C\mid AB)P(B\mid A)P(A) \tag{1.23}$$

一般地，设 $A_1,A_2,\cdots,A_n$ 为 n 个事件，且 $P(A_1A_2\cdots A_{n-1})>0$，则有

$$P(A_1A_2\cdots A_n)=P(A_n\mid A_1A_2\cdots A_{n-1})P(A_{n-1}\mid A_1A_2\cdots A_{n-2})\cdots P(A_2\mid A_1)P(A_1) \tag{1.24}$$

例 1.23 一袋中装有10个球，其中3个黑球、7个白球，从中先后随意各取一球（不放回），求第二次取到的是黑球的概率.

解 这一概率，我们前面在古典概型中已计算过，这里我们用一种新的方法来计算.将事件“第二次取到的是黑球”根据第一次取球的情况分解成两个互不相容的部分，分别计算其概率，再求和.记 A,B 为事件“第一、二次取到的是黑球”，则有

$$B=AB+\overline{A}B$$

$$P(B)=P(AB)+P(\overline{A}B)=P(A)P(B\mid A)+P(\overline{A})(B\mid \overline{A})$$

由题设易知

$$P(A)=\frac{3}{10}, P(\overline{A})=\frac{7}{10}, P(B\mid A)=\frac{2}{9}, P(B\mid \overline{A})=\frac{3}{9}$$

于是

$$P(B)=\frac{3}{10}\times\frac{2}{9}+\frac{7}{10}\times\frac{3}{9}=\frac{3}{10}$$

例 1.24 设某光学仪器厂制造的透镜，第一次落下时打破的概率为1/2，若第一次落下未打破，第二次落下打破的概率为7/10，若前两次落下未打破，第三次落下打破的概率为9/10.试求透镜落下三次而未打破的概率.

解 以 $A_i(i=1,2,3)$ 表示事件“透镜第 i 次落下打破”，B 表示事件“透镜落下三次而未打破”.则 $B=\overline{A}_1\overline{A}_2\overline{A}_3$，故有

$$\begin{aligned}P(B)&=P(\overline{A}_1\overline{A}_2\overline{A}_3)=P(\overline{A}_1)P(\overline{A}_2\mid\overline{A}_1)P(\overline{A}_3\mid\overline{A}_1\overline{A}_2)\\&=\left(1-\frac{1}{2}\right)\left(1-\frac{7}{10}\right)\left(1-\frac{9}{10}\right)=\frac{3}{200}\end{aligned}$$

1.5.3 全概率公式和贝叶斯公式

定义 1.7 设 S 为试验 E 的样本空间，$B_1, B_2, \cdots, B_n$ 为 E 的一组事件，若

(1) $B_iB_j = \varnothing, i \neq j, i, j = 1, 2, \cdots, n$;

(2) $B_1 \cup B_2 \cup \cdots \cup B_n = S$.

则称 $B_1, B_2, \cdots, B_n$ 为样本空间 S 的一个划分(或一个完备事件组).

由划分定义可知，对于每次试验，事件 $B_1, B_2, \cdots, B_n$ 必有且仅有一个发生.

定理 1.3 设试验 E 的样本空间为 S，A 为 E 的事件，$B_1, B_2, \cdots, B_n$ 为 S 的一个划分，且 $P(B_i) > 0 (i = 1, 2, \cdots, n)$，则

$$P(A) = P(A \mid B_1)P(B_1) + P(A \mid B_2)P(B_2) + \cdots + P(A \mid B_n)P(B_n) \tag{1.25}$$

上式称为**全概率公式**.

定理 1.4 设试验 E 的样本空间为 S，A 为 E 的事件，$B_1, B_2, \cdots, B_n$ 为 S 的一个划分，且 $P(A) > 0, P(B_i) > 0 (i = 1, 2, \cdots, n)$，则

$$P(B_i \mid A) = \frac{P(A \mid B_i)P(B_i)}{\sum_{j=1}^{n} P(A \mid B_j)P(B_j)}, i = 1, 2, \cdots, n \tag{1.26}$$

上式称为**贝叶斯公式**.

注：全概率公式可用于计算较复杂事件的概率，公式指出：在复杂情况下直接计算 $P(A)$ 不易时，可根据具体情况构造一组完备事件$\{B_i\}$，使事件 A 发生的概率是各事件 $B_i (i=1,2,\cdots)$ 发生条件下引起事件 A 发生的概率的总和.贝叶斯公式中，$P(B_i)$ 和 $P(B_i \mid A)$ 分别称为原因的**先验概率**和**后验概率**.$P(B_i)(i=1,2,\cdots)$ 是在没有进一步信息(不知道事件 A 是否发生)的情况下诸事件发生的概率.当获得新的信息(知道 A 发生)，人们对诸事件发生的概率 $P(B_i \mid A)$ 有了新的估计.贝叶斯公式从数量上刻划了这种变化.特别地，若取 $n=2$，并记 $B_1 = B, B_2 = \overline{B}$，于是公式成为

$$P(B \mid A) = \frac{P(AB)}{P(A)} = \frac{P(B)P(A \mid B)}{P(B)P(A \mid B) + P(\overline{B})P(A \mid \overline{B})} \tag{1.27}$$

例 1.25 箱中有甲、乙、丙三个工厂生产的同型号的灯泡，已知甲厂的占一半，乙、丙两厂数量相等，次品率分别为 0.1, 0.2, 0.3，今从箱中任取一个灯泡，(1)求所取灯泡为次品的概率；(2)若所取灯泡为次品，求它是乙厂生产的概率.

解 设 A ="任取一灯泡为次品"，B_i ="任取一灯泡为第 i 厂生产"(i = 甲，乙，丙，)，则

$$A = B_1A + B_2A + B_3A$$

(1) $P(A) = P(B_1)P(A \mid B_1) + P(B_2)P(A \mid B_2) + P(B_3)P(A \mid B_3)$

$$= \frac{1}{2} \times 0.1 + \frac{1}{4} \times 0.2 + \frac{1}{4} \times 0.3 = \frac{7}{40}$$

(2) $$P(B_2 \mid A) = \frac{P(B_2)P(A \mid B_2)}{P(B_1)P(A \mid B_1) + P(B_2)P(A \mid B_2) + P(B_3)P(A \mid B_3)}$$

$$= \frac{\frac{1}{4} \times 0.2}{\frac{7}{40}} = \frac{2}{7}$$

例 1.26 甲箱中有 3 件一等品，2 件二等品；乙箱中有 4 件一等品，4 件二等品，今从甲箱中任取两件放入乙箱，再从乙箱中任取 1 件，(1)求从乙箱中取出的是一等品的概率；(2)若从乙箱中取出的是一等品，求从甲箱中取出的是 1 件一等品 1 件二等品的概率.

解 设 A ="从乙箱中取出的是一等品"，B_i ="从甲箱中取出的恰有 i 件一等品"($i=0,1,2$)，则

$$A=AB_0+AB_1+AB_2$$

(1) $P(A)=P(B_0)P(A\mid B_0)+P(B_1)P(A\mid B_1)+P(B_2)P(A\mid B_2)$

$$=\frac{C_2^2}{C_4^2}\times\frac{2}{5}+\frac{C_3^1C_2^1}{C_5^2}\times\frac{1}{2}+\frac{C_3^2}{C_5^2}\times\frac{3}{5}=\frac{13}{25}$$

(2)
$$P(B_1\mid A)=\frac{P(B_1)P(A\mid B_1)}{P(A)}=\frac{15}{26}$$

例 1.27 8 支步枪中有 5 支已校准过，3 支未校准.一名射手用校准过的枪射击时，中靶的概率为 0.8；用未校准的枪射击时，中靶的概率为 0.3.现从 8 支枪中任取一支用于射击，结果中靶，求所用的枪是校准过的概率.

解 设 B ="使用的枪校准过"，$\overline{B}$ ="使用的枪未校准"，A ="射击时中靶"，则 $B,\overline{B}$ 是 S 的一个划分，且 $P(B)=\frac{5}{8}$，$P(\overline{B})=\frac{3}{8}$，$P(A\mid B)=0.8$，$P(A\mid\overline{B})=0.3$.

由贝叶斯公式，得 $P(B\mid A)=\dfrac{P(A\mid B)P(B)}{P(A\mid B)P(B)+P(A\mid\overline{B})P(\overline{B})}=\dfrac{40}{49}$.

1.6 事件的独立性

1.6.1 两个事件的独立性

设 A,B 是试验 E 中的两个事件，若 $P(A)>0$，可以定义 $P(B\mid A)$，一般 A 的发生对 B 发生的概率是有影响的，这时 $P(B\mid A)\neq P(B)$，只有在这种影响不存在时才会有 $P(B\mid A)=P(B)$，这时有

$$P(AB)=P(B\mid A)P(A)=P(A)P(B)$$

例 1.28 设试验 E 为"抛甲、乙两枚硬币，观察正反面出现的情况"，H 表示出现正面，T 表示出现反面，设事件 A 为"甲币出现 H"，事件 B 为"乙币出现 H"，E 的样本空间为

$$S=\{HH,TT,HT,TH\}$$

且 $A=\{HH,HT\}$，$B=\{HH,TH\}$，因此

$$P(A)=\frac{2}{4}=\frac{1}{2},P(B)=\frac{2}{4}=\frac{1}{2},P(B\mid A)=\frac{1}{2},P(AB)=\frac{1}{4}$$

这里 $P(B\mid A)=P(B)$，而 $P(AB)=P(A)P(B)$.

事实上，由题意显然有甲币是否出现正面与乙币是否出现正面是互不影响的.

定义 1.8 设 A,B 是两事件，如果满足等式

$$P(AB)=P(A)P(B)\tag{1.28}$$

则称事件 A,B **相互独立**，简称 A,B **独立**.

从定义可知，若 $P(A)>0, P(B)>0$，则 A,B 相互独立与 A,B 互不相容不能同时成立.若不相容，即 $AB=\varnothing$，则 $P(AB)=0\neq P(A)P(B)$，故 A,B 不相互独立.也可解释为：A,B 互不相容，即 A 出现则 B 一定不出现，就是说 A 的出现影响到了 B 的出现，即不相互独立.若 A,B 独立，则 $P(AB)=P(A)P(B)>0$，所以 $AB\neq\varnothing$，即 A,B 不是互不相容的.

定理 1.5 设 A,B 是两个事件，且 $P(A)>0$，若 A,B 相互独立，则 $P(B\mid A)=P(B)$，反之亦然.

定理 1.6 若事件 A 与 B 独立，则下列各对事件也相互独立

$$A 与 \overline{B}, \overline{A} 与 B, \overline{A} 与 \overline{B}$$

证 由 A,B 独立，得

$$P(AB)=P(A)P(B)$$

$$P(A\overline{B})=P(A-B)=P(A)-P(AB)=P(A)-P(A)P(B)$$

$$=P(A)[1-P(B)]=P(A)P(\overline{B})$$

即当 A、B 独立时，A 与 $\overline{B}$ 也独立.其他情况读者自证.

例 1.29 从一副不含大小王的 52 张扑克牌中任取一张，记 $A=$"抽到 J"，$B=$"抽到的牌是红色的"，问事件 A、B 是否独立？

解一 利用定义判断。由

$$P(A)=\frac{4}{52}=\frac{1}{13}, P(B)=\frac{26}{52}=\frac{1}{2}, P(AB)=\frac{2}{52}=\frac{1}{26}$$

即

$$P(AB)=P(A)P(B)$$

故事件 A、B 独立.

解二 利用条件概率判断.由

$$P(A)=\frac{1}{13}, P(A\mid B)=\frac{2}{26}=\frac{1}{13}$$

即

$$P(A)=P(A\mid B)$$

故事件 A、B 独立.

注：从例 1.29 可见，判断事件的独立性，可利用定义或通过计算条件概率来判断.但在实际应用中，常根据问题的实际意义去判断两事件是否独立.

1.6.2 多个事件的独立性

定义 1.9 设 A,B,C 是三个事件，若满足等式

$$\left.\begin{aligned}P(AB)&=P(A)P(B)\\P(BC)&=P(B)P(C)\\P(AC)&=P(A)P(C)\\P(ABC)&=P(A)P(B)P(C)\end{aligned}\right\}\tag{1.29}$$

则称事件 A,B,C **相互独立**.

前三个等式成立，称事件 A,B,C 是两两独立的.第四个等式成立，称事件 A,B,C 是三三独立的.

一般地，设$A_1,A_2,\cdots,A_n$是$n(n\geqslant 2)$个事件，如果其中任意2个，任意3个，…，直至n个事件乘积的概率，都等于各事件概率之积，则称事件$A_1,A_2,\cdots,A_n$相互独立.

1.6.3 相互独立性的性质

性质1 若事件$A_1,A_2,\cdots,A_n(n\geqslant 2)$相互独立，则其中任意$k(1<k\leqslant n)$个事件也相互独立；

性质2 若n个事件$A_1,A_2,\cdots,A_n(n\geqslant 2)$相互独立，则将$A_1,A_2,\cdots,A_n$中任意$m(1\leqslant m\leqslant n)$个事件换成它们的对立事件，所以得到的$n$个事件仍相互独立；

性质3 设$A_1,A_2,\cdots,A_n$是$n(n\geqslant 2)$个随机事件，则

$$A_1,A_2,\cdots,A_n\text{ 相互独立} \underset{\not\Leftarrow}{\Rightarrow} A_1,A_2,\cdots,A_n\text{ 两两独立；}$$

即相互独立性是比两两独立性更强的性质.

例1.30 已知甲、乙两袋中分别装有编号为1,2,3,4的四个球.今从甲、乙两袋中各取出一球，设$A=$“从甲袋中取出的是偶数号球”，$B=$“从乙袋中取出的是奇数号球”，$C=$“从两袋中取出的都是偶数号球或都是奇数号球”，试证A,B,C两两独立但不相互独立.

证 由题意知，$P(A)=P(B)=P(C)=\frac{1}{2}$.所以$i,j$分别表示从甲、乙两袋中取出球的号数，则样本空间为

$$S=\{(i,j)\mid i=1,2,3,4;j=1,2,3,4\}.$$

由于S包含16个样本点，事件AB包含4个样本点：(2,1)，(2,3)，(4,1)，(4,3)，而AC,BC都各包含4个样本点，所以

$$P(AB)=P(AC)=P(BC)=\frac{4}{16}=\frac{1}{4}$$

于是有

$P(AB)=P(A)P(B),P(AC)=P(A)P(C),P(AB)=P(A)P(B)$因此$A,B,C$两两独立.

又因为$ABC=\varnothing$，所以$P(ABC)=0$，而$P(A)P(B)P(C)=\frac{1}{8}$，显然

$$P(ABC)\neq P(A)P(B)P(C)$$

故A,B,C不是相互独立的.

例1.31 加工某一零件共需经过四道工序，设第一、二、三、四道工序的次品率分别是2%，3%，5%，3%，假定各道工序是互不影响的，求加工出来的零件的次品率.

解 本题应先计算合格品率，这样可以使计算简便.

设$A_i=$“第i道工序产生次品”，$i=1,2,3,4$，$D=$“加工出的零件为次品”

$\overline{D}=\overline{A_1}\ \overline{A_2}\ \overline{A_3}\ \overline{A_4}$

由已知，A_1、A_2、A_3、A_4相互独立，则

$P(\overline{D})=P(\overline{A_1})P(\overline{A_2})P(\overline{A_3})P(\overline{A_4})=(1-2\%)(1-3\%)(1-5\%)(1-3\%)=87.59779\%\approx 87.60\%$

$P(D)=1-P(\overline{D})=1-87.60\%=12.40\%$

1.6.4 贝努里概型

若随机试验只有两种可能的结果：事件A发生（记为A）或事件A不发生（记为$\overline{A}$），则称这

样的试验为**贝努里(Bernoulli)试验**.设

$$P(A)=p,P(\overline{A})=1-p \quad (0<p<1)$$

将贝努里试验独立地重复进行 n 次,称这一串重复的独立试验为 **n 重贝努里试验**,或简称为**贝努里概型**.

注:(1) 为了使语言形象化,人们把贝努里试验的结果之一 A 叫做成功,另一结果 $\overline{A}$ 叫做失败.

(2) 有些试验的结果虽然不止两个,但如果我们只关心试验中的某一事件是否发生,则也可以将其化为贝努里试验.例如,掷一颗骰子,我们只关心是否出现 6 点;进行射击试验,我们只关心是否命中靶子等都可以看成贝努里试验.

(3) n 重贝努里试验是一种很重要的数学模型,在实际问题中具有广泛的应用.其特点是:事件 A 在每次试验中发生的概率均为 p,且不受其他各次试验中 A 是否发生的影响.

n 重贝努里试验中事件 A 发生的次数的所有可能的取值为 $0,1,2,3,\cdots,n$,由于各次试验是相互独立的,因此事件 A 在指定的 k 次试验中发生,在其他 $n-k$ 次试验中不发生的概率为

$$\underbrace{p\cdot p\cdot\cdots\cdot p}_{k\text{个}}\underbrace{(1-p)\cdot(1-p)\cdots(1-p)}_{n-k\text{个}}=p^k(1-p)^{n-k}$$

这种指定的方式有 C_n^k 种,他们是两两互不相容的,所以在 n 重试验中,事件 A 恰好发生 k 次的概率为 $C_n^k p^k(1-p)^{n-k}$.

定理 1.7(贝努里定理) 设在贝努里试验中,事件 A 发生的概率为 $p(0<p<1)$,则在 n 重贝努里试验中,事件 A 恰好发生 k 次的概率为

$$P_n(k)=C_n^k p^k(1-p)^{n-k},(k=0,1,\cdots,n) \tag{1.30}$$

若记 $q=1-p$,则 $P_n(k)=C_n^k p^k q^{n-k}$,由于 $C_n^k p^k q^{n-k}$ 刚好是二项式 $(p+q)^n$ 的展开式中出现 p^k 的那一项,故我们又称贝努里定理为**二项概率公式**.

例 1.32 某种小树移栽后的成活率为 90%,一居民小区移栽了 20 棵,求能成活 18 棵的概率.

解 观察一棵小树是否成活是随机试验 E,每棵小树只有"成活"(A)或"没成活"$(\overline{A})$两种可能结果,且 $P(A)=0.9$.各小树成活与否是彼此独立的,因此观察 20 棵小树是否成活可以看成是 $p=0.9$ 的 20 重贝努里试验.

设所求概率为 $P(B)$,则由贝努里公式可得

$$P(B)=P_{20}(18)=C_{20}^{18}\times 0.9^{18}\times 0.1^2=0.285$$

例 1.33 一个医生知道某种疾病患者自然痊愈率为 0.25,为试验一种新药是否有效,把它给 10 个病人服用,且规定若 10 个病人中至少有 4 个治好则认为这种药有效,反之则认为无效.求

(1) 虽然新药有效,且把痊愈率提高到 0.35,但通过实验却被否定的概率.

(2) 新药完全无效,但通过实验却被认为有效的概率.

解 (1)设 $A=$"通过试验新药被否定",则由题意,A 发生当且仅当事件"10 人至多只有 3 人痊愈"发生.

依题意,新药有效,痊愈率为 0.35,从而

$$\begin{aligned}P(A)&=\sum_{k=0}^{3}C_{10}^{k}(0.35)^k(1-0.35)^{10-k}\\&=0.65^{10}+10\times 0.35\times 0.65^9+45\times 0.35^2\times 0.65^8+120\times 0.35^2\times 0.65^7\end{aligned}$$

$$\approx 0.514$$

(2) 设 $B=$"通过试验判断新药有效",则 B 发生当且仅当事件"10 个人至少有 4 人痊愈"发生.

依题意,新药无效,这时痊愈率等于自然痊愈率 0.25,从而

$$P(B)=\sum_{k=4}^{10}C_{10}^{k}0.25^{k}(1-0.25)^{10-k}=1-\sum_{k=0}^{3}C_{10}^{k}\times\left(\frac{1}{4}\right)^{k}\times\left(\frac{3}{4}\right)^{10-k}\approx 0.224$$

例 1.34 一条自动生产线上的产品,次品率为 4%,从中任取 20 件,求至少有两件次品的概率.

解 由于一条自动生产线上的产品很多,当抽取的件数相对较少时,可将无放回抽取近似看成是有放回抽取,每抽 1 件产品看成是一次试验,抽 20 件产品相当于做 20 次重复独立试验,且每次试验只有"次品"或"正品"两种可能结果,所以可以看成 20 重贝努里试验.

设 $A=$"任取 1 件是次品",则 $p=P(A)=0.04,q=P(\overline{A})=0.96$.

设 $B=$"20 件中至少有两件次品",由贝努里试公式有

$$P(B)=\sum_{k=2}^{20}P_{20}(k)=1-P_{20}(0)-P_{20}(1)=1-0.96^{20}-C_{20}^{1}\times 0.04\times 0.96^{19}$$

显然,直接计算这个概率是很困难的,下面介绍一个近似公式,这就是有名的二项概率的泊松逼近.

定理 1.8(泊松定理) 在 n 重贝努里试验中,事件 A 在每次试验中发生的概率为 p_n(注意这与试验的次数 n 有关),如果 $n\to\infty$ 时,$np_n\to\lambda$($\lambda>0$ 为常数),则对任意给定的 k,有

$$\lim_{n\to\infty}P_n(k)=\frac{\lambda^k}{k!}\mathrm{e}^{-\lambda}\quad(k=0,1,\cdots,n)\tag{1.31}$$

证明从略.

由该定理知,当 n 很大($\geqslant 10$)及 p 很小($\leqslant 0.1$)时,有下面近似公式

$$P_n(k)\approx\frac{(np)^k}{k!}\mathrm{e}^{-np}\quad(k=0,1,\cdots,n)$$

由此近似公式计算例 1.34 的结果,$n=20,p=0.04,np=0.8$,利用附表 1,可得

$$P(B)=\sum_{k=2}^{20}P_{20}(k)\approx\sum_{k=2}^{20}\frac{(0.8)^k}{k!}\mathrm{e}^{-0.8}\approx 0.191.$$

例 1.35 某人进行 400 次独立射击,设每次射击的命中率为 0.02,试求至少击中两次的概率 P.

解 将一次射击看成是一次试验.利用泊松逼近公式,由于

$$n=400,p=0.02,np=8$$

于是所求概率为

$$P=\sum_{k=2}^{400}P_{400}(k)\approx\sum_{k=2}^{400}\frac{8^k}{k!}\mathrm{e}^{-8}\approx 0.997$$

例 1.36(合理配备维修工问题) 设有 80 台同类型设备,各台工作是相互独立的,发生故障的概率都是 0.01,且一台设备的故障由一个人处理.考虑两种配备维修工人的方法,其一是由 4 人维护,每人负责 20 台;其二是由 3 人共同维护 80 台.试比较这两种方法在设备发生故障时不能及时维修的概率的大小.

解 按第一种方法.设

$A=$“设备发生故障时不能及时维修”

$A_i=$“第 i 人维护的20台中发生故障不能及时维修”$(i=1,2,3,4)$

则80台中发生故障不能及时维修的概率为

$$P(A)=P(A_1\cup A_2\cup A_3\cup A_4)\geqslant P(A_1)=\sum_{k=2}^{20}P_{20}(k)$$

因为 $n=20,p=0.01,\lambda=0.2$，由泊松逼近公式

$$\sum_{k=2}^{20}P_{20}(k)\approx\sum_{k=2}^{\infty}P_{20}(k)\approx\sum_{k=2}^{\infty}\frac{(0.2)^k}{k!}\mathrm{e}^{-0.2}=0.01752$$

即

$$P(A)\geqslant 0.01752$$

按第二种方法.设

$$B=\text{“设备发生故障时不能及时维修”}$$

因为 $n=80,p=0.01,\lambda=0.8$，由泊松逼近公式知80台中发生故障而不能及时维修的概率为

$$P(B)=\sum_{k=4}^{80}P_{80}(k)\approx\sum_{k=4}^{\infty}P_{80}(k)\approx\sum_{k=4}^{\infty}\frac{(0.8)^k}{k!}\mathrm{e}^{-0.8}=0.00908$$

结果表明，在后一种情况下，尽管任务重了(每人平均维护约27台)，但工作效率不仅没有降低，反而提高了.

习题1

1. 某篮球运动员连续投篮两次，设 $A_1=$“第一次投中”，$A_2=$“第二次投中”，试用事件 A_1，A_2，以及它们的对立事件表示以下事件：

B“两次都投中”；　　C“两次都未投中”；

D“恰有一次投中”；　　E“至少一次投中”.

2. 设 A,B,C 为三个事件，试表示下列事件：

(1) A,B,C 中不多于一个发生；

(2) A,B,C 中不多于两个发生；

(3) A,B,C 中至少有两个发生；

(4) A,B 中至少有一个发生，但 C 不发生；

(5) A,B,C 中恰有两个发生.

3. 现有10张纸牌，分别写着1,2,3,4,5,6,7,8,9,10，从中任取3张，求下列事件的概率：

(1) 三张卡片中最大号码为5；

(2) 三张卡片中最小号码为5.

4. 15名学生中3名是团员，随机将15名学生平均分成三个小组，问：

(1) 每组各分一个团员的概率是多少？

(2) 三名团员分同一个小组的概率是多少？

5. 100件产品有10件次品，现从中任取5件进行检验，求所取的5件产品中至多有1件次品的概率.

6. 从 5 双不同的鞋子中任取 4 只，求此 4 只鞋子中至少有两只鞋子配成一双的概率.

7. 在 400m 赛跑中有 7 条跑道，其中有 3 条好跑道，7 名运动员抽签决定自己的跑道(每条跑道对应一根签)，运动员小张最先抽，小李第二个抽，试问小张、小李抽到好跑道的概率是否相等？并证明你的结论.

8. 一幢 10 层的楼房中的一架电梯，在底层登上 7 位乘客，电梯在每一层都停，乘客从第二层离开电梯，假设每位乘客在哪一层离开电梯是等可能的，求没有两位及两位以上乘客在同一层离开的概率.

9. 把长度为 a 的木棒任意折成三段，求它们能够成一个三角形的概率.

10. 随机地取两个正数 x 和 y，这两个数中的每一个数都不超过 1，试求 x 与 y 之和不超过 1 乘积不小于 0.09 的概率.

11. 用某种药物对患有胃溃疡的 512 个病人进行治疗，结果 368 人有明显疗效.现有某胃溃疡病人欲服此药，你能对效果做何估计？

12. 已知 $P(A)=P(B)=P(C)=\dfrac{1}{4}$，$P(AB)=0$，$P(AC)=P(BC)=\dfrac{1}{16}$，求 $P(\overline{A}\,\overline{B}\,\overline{C})$.

13. 对任意事件 A,B,C，试证 $P(AB)+P(AC)-P(BC)\leqslant P(A)$.

14. 一批灯泡共 100 只，次品率为 10%，不放回抽取三次，每次取一只，求第三次才取得合格品的概率.

15. 某人有 5 把钥匙，只有一把可能开某锁.他每次任取一把试开，用后不返回，试求下列事件的概率：

(1) 恰好在第三次试开时打开锁；

(2) 在三次内打开锁.

16. 一家庭中有两个小孩，已知其中有一个是男孩，问这时另一个孩子也是男孩的概率是多少？(假设一个小孩是男孩和女孩等可能)

17. 数字通信过程中，信源发射 0、1 两种状态信号，其中发 0 的概率为 0.55，发 1 的概率为 0.45.由于信道中存在干扰，在发 0 的时候，接收端分别以概率 0.9、0.05 和 0.05 接收为 0、1 和“不清”.在发 1 的时候，接收端分别以概率 0.85、0.05 和 0.1 接收为 1、0 和“不清”.现接收端接收到一个 1 的信号.问发射端发的是 0 的概率是多少？

18. 掷两颗骰子，已知两颗骰子点数之和为 7，求其中有一颗为 1 点的概率.

19. 某人随机地要从甲、乙、丙三地中选出一地去野游.出发前，他作了一个随机试验：从 52 张扑克中任取一张，若牌数为 1～5，他就去甲地，6～10 他就去乙地，$J\sim K$ 去丙地.出发后，得知天气预报，三地有雨的概率分别是 0.4，0.6，0.2，试求：该人在这次野游中淋雨的概率？

20. 已知 10 件产品中有 2 件次品，现从中取产品两次，每次任取一件，取后不放回，求下列事件的概率：

(1) 两次均取到正品；

(2) 在第一次取到正品的条件下，第二次取到正品；

(3) 第二次取到正品；

(4) 两次中恰有一次取到正品；

(5) 两次中至少有一次取到正品.

21. 玻璃杯成箱出售，每箱 20 只，假设各箱含 0，1，2 只残次品的概率组应为 0.8，0.1 和 0.1，一顾客欲购一箱玻璃杯，在购买时售货员随意取一箱，而顾客开箱随机地查看 4 只，若无残次品，则买下该箱玻璃杯，否则退回.试求：

(1) 顾客买下该箱的概率；

(2) 在顾客买下的一箱中，确实没有残次品的概率.

22. 设工厂 A 和工厂 B 的产品的次品率分别为 1% 和 2%，现从由 A 和 B 的产品分别占 60% 和 40% 的一批产品中随机抽取一件，发现是次品，则该次品属于 A 生产的概率是多少.

23. 在空战训练中甲先向乙机开火，击落乙机的概率为 0.2；若乙机未被击落，就进行还击，击落甲机的概率是 0.3；若甲机未被击落，则再进攻乙机，击落乙机的概率是 0.4，求在这几个回合中：

(1) 甲机被击落的概率；

(2) 乙机被击落的概率.

24. 某建筑物按设计要求使用寿命超过 50 年的概率为 0.8，超过 60 年的概率为 0.7，若该建筑物已经历了 50 年，试求它在 10 年内坍塌的概率.

25. 某商店出售一种产品，每箱装 100 件，且已知每箱中混有 4 件不合格品，商品采用"缺一赔十"的销售方式，即顾客买一箱产品，如果随机地取 1 件发现是不合格品，商店立刻把 10 件合格品放在箱子中，不合格的那件产品不再放回.顾客在一个箱子中随机地先后取 3 件进行测试，试求他发现全是不合格品的概率.

26. 甲、乙两人在同一时间内分别破译某个密码.设甲、乙单独译出的概率是 0.8，0.6.求：

(1) 密码能译出的概率；

(2) 最多只有一个能译出的概率.

27. 电路由电池 A 与两个并联的电池则 B 与 C 串联而成，设电池 A、B、C 损坏的概率分别是 0.3，0.2，0.2，求电路发生间断的概率.

28. 某工人看管 3 台独立工作的自动机床，在 1 小时内机床不需要工人看管的概率依次为 0.9，0.8，0.85，求在 1 小时内：

(1) 3 台机床都不需要看管的概率；

(2) 至少有 1 台机床需要看管的概率.

29. 设一批晶体管的次品率为 0.01，今从这批晶体管中抽取 4 个，求其中恰有 1 个次品和恰有 2 个次品的概率.

30. 设在 n 重贝努里试验中每次试验成功的概率为 p，求第 n 次试验时得到第 r 次成功的概率.

31. 证明如果 $P(A|B)=P(A|\overline{B})$，则事件 A 与 B 相互独立.

32. 一台仪器中装有 2000 个相同的元件，每个元件损坏的概率为 0.0005，如果任一元件损坏，则仪器即停止工作，求仪器停止工作的概率.

33. 设卫生部门对某地区的 5000 人进行某种疾病的检查，结果发现其中有 4 个人患有这种疾病，问能否相信该地区这种疾病的发病率不超过 0.0001，并说明你的理由.

34. 盒中放有 12 个乒乓球，其中有 9 个是新的.第一次比赛时从其中任取 3 个，比赛后仍放回盒中.第二次比赛时再从盒中任取 3 个，求第二次取出的球都是新球的概率.

35. 一学生接连参加同一课程的两次考试，第一次考试及格的概率为 p，若第一次及格，则第二次及格的概率也为 p；若第一次不及格，则第二次及格的概率为 $\frac{p}{2}$.求：

(1) 若至少有一次及格，则他能取得某种资格，求他取得该资格的概率；

(2) 若已知他第二次已经及格，求他第一次及格的概率.

第2章 随机变量及其分布

在随机试验中，人们除对某些特定事件发生的概率感兴趣外，往往还关心某个与随机试验的结果相联系的变量.由于这一变量的取值依赖于随机试验结果，因而被称为随机变量.与普通的变量不同，对于随机变量，人们无法事先预知其确切取值，但可以研究其取值的统计规律性.本章将介绍两类随机变量及描述随机变量统计规律性的概率分布.

2.1 随机变量的概念

我们在讨论随机事件及其概率中发现，随机试验的结果与实数值有密切的关联:在许多随机试验中，试验的结果本身就是一个数量；在另一些随机试验中，试验的结果并不直接表现为数量，但我们可以使其数量化.

例 2.1 抛一枚质地均匀的骰子，观察出现的点数.如果用 X 表示出现的点数，则 X 的取值为 1、2、3、4、5、6.即

$$X=\begin{cases}1,\text{出现 1 点}\\2,\text{出现 2 点}\\3,\text{出现 3 点}\\4,\text{出现 4 点}\\5,\text{出现 5 点}\\6,\text{出现 6 点}\end{cases}$$

显然，X 是一个变量，它取不同的数值表示试验中发生的不同结果.

例 2.2 抛一枚硬币，有两种结果:出现正面，出现反面.我们只要规定:变量 $X=1$ 表示出现正面，$X=0$ 表示出现反面，即

$$X=\begin{cases}0,\text{出现反面}\\1,\text{出现正面}\end{cases}$$

同样可以使试验的每个结果与一个数量相对应.

例 2.3 将一枚硬币抛掷 3 次，我们感兴趣的是三次抛掷中，出现正面的总次数，而对正反面出现的顺序不关心，譬如说，我们仅关心出现正面的总次数为 2，而不在乎出现的是 HHT，HTH 还是 THH.以 X 记三次投掷中出现正面的总次数，那么，对于样本空间 $S=\{e\}$中的每一个样本点 e，X 都有一个实数值与之对应，如表 2.1 所示.

表 2.1

样本点	HHH	HHT	THH	HTH	HTT	THT	TTH	TTT
X 的值	3	2	2	2	1	1	1	0

在上述三个例题中，X 是一个实数，它的值依赖于样本点，因而 X 是一个函数，它的定义域是样本空间 S.

定义 2.1 设随机试验 E 的样本空间为 S，e 为样本点，$X=X(e)$是定义在样本空间 S 上的实值单值函数，称 $X=X(e)$为随机变量.

我们一般以大写的字母如 $X,Y,Z,W,\cdots$ 表示随机变量，而以小写字母 $x,y,z,w,\cdots$ 表示实数.

随机变量的取值随试验的结果而定，而试验的各个结果出现有一定的概率，因而随机变量的取值也有一定的概率，就是说，随机变量取某个值或某一些值都表示随机事件.例如，在例 2.3 中 X 取值为 2，记成$(X=2)$，它就是事件

$$A=\{HHT,HTH,THH\}$$

并且

$$P(X=2)=P(A)=\frac{3}{8}$$

类似地，有

$$P(X\leqslant 1)=P\{HTT,THT,TTH,TTT\}=\frac{4}{8}$$

一般地，若 L 是一个实数集合，将 X 在 L 上取值写成$\{X\in L\}$.它表示事件 $B=\{e\mid X(e)\in L\}$，即 B 是由 S 中使得 $X(e)\in L$ 的所有样本点 e 所组成的事件，此时有

$$P(X\in L)=P(B)=P\{e\mid X(e)\in L\}$$

随机变量是基本事件的函数，在试验之前不能确切地预知它取什么值，且它的取值有一定的概率，这些性质显示了随机变量与普通函数有着本质的差异.

随机变量的引入，使得随机试验中的各种事件可通过随机变量的关系式表达出来.

由此可见，随机事件这个概念实际上是包容在随机变量这个更广的概念内.也可以说，随机事件是从静态的观点来研究随机现象，而随机变量则以动态的观点来研究之.其关系类似高等数学中常量与变量的关系.

随机变量概念的产生是概率论发展史上的重大事件.引入随机变量后，对随机现象统计规律的研究，就由对事件及事件概率的研究转化为随机变量及其取值规律的研究，使人们可利用数学分析的方法对随机试验的结果进行广泛而深入的研究.

随机变量因其取值方式不同，通常分为离散型和非离散型两类.而非离散型随机变量中最重要的是连续型随机变量，今后，我们主要讨论离散型随机变量和连续型随机变量.

2.2 离散型随机变量及其概率分布

2.2.1 离散型随机变量及其概率分布

定义 2.2 如果随机变量的全部可能值是有限个或可列无穷多个，这种随机变量称为**离散型随机变量**.

定义 2.3 设 $x_k(k=1,2,\cdots)$为离散型随机变量 X 的所有可能值，而 $p_k(k=1,2,\cdots)$是 X 取值 x_k 时相应的概率，即

$$P(X=x_k)=p_k \quad (k=1,2,\cdots) \tag{2.1}$$

则称(2,1)式为离散型随机变量 X 的**分布列**或**概率分布**.它也可以用表格形式表示如下

X	x_1	x_2	$\cdots$	x_k	$\cdots$
P	p_1	p_2	$\cdots$	p_k	$\cdots$

由上述表格可以看出,概率 1 以一定的规律分布在各个可能值上,这就是称为分布列的缘故.

由概率的性质,分布列满足如下两个性质:

(1) $p_k \geqslant 0, k=1,2,\cdots$ (2.2)

(2) $\sum_k p_k=1$ (2.3)

例 2.4 设随机变量 X 的概率分布为

$$P(X=k)=a\frac{\lambda^k}{k!}, k=0,1,2,\cdots, \lambda>0$$

试确定常数 a.

解 依据概率分布的性质

$$\begin{cases}P(X=k)\geqslant 0\\ \sum_k P(X=k)=1\end{cases}$$

欲使上述函数为概率分布,应有 $a\geqslant 0$,且

$$\sum_{k=0}^{\infty}a\frac{\lambda^k}{k!}=a\mathrm{e}^{\lambda}=1$$

解得

$$a=\mathrm{e}^{-\lambda}$$

注:这里用到了常见的幂级数展开式 $\mathrm{e}^{\lambda}=\sum_{k=0}^{\infty}\frac{\lambda}{k!}$.

例 2.5 某篮球运动员投中篮圈的概率是 0.9,求他两次独立投篮投中次数 X 的概率分布.

解 X 可取 0,1,2 为值,有

$$P(X=0)=0.1\times 0.1=0.01$$
$$P(X=1)=2\times 0.9\times 0.1=0.18$$
$$P(X=2)=0.9\times 0.9=0.81$$

且

$$P(X=0)+P(X=1)+P(X=2)=1$$

于是,X 的概率分布可表示为

X	0	1	2
P	0.01	0.18	0.81

例 2.6 设一汽车在开往目的地的道路上需经过四组信号灯,每组信号灯以 0.5 的概率允许或禁止汽车通过,以 X 表示汽车首次停下时,它已经通过的信号灯的组数(设各组信号灯的工作是相互独立的),求 X 的分布列.

解 以 p 表示每组信号灯禁止汽车通过的概率,易知 X 的分布列为

X	0	1	2	3	4
P	p	$(1-p)p$	$(1-p)^2p$	$(1-p)^3p$	$(1-p)^4$

或写成

$$P(X=k)=(1-p)^k p\ (k=0,1,2,3)$$
$$P(X=4)=(1-p)^4$$

以 $p=0.5$ 代入得

X	0	1	2	3	4
P	0.5	0.25	0.125	0.0625	0.0625

2.2.2 几种重要的离散型分布

1. 两点分布

定义 2.4 设随机变量 X 只可能取 0 与 1 两个值,它的分布列是

$$P(X=k)=p^k(1-p)^{1-k},k=0,1\ (0<p<1)$$

即

$$P(X=1)=p,P(X=0)=1-p\ (0<p<1) \tag{2.4}$$

则称 X 服从**两点分布或贝努里分布**,记为 $X\sim(0-1)$.

两点分布的分布列也可写成

X	0	1
P	$1-p$	p

对于一个随机试验如果它的样本空间只包含两个元素,即 $S=\{e_1,e_2\}$,我们总能在 S 上定义一个服从两点分布的随机变量.

$$X=X(e)=\begin{cases}0,\text{当 } e=e_1\\1,\text{当 } e=e_2\end{cases}$$

来描述这个随机试验的结果.

2. 二项分布

定义 2.5 若随机变量 X 的分布列为

$$P(X=k)=C_n^k p^k q^{n-k},\ k=0,1,2,\cdots,n,\ 0<p<1,q=1-p \tag{2.5}$$

则称随机变量 X 服从参数为 n,p 的**二项分布**,记为 $X\sim B(n,p)$.

特别地,当 $n=1$ 时二项分布化为

$$P(X=k)=p^k q^{1-k},k=0,1$$

这就是两点分布,于是随机变量 X 服从两点分布,也可以记为 $X\sim B(1,p)$.

例 2.7 按规定,某种型号电子元件的使用寿命超过 1500 小时的为一级品,已知某一大批产品中一级品率为 0.2.现在从中随机地抽查 20 只,问 20 只元件中恰有 k 只($k=1,2,\cdots,20$)为一级品的概率是多少?

解 这是不放回抽样,但由于元件数目很大,且抽查的元件数相对于总数量来说很少,所以

可以当作有放回抽样来处理.

设 X 为 20 只元件中的一级品数,它是一个随机变量,且 $X \sim B(20,0.2)$

$$P(X=k)=C_{20}^{k}(0.2)^{k}(0.8)^{20-k}, k=0,1,\cdots,20$$

计算结果为

k	0	1	2	3	4	5	6	…	11	…
P	0.012	0.058	0.137	0.205	0.218	0.175	0.109	…	0.000	…

如图 2.1 所示.

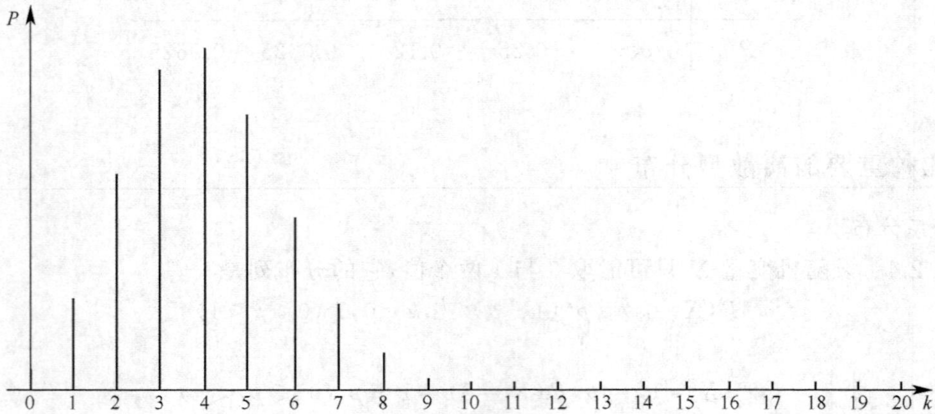

图 2.1

由图 2.1 可见,概率 $P(X=k)$先是随 k 的增加而单调上升,当 k 增到 4 时,$P(X=k)$取得最大值 0.218,然后 $P(X=k)$再随 k 的增加而单调下降.

一般地,对于固定的 n 和 p,二项分布 $B(n,p)$都具有这一性质.就是说若 $X \sim B(n,p)$,则存在数 k,使 $P(X=k)$最大,我们称这个数为二项分布的最可能值.为求出二项分布的最可能值,考察比值$\frac{P(X=k)}{P(X=k-1)}$.

$$\frac{P(X=k)}{P(X=k-1)}=\frac{C_n^k p^k q^{n-k}}{C_n^{k-1} p^{k-1} q^{n-k+1}}=\frac{(n-k+1)p}{kq}=1+\frac{(n+1)p-k}{kq}$$

当 $k<(n+1)p$ 时 $P(X=k)>P(X=k-1)$,即 $P(X=k)$随 k 的增加而上升;当 $k>(n+1)p$ 时$P(X=k)<P(X=k-1)$,即 $P(X=k)$随 k 的增加而下降.可见$(n+1)p$ 是 $P(X=k)$上升下降的分界点,于是当$(n+1)p$ 为整数时,$k=(n+1)p$ 使 $P(X=k)$最大,此时 $P(X=k)=P(X=k-1)$;当$(n+1)p$ 不为整数时,$k=[(n+1)p]$[$(n+1)p$ 的整数部分],使 $P(X=k)$最大.

例 2.7 中,$n=20, p=0.2, (n+1)p=21\times0.2=4.2$ 不是整数,所以 $k=[4,2]=4$ 使 $P(X=k)$最大.

3. 泊松分布

定义 2.6 设随机变量 X 所有可能取的值为 0,1,2,…,而取各个值的概率为

$$P(X=k)=\frac{\lambda^k e^{-\lambda}}{k!}, k=0,1,2,\cdots \tag{2.6}$$

其中 $\lambda>0$ 是常数，则称 X 服从参数为 λ 的**泊松分布**，记为 $X\sim P(\lambda)$ 或 $X\sim\pi(\lambda)$

易知

$$P(X=k)\geqslant 0, k=0,1,2,\cdots$$

$$\sum_{k=0}^{\infty}P(X=k)=\sum_{k=0}^{\infty}\frac{\lambda^k e^{-\lambda}}{k!}=e^{-\lambda}\sum_{k=0}^{\infty}\frac{\lambda^k}{k!}=e^{-\lambda}\cdot e^{\lambda}=1$$

例 2.8 某一城市每天发生火灾的次数 X 服从参数 $\lambda=0.8$ 的泊松分布，求该城市一天内发生 3 次或 3 次以上火灾的概率.

解 由概率的性质，得

$$\begin{aligned}P(X\geqslant 3)&=1-P(X<3)=1-P(X=0)-P(X=1)-P(X=2)\\&=1-e^{-0.8}\left(\frac{0.8^0}{0!}+\frac{0.8^1}{1!}+\frac{0.8^2}{2!}\right)\\&\approx 0.0474\end{aligned}$$

实际中很多随机变量都服从泊松分布.例如，传呼台在一段时间内接到的呼叫次数；飞机场到港的飞机数；纺纱机上线的断头数；放射性物质放射的质点数等等.可见泊松分布有着广泛的应用.

例 2.9 设某国每对夫妇的子女数 X，服从参数为 λ 的泊松分布，且知一对夫妇有不超过 1 个孩子的概率为 $3\cdot e^{-2}$.求任选一对夫妇，至少有 3 个孩子的概率.

解 由题意，$X\sim P(\lambda)$，则 $P(X=k)=\dfrac{\lambda^k e^{-\lambda}}{k!}$ 且

$$P(X\leqslant 1)=P(X=0)+P(X=1)=e^{-\lambda}+\lambda\cdot e^{-\lambda}=(\lambda+1)e^{-\lambda}=3e^{-2}$$

解得 $\lambda=2$

则

$$\begin{aligned}P(X\geqslant 3)&=1-\sum_{k=0}^{2}P(X=k)\\&=1-e^{-2}-\frac{2}{1!}e^{-2}-\frac{2^4}{2!}e^{-2}\\&=1-5e^{-2}\\&\approx 0.323\end{aligned}$$

2.3 随机变量的分布函数

对于非离散型随机变量，由于其可能值不能一个一个地列举出来，因而不能像离散型随机变量那样可以用分布列来描述它.

再者，在实际中对于这样的随机变量，例如，误差、元件的寿命等，我们并不对具体某个误差值或者某个寿命值的概率感兴趣，而是考虑误差落在某个区间内的概率，寿命大于某个数的概率，因而我们转而去研究随机变量所取的值落在一个区间的概率：$P(x_1<X\leqslant x_2)$，但由于

$$P(x_1<X\leqslant x_2)=P(X\leqslant x_2)-P(X\leqslant x_1)$$

所以我们只需知道 $P(X\leqslant x_2)$ 和 $P(X\leqslant x_1)$ 就可以了，下面引入随机变量的分布函数的概念.

2.3.1 分布函数的概念

定义 2.7 设 X 是一个随机变量，x 是任一实数，称函数

$$F(x)=P(X\leqslant x)\ (-\infty<x<+\infty) \tag{2.7}$$

为随机变量 X 的**分布函数**，记为 $F_X(x)$或 $F(x)$.

对于任意实数 $x_1,x_2(x_1<x_2)$，有

$$\begin{aligned}P(x_1<X\leqslant x_2)&=P(X\leqslant x_2)-P(X\leqslant x_1)\\&=F(x_2)-F(x_1)\end{aligned} \tag{2.8}$$

因此，若已知 X 的分布函数，我们就知道 X 落在任一区间$(x_1,x_2]$上的概率.

分布函数是一个普通函数，正是通过它，我们能将数学分析的方法用来研究随机变量.

如果将 X 看成是数轴上的随机点的坐标，那么，分布函数 $F(x)$在 x 处的函数值就表示 X 落在区间$(-\infty,x]$上的概率，即 $F(x)$的值是 $X\leqslant x$ 的**累积概率值**.

2.3.2 分布函数的基本性质

性质 1 $0\leqslant F(x)\leqslant 1,(-\infty<x<+\infty)$ (2.9)

性质 2 $F(x)$是单调不减函数.即对于任意实数 $x_1,x_2(x_1<x_2)$，有

$$F(x_2)-F(x_1)=P(x_1<X\leqslant x_2)\geqslant 0 \tag{2.10}$$

性质 3 $F(-\infty)=\lim\limits_{x\to-\infty}F(x)=0,F(+\infty)=\lim\limits_{x\to+\infty}F(x)=1$ (2.11)

性质 4 $F(x)$是右连续的，即

$$F(x+0)=F(x) \tag{2.12}$$

性质 1,2 可以由定义及概率的性质直接得到，性质 3,4 的证明需要较多的数学工具，在专门的概率论书中都有论述，这里不进行证明.

可以证明，若某一函数 $F(x)$满足以上性质，则必存在一个随机变量 X，以 $F(x)$为其分布函数.因此，判断一个函数是不是分布函数，就是要判断该函数是否满足以上性质.

例 2.10 判别下列函数是否为某随机变量的分布函数？

(1)
$$F(x)=\begin{cases}0, & x<-2\\ \dfrac{1}{2}, & -2\leqslant x<0\\ 1, & x\geqslant 0\end{cases}$$

(2)
$$F(x)=\begin{cases}0, & x<0\\ \sin x, & 0\leqslant x<\pi\\ 1, & x\geqslant\pi\end{cases}$$

(3)
$$F(x)=\begin{cases}0, & x<0\\ x+\dfrac{1}{2}, & 0\leqslant x<\dfrac{1}{2}\\ 1, & x\geqslant\dfrac{1}{2}\end{cases}$$

解 (1) 由题设，$F(x)$在$(-\infty,+\infty)$上单调不减，右连续，并有

$$F(-\infty)=\lim_{x\to-\infty}F(x)=0, F(+\infty)=\lim_{x\to+\infty}F(x)=1$$

所以 $F(x)$是某一随机变量 X 的分布函数.

(2) 因 $F(x)$在$(\frac{\pi}{2},\pi)$上单调下降,所以 $F(x)$不可能是分布函数.

(3) 因为 $F(x)$在$(-\infty,+\infty)$上单调不减,右连续,且有

$$F(-\infty)=\lim_{x\to-\infty}F(x)=0, F(+\infty)=\lim_{x\to+\infty}F(x)=1$$

所以 $F(x)$是某一随机变量 X 的分布函数.

2.3.3 离散型随机变量的分布函数

设离散型随机变量 X 的概率分布为

X	x_1	x_2	…	x_i	…
P	p_1	p_2	…	p_i	…

则 X 的分布函数为

$$F(x)=P(X\leqslant x)=\sum_{x_i\leqslant x}P(X=x_i)=\sum_{x_i\leqslant x}p_i \tag{2.13}$$

例 2.11 设随机变量 X 的分布列为

X	0	1	2
P	$\frac{1}{3}$	$\frac{1}{6}$	$\frac{1}{2}$

,求 $F(x)$.

解 $F(x)=P(X\leqslant x)$

当 $x<0$ 时,$(X\leqslant x)=\varnothing$,故 $F(x)=0$;

当 $0\leqslant x<1$ 时,$F(x)=P(X\leqslant x)=P(X=0)=\frac{1}{3}$;

当 $1\leqslant x<2$ 时,$F(x)=P(X=0)+P(X=1)=\frac{1}{3}+\frac{1}{6}=\frac{1}{2}$;

当 $x\geqslant 2$ 时,$F(x)=P(X=0)+P(X=1)+P(X=2)=1$;

故

$$F(x)=\begin{cases}0, & x<0\\ \frac{1}{3}, & 0\leqslant x<1\\ \frac{1}{2}, & 1\leqslant x<2\\ 1, & x\geqslant 2\end{cases}$$

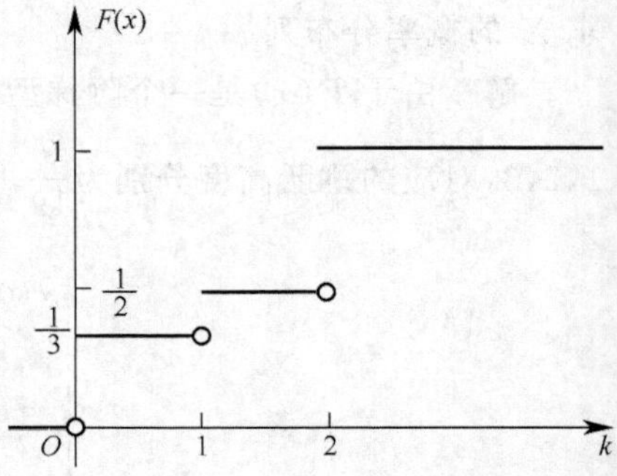

图 2.2

$F(x)$的图形是阶梯状的图形(图 2.2),在 $x=0,1,2$ 处有跳跃,其跃度分别为

$$P(X=0)=\frac{1}{3}, P(X=1)=\frac{1}{6}, P(X=2)=\frac{1}{2}$$

例 2.12 设 10 件产品中恰好有 3 件次品,现在进行不放回抽样,每次抽一样,直至抽到正品为止.求:

(1) 抽取次数 X 的概率分布;

(2) X 的分布函数；

(3) $P(X=3.5), P(X>-2), P(1<X<3), P(1<X\leqslant 3)$.

解 (1)

X	1	2	3	4
P	$\frac{7}{10}$	$\frac{7}{30}$	$\frac{7}{120}$	$\frac{1}{120}$

(2) $$F(x)=\begin{cases}0, & x<1,\\ \frac{7}{10}, & 1\leqslant x<2,\\ \frac{14}{15}, & 2\leqslant x<3,\\ \frac{119}{120}, & 3\leqslant x<4,\\ 1, & x\geqslant 4.\end{cases}$$

(3) $P(X=3.5)=0$

$P(X>-2)=1-P(X\leqslant -2)=1-F(-2)=1.$

$P(1<X<3)=P(X=2)=\frac{7}{30}$

$P(1<X\leqslant 3)=P(X=2)+P(X=3)=\frac{7}{30}+\frac{7}{120}=\frac{7}{24}.$

例 2.13 设随机变量 X 的分布函数为

$$F(x)=\begin{cases}0, & x<1\\ \frac{9}{19}, & 1\leqslant x<2\\ \frac{15}{19}, & 2\leqslant x<3\\ 1, & x\geqslant 3\end{cases}$$

求 X 的概率分布列.

解 由于 $F(x)$是一个阶梯型函数，故知 X 是一个离散型随机变量，$F(x)$的跳跃点分别为 1，2，3，对应的跳跃高度分别为$\frac{9}{19}$，$\frac{6}{19}$，$\frac{4}{19}$，如图 2.3 所示.

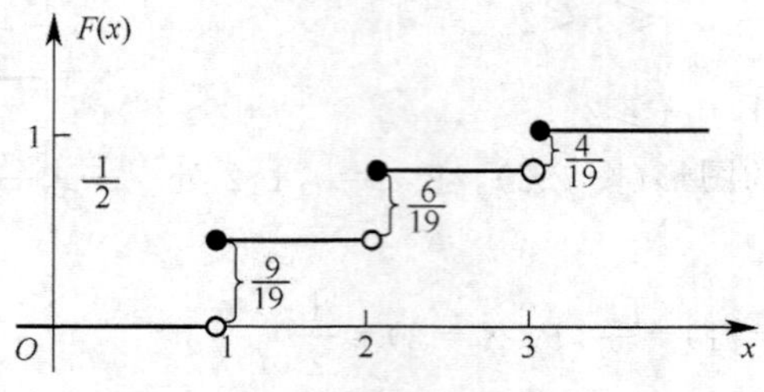

图 2.3

故 X 的概率分布为

X	1	2	3
P	$\frac{9}{19}$	$\frac{6}{19}$	$\frac{4}{19}$

2.4 连续型随机变量

2.4.1 连续型随机变量及其概率密度的定义

定义 2.8 如果对于随机变量 X 的分布函数 $F(x)$，存在非负函数 $p(x)$，使对于任意实数 x 有

$$F(x)=\int_{-\infty}^{x} p(t)\,\mathrm{d}t \tag{2.14}$$

则称 X 为**连续型随机变量**，其中函数 $p(x)$ 称为 X 的**概率密度函数**，简称**概率密度**，或**密度**.

由高等数学的知识知，连续型随机变量的分布函数是连续函数.

今后，提到一个随机变量 X 的"概率分布"时，指的是它的分布函数；或者，当 X 是连续型时指的是它的概率密度，当 X 是离散型时指的是它的分布列.

2.4.2 概率密度的性质

性质 1 $p(x)\geqslant 0$；　(2.15)

性质 2 $\int_{-\infty}^{+\infty} p(x)\,\mathrm{d}x=1$；　(2.16)

性质 3 对于任意实数 $x_1, x_2\,(x_1\leqslant x_2)$，有

$$P(x_1<X\leqslant x_2)=F(x_2)-F(x_1)=\int_{x_1}^{x_2} p(x)\,\mathrm{d}x \tag{2.17}$$

性质 4 若 $p(x)$ 在点 x 处连续，则有 $F'(x)=p(x)$.　(2.18)

以上性质，可分别由概率密度的定义，分布函数的概念和性质以及积分学的知识直接得到. 性质 1,2 是概率密度的本质性质，也就是说，一个概率密度函数一定要具备这两条性质，同时也可以证明，满足这两条性质的函数，一定是某个随机变量的概率密度，判断一个函数是不是概率密度函数，就是要看它是否具有这两条性质.

概率密度函数 $p(x)$ 的图形称为概率密度曲线（图 2.4），利用概率密度曲线可以对概率密度的性质做如下几何说明：

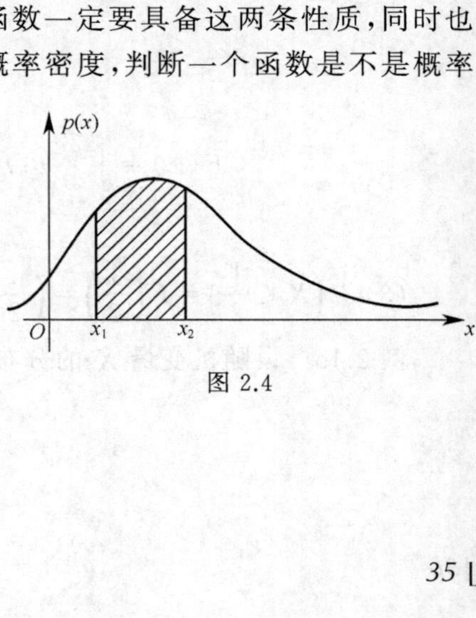

图 2.4

性质 1 说明概率密度曲线不会在 x 轴下方；

性质 2 说明概率密度曲线与 x 轴所夹面积等于 1；

性质 3 说明概率 $P(x_1<X\leqslant x_2)$ 的值等于以 (x_1, x_2) 为底，以曲线 $y=p(x)$ 为曲边的曲边梯形面积 $\int_{x_1}^{x_2} p(x)\,\mathrm{d}x$.

性质 4 说明函数 $p(x)$ 为什么称为密度，这是因为

如果不计高阶无穷小,有

$$P(x < X \leqslant x+\Delta x)=F(x+\Delta x)-F(x)=\Delta F(x)\approx p(x)\Delta x \tag{2.19}$$

这表示 X 落在小区间 $(x,x+\Delta x]$ 上的概率近似地等于 $p(x)\Delta x$,如果将概率比作质量,$p(x)$ 恰似物理学中质量的线密度,人们自然称其为随机变量 X 的概率密度.

连续型随机变量的分布函数是连续函数,由此可知,连续型随机变量取任何一个值的概率均为0.

事实上,设连续型随机变量 X 的分布函数为 $F(x)$,则有

$$0\leqslant P(X=x)\leqslant P(x-\Delta x < X\leqslant x)=F(x)-F(x-\Delta x) \tag{2.20}$$

由于连续型随机变量的分布函数是处处连续的,所以

$$\lim_{\Delta x\to 0}[F(x)-F(x-\Delta x)]=0$$

故得

$$P(X=x)=0$$

于是连续型随机变量在一点的概率为0,因此连续型随机变量取值时,区间的开闭对概率没有影响,即区间是否包含端点是无需考虑的.这一事实也可以说明,随机变量落在每一点的事件虽然概率为0,但并不是不可能事件,因此,不可能事件的概率为零,但是概率为零的事件不一定是不可能事件.同样概率为1的事件不一定是必然事件.

例 2.14 设 X 的概率密度为 $p(x)=\begin{cases}kx, x\in(0,1)\\0, \text{其他}\end{cases}$,$k$ 为常数,求

(1) 常数 k 的值;(2) X 的分布函数;(3) $P\left(X\leqslant\frac{1}{2}\right)$.

解 (1) 由概率密度函数的性质

$$\int_{-\infty}^{+\infty}p(x)\mathrm{d}x=\int_{-\infty}^{0}p(x)\mathrm{d}x+\int_{0}^{1}p(x)\mathrm{d}x+\int_{1}^{+\infty}p(x)\mathrm{d}x$$

$$=\int_0^1 kx\,\mathrm{d}x=\frac{kx^2}{2}\bigg|_0^1=\frac{k}{2}=1$$

得

$$k=2$$

(2) 由 $k=2$,得

$$p(x)=\begin{cases}2x, x\in(0,1)\\0,\text{其他}\end{cases}$$

$$F(x)=\int_{-\infty}^{x}p(t)\mathrm{d}t=\begin{cases}0, & x\leqslant 0\\ \int_0^x 2t\,\mathrm{d}t, & 0<x<1\\ 1, & x\geqslant 1\end{cases}=\begin{cases}0, & x\leqslant 0\\ x^2, & 0<x<1\\ 1, & x\geqslant 1\end{cases}$$

(3) $P\left(X\leqslant\frac{1}{2}\right)=F\left(\frac{1}{2}\right)=\left(\frac{1}{2}\right)^2=\frac{1}{4}$.

例 2.15 设随机变量 X 的分布函数为

$$F(x)=\begin{cases}0, & x\leqslant 0\\ x^3, & 0<x\leqslant 1\\ 1, & x>1\end{cases}$$

求(1) 概率 $P(0.3<X<0.7)$；(2) 随机变量 X 的概率密度函数.

解 由连续型随机变量分布函数的性质，有

(1) $P(0.3<X<0.7)=F(0.7)-F(0.3)=(0.7)^3-(0.3)^3=0.316$；

(2) X 的密度函数为

$$p(x)=F'(x)=\begin{cases}0, & x\leqslant 0\\ 3x^2, & 0<x\leqslant 1\\ 0, & x>1\end{cases}=\begin{cases}3x^2, & 0<x\leqslant 1\\ 0, & 其他\end{cases}$$

2.4.3 常用的连续型分布

1. 均匀分布

定义 2.9 设连续型随机变量 X 具有概率密度

$$p(x)=\begin{cases}\dfrac{1}{b-a}, & a<x<b\\ 0, & 其他\end{cases} \tag{2.21}$$

则称 X 在区间 (a,b) 上服从均匀分布，记为 $X\sim U(a,b)$

容易得出 $p(x)\geqslant 0$，且 $\int_{-\infty}^{+\infty}p(x)\mathrm{d}x=1$.

在区间上服从均匀分布的随机变量 X，落在区间中任意等长度的子区间内的可能性是相同的，即它落在子区间内的概率只和区间的长度有关，而和区间的位置无关，这就是“均匀”的含义：对于长度为 l 的子区间 $(c,c+l)$，$a\leqslant c<c+l\leqslant b$，有

$$P(c<X\leqslant c+l)=\int_c^{c+l}p(x)\mathrm{d}x=\frac{l}{b-a} \tag{2.22}$$

服从均匀分布的随机变量 X 的分布函数为

$$F(x)=\begin{cases}0, & x<a\\ \dfrac{x-a}{b-a}, & a\leqslant x<b\\ 1, & x\geqslant b\end{cases} \tag{2.23}$$

$p(x)$、$F(x)$ 如图 2.5 和图 2.6 所示.

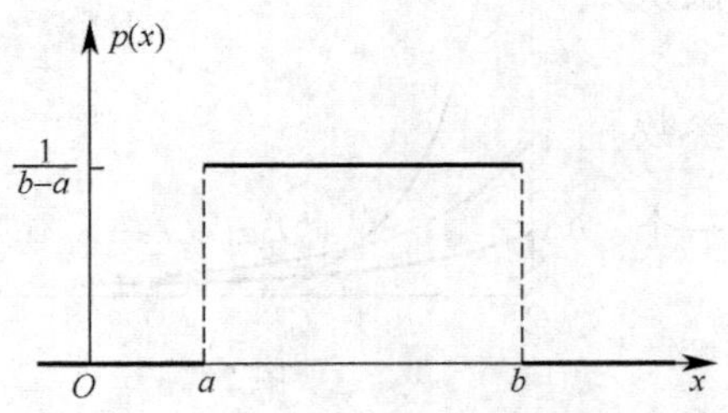

图 2.5

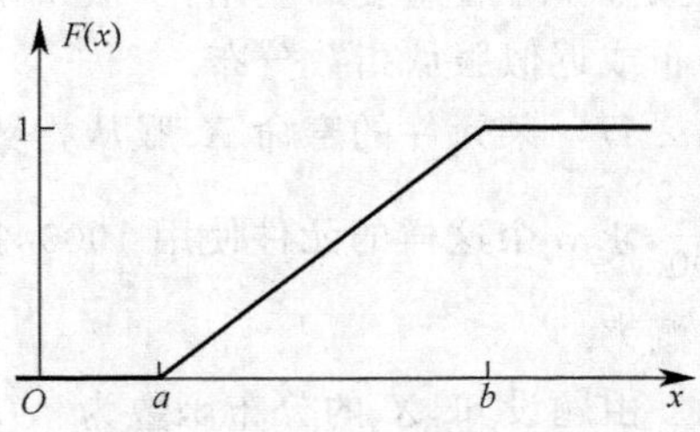

图 2.6

例 2.16 某公共汽车站从上午 7 时起，每 15 分钟来一班车，即 7:00，7:15，7:30，7:45 等时刻有汽车到达此站，如果乘客到达此站时间 X 是 7:00 到 7:30 之间的均匀随机变量，试求他候车时间少于 5 分钟的概率.

解一 以 7:00 为起点 0,以分钟为单位,依题意 $X\sim U(0,30)$,其密度为

$$p(x)=\begin{cases}\dfrac{1}{30}, & 0<x<30\\ 0, & \text{其他}\end{cases}$$

为使候车时间 X 少于 5 分钟,乘客必须在 7:10 到 7:15 之间,或在 7:25 到 7:30 之间到达车站,故所求概率为

$$P(10<X<15)+P(25<X<30)=\int_{10}^{15}\frac{1}{30}\mathrm{d}x+\int_{25}^{30}\frac{1}{30}\mathrm{d}x=\frac{1}{3}$$

即乘客候车时间少于 5 分钟的概率是$\frac{1}{3}$.

解二 设乘客任何时间到达的等车时间为 Y,则 $Y\sim U(0,15)$,其密度为

$$p(y)=\begin{cases}\dfrac{1}{15}, & 0<y<15\\ 0, & \text{其他}\end{cases}$$

故所求概率为

$$P(Y<5)=\int_{0}^{5}\frac{1}{15}\mathrm{d}y=\frac{1}{3}$$

即乘客候车时间少于 5 分钟的概率是$\frac{1}{3}$.

2. 指数分布

定义 2.10 如果连续型随机变量 X 的概率密度为

$$p(x)=\begin{cases}\lambda \mathrm{e}^{-\lambda x}, & x>0\\ 0, & x\leqslant 0\end{cases} \tag{2.24}$$

其中 $\lambda>0$ 为常数,则称 X 服从参数为 λ 的**指数分布**,记为 $X\sim E(\lambda)$.

容易得出 $p(x)\geqslant 0$,且 $\int_{-\infty}^{+\infty}p(x)\mathrm{d}x=1$. $p(x)$如图 2.7 所示.

指数分布的分布函数为

$$F(x)=\begin{cases}1-\mathrm{e}^{-\lambda x}, & x>0\\ 0, & x\leqslant 0\end{cases} \tag{2.25}$$

指数分布有着重要的应用,一般来说,各种"寿命"服从指数分布或近似服从指数分布.

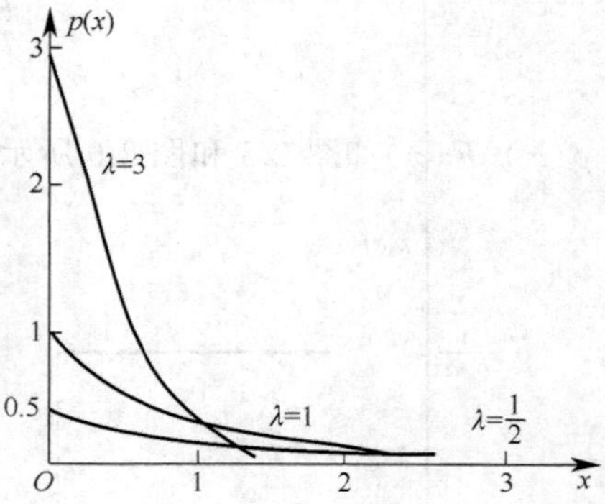

图 2.7

例 2.17 某元件的寿命 X 服从指数分布,已知其参数 $\lambda=\frac{1}{1000}$,求 3 个这样的元件使用 1000 小时,至少已有一个损坏的概率.

解 由题设知,X 的分布函数为

$$F(x)=\begin{cases}1-\mathrm{e}^{-\frac{x}{1000}}, & x>0\\ 0, & x\leqslant 0\end{cases}$$

由此得到

$$P(X\leqslant 1000)=F(1000)=1-\mathrm{e}^{-1}$$

各元件的寿命是否超过 1000 小时是独立的,用 Y 表示三个元件中使用 1000 小时损坏的元

件数，则 $Y\sim B(3,1-\mathrm{e}^{-1})$.

所求概率为

$$P(Y\geqslant 1)=1-P(Y=0)=1-C_3^0(1-\mathrm{e}^{-1})^0(\mathrm{e}^{-1})^3=1-\mathrm{e}^{-3}$$

3. 正态分布

定义 2.11 设连续型随机变量 X 的概率密度为

$$p(x)=\frac{1}{\sqrt{2\pi}\sigma}\mathrm{e}^{-\frac{(x-\mu)^2}{2\sigma^2}},-\infty<x<+\infty \tag{2.26}$$

其中 $\mu,\sigma(\sigma>0)$ 为常数，则称 X 服从参数为 μ,σ^2 的**正态分布或高斯(Gauss)分布**，记为 $X\sim N(\mu,\sigma^2)$.

显然 $p(x)\geqslant 0$.

下面证明 $\int_{-\infty}^{+\infty}p(x)\mathrm{d}x=1$，令 $t=\frac{x-\mu}{\sigma}$，得到

$$\int_{-\infty}^{+\infty}\frac{1}{\sqrt{2\pi}\sigma}\mathrm{e}^{-\frac{(x-\mu)^2}{2\sigma^2}}\mathrm{d}x=\frac{1}{\sqrt{2\pi}}\int_{-\infty}^{+\infty}\mathrm{e}^{-\frac{t^2}{2}}\mathrm{d}t$$

记 $I=\int_{-\infty}^{+\infty}\mathrm{e}^{-\frac{t^2}{2}}\mathrm{d}t$，则有 $I^2=\int_{-\infty}^{+\infty}\int_{-\infty}^{+\infty}\mathrm{e}^{-\frac{t^2+u^2}{2}}\mathrm{d}t\,\mathrm{d}u$，利用极坐标将它化成累次积分，得

$$I^2=\int_0^{2\pi}\int_0^{+\infty}r\mathrm{e}^{-\frac{r^2}{2}}\mathrm{d}r\,\mathrm{d}\theta=2\pi$$

而 $I>0$，故有 $I=\sqrt{2\pi}$，即有

$$\int_{-\infty}^{+\infty}\mathrm{e}^{-\frac{t^2}{2}}\mathrm{d}t=\sqrt{2\pi}$$

于是

$$\frac{1}{\sqrt{2\pi}\sigma}\int_{-\infty}^{+\infty}\mathrm{e}^{-\frac{(x-\mu)^2}{2\sigma^2}}\mathrm{d}x=\frac{1}{\sqrt{2\pi}}\int_{-\infty}^{+\infty}\mathrm{e}^{-\frac{t^2}{2}}\mathrm{d}t=1$$

正态分布的概率密度曲线如图 2.8 所示

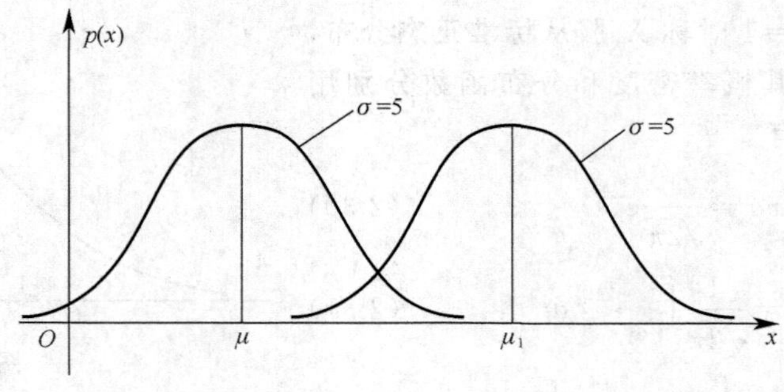

图 2.8

$p(x)$的图像具有以下的性质：

(1) 曲线关于 $x=\mu$ 对称，这表明对于任意 $h>0$ 有

$$P(\mu-h<X\leqslant\mu)=P(\mu<X\leqslant\mu+h) \tag{2.27}$$

(2) 当 $x=\mu$ 时取到最大值

$$p(\mu)=\frac{1}{\sqrt{2\pi}\sigma} \tag{2.28}$$

x 离 μ 越远，$p(x)$值越小，这表明对于同样长度的区间，当区间离 μ 越远，X 落在这个区间上的概率越小.

(3) 在 $x=\mu\pm\sigma$ 处，曲线有拐点，曲线以 Ox 轴为渐近线.

(4) 如果固定 σ，改变 μ 值，则图形沿着 Ox 轴平移，而不改变其形状(图 2.8)，可见正态分布的概率密度曲线 $y=p(x)$的位置完全由参数 μ 所确定，μ 称为位置参数.

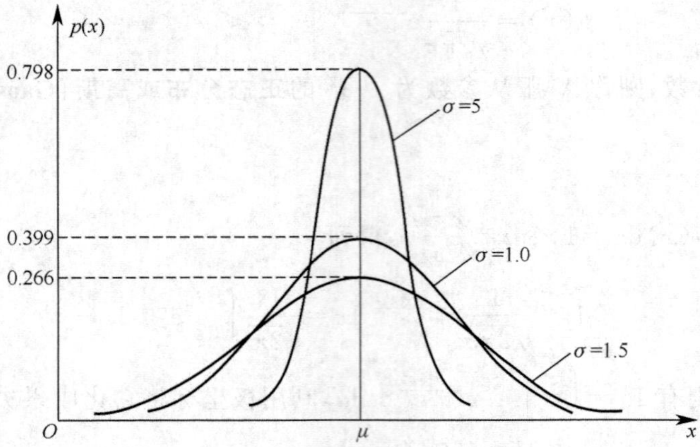

图 2.9

(5) 如果固定 μ，改变 σ 值，由于最大值为 $p(\mu)=\dfrac{1}{\sqrt{2\pi}\sigma}$，可知当 σ 越小时图像变得越尖，因而 X 落在 μ 附近的概率越大，如图 2.9 所示.

正态分布 $N(\mu,\sigma^2)$的分布函数为

$$F(x)=\frac{1}{\sqrt{2\pi}\sigma}\int_{-\infty}^{x}\mathrm{e}^{-\frac{(t-\mu)^2}{2\sigma^2}}\mathrm{d}t \tag{2.29}$$

其图像如图 2.10 所示.

特别，当 $\mu=0,\sigma=1$ 时称 X 服从**标准正态分布**，记为 $X\sim N(0,1)$，其概率密度和分布函数分别用 $\varphi(x)$，$\Phi(x)$表示，即有

$$\varphi(x)=\frac{1}{\sqrt{2\pi}}\mathrm{e}^{-\frac{x^2}{2}} \tag{2.30}$$

$$\Phi(x)=\frac{1}{\sqrt{2\pi}}\int_{-\infty}^{x}\mathrm{e}^{-\frac{t^2}{2}}\mathrm{d}t \tag{2.31}$$

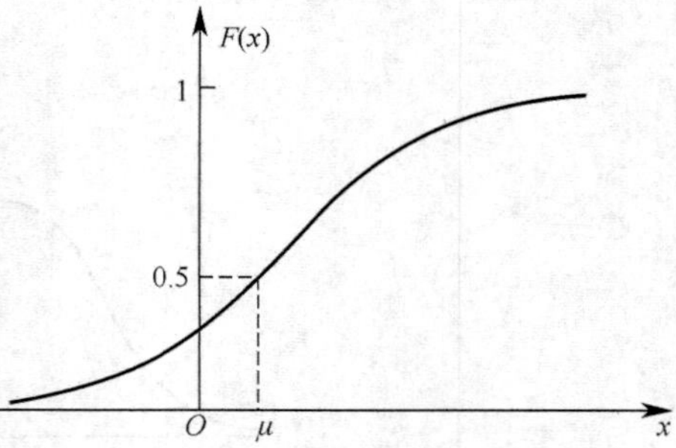

图 2.10

易知

$$\Phi(-x)=1-\Phi(x) \tag{2.32}$$

为了便于计算，人们编制了 $\Phi(x)$的函数表，称为标准正态分布表(见附表 2). **一般正态分布与标准正态分布的关系**：若 $X\sim N(\mu,\sigma^2)$，我们只要通过一个线性变换就能将它化成标准正态分布.

引理 若 $X\sim N(\mu,\sigma^2)$，则 $Z=\dfrac{X-\mu}{\sigma}\sim N(0,1)$.

证 $Z=\dfrac{X-\mu}{\sigma}$的分布函数为

$$P(Z\leqslant x)=P(\frac{X-\mu}{\sigma}\leqslant x)=P(X\leqslant\mu+\sigma x)$$
$$=\frac{1}{\sqrt{2\pi}\sigma}\int_{-\infty}^{\mu+\sigma x}\mathrm{e}^{-\frac{(t-\mu)^2}{2\sigma^2}}\mathrm{d}t$$

令$\frac{t-\mu}{\sigma}=u$，得

$$P(Z\leqslant x)=\frac{1}{\sqrt{2\pi}}\int_{-\infty}^{x}\mathrm{e}^{-\frac{u^2}{2}}\mathrm{d}u$$

由此可知 $Z=\frac{X-\mu}{\sigma}\sim N(0,1)$.

于是，若 $X\sim N(\mu,\sigma^2)$，则它的分布函数 $F(x)$ 可写成

$$F(x)=P(X\leqslant x)=P\left(\frac{X-\mu}{\sigma}\leqslant\frac{x-\mu}{\sigma}\right)=\Phi\left(\frac{x-\mu}{\sigma}\right) \tag{2.33}$$

对于任意区间$(x_1,x_2]$，有

$$P(x_1<X\leqslant x_2)=P\left(\frac{x_1-\mu}{\sigma}<\frac{X-\mu}{\sigma}\leqslant\frac{x_2-\mu}{\sigma}\right)=\Phi(\frac{x_2-\mu}{\sigma})-\Phi(\frac{x_1-\mu}{\sigma}) \tag{2.34}$$

例 2.18 将一温度调节器放置在贮存着某种液体的容器内，调节器调定在 d℃，液体的温度 X（以℃计）是一个随机变量，且 $X\sim N(d,0.5^2)$.

(1) 若 $d=90$，求 X 小于 89 的概率；

(2) 若要求保持液体的温度至少为 80℃ 的概率不低于 0.99，问 d 至少为多少？

解 (1)$P(X<89)=P\left(\frac{X-90}{0.5}<\frac{89-90}{0.5}\right)$

$$=\Phi\left(\frac{89-90}{0.5}\right)=\Phi(-2)=0.0228$$

(2) $0.99\leqslant P(X\geqslant 80)=P\left(\frac{X-d}{0.5}\geqslant\frac{80-d}{0.5}\right)$

$$=1-P\left(\frac{X-d}{0.5}<\frac{80-d}{0.5}\right)$$
$$=1-\Phi\left(\frac{80-d}{0.5}\right)$$

即 $\Phi\left(\frac{80-d}{0.5}\right)\leqslant 1-0.99$

$=1-\Phi(2.327)$

$=\Phi(-2.327)$

所以 $\frac{80-d}{0.5}\leqslant -2.327$

$d>81.1635$.故 $P(Y=0)=(1-p^3)\approx 0.4195$.

例 2.19 设 $X\sim N(10,36)$，计算(1)$P(X<5)$；(2)$P(|X-1|<4)$.

解 (1) $P(X<5)=F(5)=\Phi\left(\frac{5-10}{6}\right)=\Phi\left(-\frac{5}{6}\right)$

$$=1-\Phi\left(\frac{5}{6}\right)=1-\Phi(0.83)=1-0.7967=0.2033$$

(2) $P(|X-1|<4)=P(-3<X<5)$

$$=F(5)-F(-3)=\Phi\left(\frac{5-10}{6}\right)-\Phi\left(\frac{-3-10}{6}\right)$$

$$=\Phi\left(-\frac{5}{6}\right)-\Phi\left(-\frac{13}{6}\right)=\Phi\left(\frac{13}{6}\right)-\Phi\left(\frac{5}{6}\right)$$

$$=0.9850-0.7967=0.1883$$

例 2.20 一种电子元件的使用寿命 X(小时)服从正态分布 $N(100,15^2)$,某仪器上装有 3 个这种元件,3 个元件损坏与否是相互独立的,求:使用的最初 90 小时内无一元件损坏的概率.

解 设 Y 为使用的最初 90 小时内损坏的元件数,则 $Y\sim B(3,p)$

$$p=P(X<90)=\Phi\left(\frac{90-100}{15}\right)\approx\Phi(-0.67)=0.2514$$

例 2.21 设 $X\sim N(\mu,\sigma^2)$,由 $\Phi(x)$的函数表还能得到

$$P(\mu-\sigma<X<\mu+\sigma)=\Phi(1)-\Phi(-1)=2\Phi(1)-1=0.6826$$
$$P(\mu-2\sigma<X<\mu+2\sigma)=\Phi(2)-\Phi(-2)=2\Phi(2)-1=0.9544$$
$$P(\mu-3\sigma<X<\mu+3\sigma)=\Phi(3)-\Phi(-3)=2\Phi(3)-1=0.9974$$

从上述式子可以看到,虽然正态变量的取值范围是整个实数范围,但是它落在区间$(\mu-3\sigma,\mu+3\sigma)$内几乎是肯定的,这就是 3σ **法则**.

正态分态是概率论中最重要的分布,在实际中,许多随机变量都服从或近似服从这种"两头小中间大"的正态分布.例如,测一个零件长度的测量误差,海洋波浪的高度,农作物的单位面积产量,人的身高或体重等都服从正态分布.正态分布在理论上也有很重要的意义,这将在第四章中介绍.

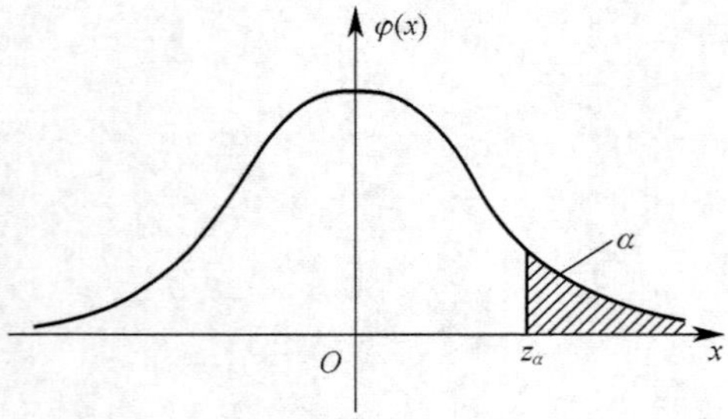

图 2.11

为了数理统计的需要,我们引入 $N(0,1)$分布上侧 α 分位数(临界值)的概念.

定义 2.12 设 $X\sim N(0,1)$,若 z_α 满足条件

$$P(X>z_\alpha)=\alpha \quad 0<\alpha<1 \tag{2.35}$$

则称点 z_α 为标准正态分布的上侧 α 分位数(临界值)

由 $\varphi(x)$图形(图 2.11)的对称性知道 $z_{1-\alpha}=-z_\alpha$.

2.5 随机变量函数的分布

2.5.1 随机变量的函数

在一些试验中,所关心的随机变量往往不能由直接测量得到,而它却是某个能直接测量的随机变量的函数.比如我们能直接测量圆轴截面的直径 d,而关心的却是截面面积 $A=\frac{1}{4}\pi d^2$.

定义 2.13 如果存在一个函数 $g(x)$，使得随机变量 X,Y 满足

$$Y=g(X)$$

则称随机变量 Y 是随机变量 X 的函数.

注：在微积分中，我们讨论变量间的函数关系时，主要研究函数关系的确定性特征，例如：导数、积分等.而在概率论中，我们主要研究是随机变量函数的随机性特征，即由自变量 X 的统计规律性出发研究因变量 Y 的统计性规律.

一般地，对任意区间 I，令 $C=\{x\mid g(x)\in I\}$，则

$$(Y\in I)=\{g(X)\in I\}=(X\in C)$$

$$P(Y\in I)=P\{g(X)\in I\}=P(X\in C)$$

注：随机变量 Y 与 X 的函数关系的确定，为从 X 的分布出发导出 Y 的分布提供了可能.

2.5.2 离散型随机变量函数的分布

设离散型随机变量 X 的概率分布为

$$P(X=x_1)=p_i,i=1,2,\cdots$$

易见，X 的函数 $Y=g(X)$ 还是离散型随机变量.

如何由 X 的概率分布出发导出 Y 的概率分布？

假设 X 是离散型随机变量，$Y=g(X)$，则 Y 也是离散型随机变量.如果已知 X 的分布列为

X	x_1	x_2	$\cdots$
P	p_1	p_2	$\cdots$

则容易得到 $Y=g(X)$ 的分布列

X	$g(x_1)$	$g(x_2)$	$\cdots$
P	p_1	p_2	$\cdots$

应当注意的是，有些 $g(x_i)$ 可能会相等，要在分布列中将其合并成一项对应的概率相加.

例 2.22 设随机变量 X 具有以下的分布列，求 $Y_1=2X+1$ 和 $Y_2=(X-1)^2$ 的分布列.

X	-1	0	1	2
P	0.2	0.3	0.1	0.4

解 (1) Y_1 所有可能的取值为 $-1,1,3,5$，因为

$$P(Y_1=-1)=P(2X+1=-1)=P(X=-1)=0.2$$

$$P(Y_1=1)=P(2X+1=1)=P(X=0)=0.3$$

$$P(Y_1=3)=P(2X+1=3)=P(X=1)=0.1$$

$$P(Y_1=5)=P(2X+1=5)=P(X=3)=0.4$$

故 Y_1 的分布列为

Y_1	-1	1	3	5
P	0.2	0.3	0.1	0.4

(2) Y_2 所有可能的取值为 $0,1,4$，因为

$$P(Y_2=0)=P\{(X-1)^2=0\}=P(X=1)=0.1$$
$$P(Y_2=1)=P(X=0)+P(X=2)=0.7$$
$$P(Y_2=4)=P(X=-1)=0.2$$

即得 Y 的分布列为

Y_2	0	1	4
P	0.1	0.7	0.2

2.5.3 连续型随机变量函数的分布

一般地，连续型随机变量的函数不一定是连续型随机变量，但我们主要讨论连续型随机变量的函数还是连续型随机变量的情形，此时我们不仅希望求出随机变量函数的分布函数，而且还希望求出其概率密度函数.

1. 分布函数法

设已知随机变量 X 的分布函数 $F_X(x)$ 或概率密度函数 $p_X(x)$，则随机变量函数 $Y=g(X)$ 的分布函数可按如下方法求得

$$F_Y(y)=P(Y\leqslant y)=P\{g(X)\leqslant y\}=P(x\in C_y). \tag{2.36}$$

其中 $C_y=\{x\,|\,g(x)\leqslant y\}$.

而 $P(X\in C_y)$ 常常可由 X 的分布函数 $F_X(x)$ 来表达或用其概率密度函数 $p_X(x)$ 的积分来表达

$$P(X\in C_y)=\int_{C_y}p_X(x)\mathrm{d}x \tag{2.37}$$

进而可通过 Y 的分布函数 $F_X(y)$，利用 $p_Y(y)=F'_Y(y)$ 便求出 Y 的密度函数 $p_Y(y)$.

例 2.23 设随机变量 $X\sim p_Y(x)=\begin{cases}\dfrac{x}{8}, & 0<x<4\\ 0, & 其他\end{cases}$，求 $Y=2X+8$ 的概率密度 $p_Y(y)$.

解 设 Y 的分布函数为 $F_Y(y)$，则

$$\begin{aligned}F_Y(y)&=P(Y\leqslant y)=P(2X+8\leqslant y)=P\left\{X\leqslant\frac{y-8}{2}\right\}\\&=F_X\left(\frac{y-8}{2}\right)\end{aligned}$$

于是 Y 的密度函数

$$p_Y(y)=\frac{\mathrm{d}F_Y(y)}{\mathrm{d}y}=p_X\left(\frac{y-8}{2}\right)\cdot\frac{1}{2}$$

注意到 $0<x<4$，$p_X(x)\neq0$，即 $8<y<16$ 时，$p_X\left(\dfrac{y-8}{2}\right)\neq0$，且

$$p_X\left(\frac{y-8}{2}\right)=\frac{y-8}{16}$$

故

$$p_Y(y)=\begin{cases}\dfrac{y-8}{32}, & 8<y<16\\ 0, & 其他\end{cases}$$

例 2.24 设随机变量 $X \sim N(0,1)$，求 $Y=X^2$ 的概率密度 $p_Y(y)$.

解 分别记 X,Y 的分布函数为 $F_X(x),F_Y(y)$.先求 Y 的分布函数 $F_Y(y)$.由于 $Y=X^2 \geqslant 0$，故当 $y \leqslant 0$ 时 $F_Y(y)=0,P_X(y)=F_Y(y)=0$.当 $y>0$ 时有

$$\begin{aligned} F_Y(y) &= P(Y \leqslant y)=P(X^2 \leqslant y) \\ &= P(-\sqrt{y} \leqslant X \leqslant \sqrt{y}) \\ &= F_X(\sqrt{y})-F_X(-\sqrt{y}) \end{aligned}$$

将 $F_Y(y)$关于 y 求导数，即得 Y 的概率密度为

$$p_Y(y)=\begin{cases} \dfrac{1}{2\sqrt{y}}[\varphi_X(\sqrt{y})+\varphi_X(-\sqrt{y})], & y>0 \\ 0, & y \leqslant 0 \end{cases}$$

由 $X \sim N(0,1)$，其概率密度为

$$\varphi(x)=\frac{1}{\sqrt{2\pi}}\mathrm{e}^{-\frac{x^2}{2}}\ (-\infty<x<+\infty)$$

得 $Y=X^2$ 的概率密度为

$$p_Y(y)=\begin{cases} \dfrac{1}{\sqrt{2\pi}}y^{-\frac{1}{2}}\mathrm{e}^{-\frac{y}{2}}, & y>0 \\ 0, & y \leqslant 0 \end{cases}$$

例 2.25 设随机变量 $X \sim N(\mu,\sigma^2)$.试证明 X 的线性函数 $Y=aX+b\ (a \neq 0)$也服从正态分布.

证 X 的概率密度为

$$p_X(x)=\frac{1}{\sqrt{2\pi}\sigma}\mathrm{e}^{-\frac{(x-\mu)^2}{2\sigma^2}},-\infty<x<+\infty$$

由

$$y=g(x)=ax+b$$

解得

$$x=h(y)=\frac{y-b}{a}$$

设 Y 的分布函数为 $F_Y(y)$，则

$$F_Y(y)=P(Y \leqslant y)=P(aX+b \leqslant y)$$

当 $a>0$ 时，

$$F_Y(y)=P\left(X \leqslant \frac{y-b}{a}\right)=F_X\left(\frac{y-b}{a}\right)=F_X[h(y)]$$

当 $a<0$ 时，

$$\begin{aligned} F_Y(y) &= P\left(X \geqslant \frac{y-b}{a}\right)=1-P\left(X \leqslant \frac{y-b}{a}\right) \\ &= 1-F_X\left(\frac{y-b}{a}\right) \\ &= 1-F_X[h(y)] \end{aligned}$$

故 $Y=aX+b$ 的概率密度为

$$p_Y(y)=F'_Y(y)=\begin{cases}\dfrac{1}{a}p_X[h(y)], & a>0\\ -\dfrac{1}{a}p_X[h(y)], & a<0\end{cases},\quad -\infty<y<+\infty$$

总之

$$p_Y(y)=\frac{1}{|a|}p_X[h(y)]=\frac{1}{|a|}p_X\left(\frac{y-b}{a}\right)=\frac{1}{|a|}\cdot\frac{1}{\sqrt{2\pi}\sigma}\mathrm{e}^{\frac{(\frac{y-b}{a}-\mu)^2}{2\sigma^2}}$$

$$=\frac{1}{|a|\sigma\sqrt{2\pi}}\mathrm{e}^{-\frac{[y-(b+a\mu)]^2}{2(a\sigma)^2}}\ (-\infty<y<+\infty)$$

所以有 $Y=aX+b\sim N(a\mu+b,(a\sigma)^2)$，可见正态分布的线性函数仍为正态分布，特别地，若在本例中取 $a=\dfrac{1}{\sigma}$，$b=-\dfrac{\mu}{\sigma}$，则得

$$Y=\frac{X-\mu}{\sigma}\sim N(0,1)$$

利用分布函数法解题的关键是，在"$Y\leqslant y$"中，即在"$g(X)\leqslant y$"中解出 X，从而得到一个与"$g(X)\leqslant y$"等价的 X 的不等式，并以后者代替"$g(X)\leqslant y$".

2. 公式法

由上面例 2.23 可以看出：设 X 的密度为 $P_X(x)$，如果函数 $y=g(x)$ 存在反函数 $x=h(y)$，则 $Y=g(X)$ 的概率密度为

$$p_Y(y)=p_X[h(y)]|h'(y)|$$

这就是连续型随机变量函数的密度公式，一般地我们有：

定理 2.1 设随机变量 X 具有概率密度 $p_X(x)$，$x\in(-\infty,+\infty)$，又设 $y=g(x)$ 处处可导且恒有 $g'(x)>0$（或恒有 $g'(x)<0$），则 $Y=g(X)$ 是一个连续型随机变量，其概率密度为

$$p_Y(y)=p_X[h(y)]|h'(y)| \tag{2.38}$$

其中 $x=h(y)$ 是 $y=g(x)$ 的反函数.

证 我们只证 $g'(x)>0$ 的情况，此时 $y=g(x)$ 严格单调增加，它的反函数 $x=h(y)$ 存在，且严格单调增加.分别记 X,Y 的分布函数为 $F_X(x)$，$F_Y(y)$，现在先来求 Y 的分布函数 $F_Y(y)$.

$$F_Y(y)=P(Y\leqslant y)=P\{g(X)\leqslant y\}=P\{X\leqslant h(y)\}$$

$$=\int_{-\infty}^{h(y)}p_X(x)\mathrm{d}x\xlongequal{\text{令 }x=h(t)}\int_{-\infty}^{y}p_X[h(t)]h'(t)\mathrm{d}t$$

可见 $Y=g(X)$ 是连续型随机变量其概率密度为

$$p_Y(y)=p_X[h(y)]h'(y)$$

注意到此时 $h'(y)>0$，有

$$h'(y)=|h'(y)|$$

对于 $g'(x)<0$ 的情况可以同样地证明.此时有

$$p_Y(y)=p_X[h(y)]|-h'(y)|$$

合并上述两式，得证.

例 2.26 设 $X\sim N(\mu,\sigma^2)$，求 $Y=\mathrm{e}^X$ 的概率密度 $p_Y(y)$.

解 函数 $y=\mathrm{e}^x$ 严格单调，反函数为 $x=\ln y$ $(y>0)$，且

$$p_Y(y)=p_X[h(y)]|h'(y)|=p_X(\ln y)\left|\frac{1}{y}\right|=\begin{cases}\dfrac{1}{\sqrt{2\pi}\,y\sigma}e^{-\frac{(\ln y-\mu)^2}{2\sigma^2}}, & y>0\\ 0, & y\leqslant 0\end{cases}$$

例 2.27 设随机变量 X 在 $(0,1)$ 上服从均匀分布，求 $Y=-2\ln X$ 的概率密度.

解 在区间 $(0,1)$ 上，函数 $\ln x<0$，故 $y=-2\ln x>0$，$y'=-\dfrac{2}{x}<0$

于是 y 在区间 $(0,+\infty)$ 上单调下降，有反函数 $x=h(y)=e^{-\frac{y}{2}}$，从而

$$p_Y(y)=\begin{cases}p_X(e^{-\frac{y}{2}})\left|\dfrac{d(e^{-\frac{y}{2}})}{dy}\right|, & 0<e^{-\frac{y}{2}}<1\\ 0, & \text{其他}\end{cases}$$

已知 X 在 $(0,1)$ 上服从均匀分布，且

$$p_X(x)=\begin{cases}1, & 0<x<1\\ 0, & \text{其他}\end{cases}$$

代入 $p_Y(y)$ 的表达式中，得

$$p_Y(y)=\begin{cases}\dfrac{1}{2}e^{-\frac{y}{2}}, & y>0\\ 0, & \text{其他}\end{cases}$$

即 Y 服从参数为 $\dfrac{1}{2}$ 的指数分布.

定理 2.2 设随机变量 X 具有概率密度 $p_X(x)$，又设 $y=g(x)$ 在不相交的区间 $I_1,I_2,\cdots,I_k$ 上逐段严格单调，每段上对应的反函数分别为 $h_1(y),h_2(y),\cdots,h_k(y)$，则 $Y=g(X)$ 是一个连续型随机变量，其概率密度为

$$p_Y(y)=\sum_{i=1}^{k}p_X[h_i(y)]\,|\,h'_i(y)\,| \tag{2.39}$$

例 2.28 设随机变量 $X\sim N(0,1)$，记 $Y=X^2$，求 Y 的概率密度 $p_Y(y)$.

解 函数 $y=x^2$ 在区间 $(-\infty,0]$ 上单调下降，反函数为 $h_1(y)=-\sqrt{y}$；在区间 $(0,+\infty)$ 上单调上升，反函数为 $h_2(y)=\sqrt{y}$. 由 $X\sim N(0,1)$ 得

$$p_X(x)=\frac{1}{\sqrt{2\pi}}e^{-\frac{x^2}{2}}$$

$$\begin{aligned}p_Y(y)&=\begin{cases}p_X[h_1(y)]|h'_1(y)+p_X[h_2(y)]|h'_2(y)|, & y>0\\ 0, & y\leqslant 0\end{cases}\\ &=\begin{cases}p_X(-\sqrt{y})\dfrac{1}{2\sqrt{y}}+p_X(\sqrt{y})\dfrac{1}{2\sqrt{y}}, & y>0\\ 0, & y\leqslant 0\end{cases}\\ &=\begin{cases}\dfrac{1}{\sqrt{2\pi}}y^{-\frac{1}{2}}e^{-\frac{y}{2}}, & y>0\\ 0, & y\leqslant 0\end{cases}\end{aligned}$$

这正是例 2.24 的结果.

例 2.29 设随机变量 X 的概率密度为

$$p_X(x)=\begin{cases}\dfrac{2x}{\pi^2}, & 0<x<\pi\\ 0, & \text{其他}\end{cases}$$

求 $Y=\sin X$ 的概率密度.

解 函数 $y=\sin x$ 在区间 $\left(0,\dfrac{\pi}{2}\right)$ 上单调递增,反函数为 $h_1(y)=\arcsin y$;在区间 $\left(\dfrac{\pi}{2},\pi\right)$ 上单调递减,反函数为 $h_2(y)=\pi-\arcsin y$

$$p_Y(y)=\begin{cases}p_X[h_1(y)]\ |h'_1(y)|+p_X[h_2(y)]|h'_2(y)|, & 0<y<1\\ 0, & \text{其他}\end{cases}$$

$$=\begin{cases}\dfrac{2}{\pi^2}\arcsin y\dfrac{1}{\sqrt{1-y^2}}+\dfrac{2}{\pi^2}(\pi-\arcsin y)\dfrac{1}{\sqrt{1-y^2}}, & 0<y<1\\ 0, & \text{其他}\end{cases}$$

$$=\begin{cases}\dfrac{2}{\pi\sqrt{1-y^2}}, & 0<y<1\\ 0, & \text{其他}\end{cases}$$

习题 2

1. 现有产品 100 件,其中含 5 件次品.从中任取 5 件,试写出次品数 X 的可能取值及概率分布列.

2. 设某人有 5 把钥匙,只有一把能打开门,用不返回法,每次任取一把试开.X 表示打开门时需要的试开次数,试求 X 的概率分布列.

3. 某射手参加射击比赛,共有 4 发子弹,设该射手的命中率为 p,各次射击是相互独立的,求直至命中目标时的射击次数的分布列.

4. 一个工人看管三台机床,在一小时内机床不需要工人照管的概率:第一台等于 0.9,第二台等于 0.8,第三台等于 0.7,求在一小时内需要工人管的机床台数 X 的概率分布.

5. 设 X 的分布列为

X	-1	0	2	3
P	0.2	0.1	0.3	0.4

试求 X 的分布函数 $F(x)$.

6. 设随机变量 X 的概率密度为

$$p(x)=\begin{cases}\dfrac{1}{3}, & x\in[0,1]\\ \dfrac{2}{9}, & x\in[3,6]\\ 0, & \text{其他}\end{cases}$$

若 k 使得 $P(X\geqslant k)=\dfrac{2}{3}$,则 k 的取值范围是多少.

7. 设随机变量 X 在(1,4)上服从均匀分布，现在对 X 进行3次独立观测，则至少有2次观察值大于2的概率为多少？

8. 某种晶体管寿命服从参数为 $\frac{1}{1000}$ 的指数分布(单位是小时)，电子仪器装有此种晶体管5个，并且每个晶体管损坏与否相互独立.试求此仪器在1000小时内恰好有两个晶体管损坏的概率.

9. 随机变量 X 的分布函数为

$$F(x)=A+B\arctan x,\ -\infty<x<+\infty$$

求(1)系数 A 及 B；(2)X 落在(−1,1)内的概率；(3)X 的概率密度.

10. 从数1,2,3,4中任取一个数，记为 X，再从 $1,2,\cdots,X$ 中任取一个数，记为 Y，试求概率 $P(Y=2)$.

11. 设一电路装有三个不同种电气元件，其中工作状态互相独立且无故障工作时间服从参数为 $\lambda>0$ 的指数分布，当三个元件都无故障时，电路正常工作，否则整个电路不能正常工作，求电路正常工作的时间 T 的概率分布.

12. 设随机变量 X 的概率密度为

$$p(x)=\begin{cases}2x, & 0<x<1\\ 0, & \text{其他}\end{cases}$$

以 Y 表示对 X 的三次独立重复观察中事件 $\{X\leqslant\frac{1}{2}\}$ 出现的次数，求 $P(Y=2)$.

13. 某公共汽车站从上午7时起每15分钟发一班车，即在7:00,7:15,7:30,…有汽车发生，如果乘客到达此汽车站的时间 X 是7:00～7:30的均匀随机变量，试求乘客在车站等候：(1)不到5分钟的概率；(2)超过10分钟的概率.

14. 若随机变量 ξ 在(1,6)上服从均匀分布，则方程 $x^2+\xi x+1=0$ 有实根的概率是多少？

15. 设随机变量 Y 服从参数且 $\lambda=\frac{1}{2}$ 的指数分布，试求关于未知量 x 的方程 $x^2+Yx+2Y-3=0$ 没有实根的概率.

16. 若随机变量 $X\sim N(2,\sigma^2)$ 且 $P(2<X<4)=0.3$，求 $P(X<0)$？

17. 设某批电子元件的寿命 X 服从正态分布 $N(\mu,\sigma^2)$.若 $\mu=160$，求 $P(120<X\leqslant200)=0.8$，允许 σ 最大为多少？

18. 设随机变量 $X\sim N(10,0.02^2)$，已知

$$\Phi(x)=\int_{-\infty}^{x}\frac{1}{\sqrt{2\pi}}\mathrm{e}^{-\frac{\mu^2}{2}}\mathrm{d}\mu,\ \Phi(2.5)=0.9938$$

则 X 落在区间(9.95,10.05)内的概率为多少？

19. 某地抽样调查结果表明，考生的外语成绩(百分制)近似服从正态分布，平均成绩为72分，96分以上的占考生总数的2.3%，试求考生的外语成绩在60～84分之间的概率.

参考数据如下：

X	0	0.5	1.0	1.5	2.0	2.5	3.0
$\Phi(x)$	0.500	0.692	0.841	0.933	0.977	0.994	0.999

其中 $\Phi(x)$ 是标准正态分布函数.

20. 设 X 的分布列为

X	-1	0	1	4
P	0.1	0.2	0.3	0.4

试求 $Y=2X^2+1$ 的分布列.

21. 假设一部机器在一个工作日因故停用的概率为0.2，一周使用5个工作日可创利润10万元；使用4个工作日可创利润7万元；使用3个工作日可创利润2万元；停用3天及多于3天亏损2万元.求一部机器一周所创利润的概率分布.

22. 设随机变量 X 服从在 $(-1,1)$ 上的均匀分布，求 $Y=X^2$ 的概率密度.

23. 设随机变量 $X\sim N(0,1)$，记 $Y=|X|$，求 Y 的概率密度 $p_Y(y)$.

24. 对圆的直径作近似测量，设其值均匀分布在区间 $[a,b]$ 内，求圆面积的概率密度.

第 3 章 多维随机变量

在实际应用中,有些随机现象需要同时用两个或两个以上的随机变量来描述.例如,在研究某地区学龄前儿童的发育情况时,就要同时抽查儿童的身高 H、体重 W,这里,H 和 W 是定义在同一个样本空间 $S=\{e\}=\{$某地区的全部学龄前儿童$\}$上的两个随机变量.又如,考察某次射击中弹着点的位置时,就要同时考察弹着点的横坐标 X 和纵坐标 Y.在这种情况下,我们不但要研究多个随机变量各自的统计规律,而且还要研究它们之间的统计相依关系,因而还需考察它们的联合取值的统计规律,即多维随机变量的分布.由于从二维推广到多维一般无实质性的困难,故我们重点讨论二维随机变量.

3.1 二维随机变量及联合分布

3.1.1 二维随机变量

定义 3.1 设随机试验的样本空间为 $S=\{e\}, e\in S$ 为样本点,而

$$X=X(e), Y=Y(e)$$

是定义在 S 上的两个随机变量,称(X,Y)为定义在 S 上的**二维随机变量**或**二维随机向量**.

前面我们讨论的随机变量也称为一维随机变量.

二维随机变量(X,Y)的性质不仅与 X 及 Y 有关,而且还依赖于这两个随机变量的相互关系,因此,逐个地来研究 X 或 Y 的性质是不够的,还需要将(X,Y)作为一个整体来进行研究.

3.1.2 联合分布函数的概念

定义 3.2 设(X,Y)是二维随机变量,对任意实数 x,y,二元函数

$$F(x,y)=P\{(X\leqslant x)\cap(Y\leqslant y)\}\xlongequal{\text{记为}}P\{X\leqslant x,Y\leqslant y\} \tag{3.1}$$

称为二维随机变量(X,Y)的**分布函数**或称为随机变量 X 和 Y 的**联合分布函数**.

将二维随机变量看成是平面上随机点的坐标,那么分布函数 $F(x,y)$ 在(x,y)处的函数值就是随机点(X,Y)落在以(x,y)为顶点而位于该点左下方的无穷矩形内的概率,如图 3.1 所示.

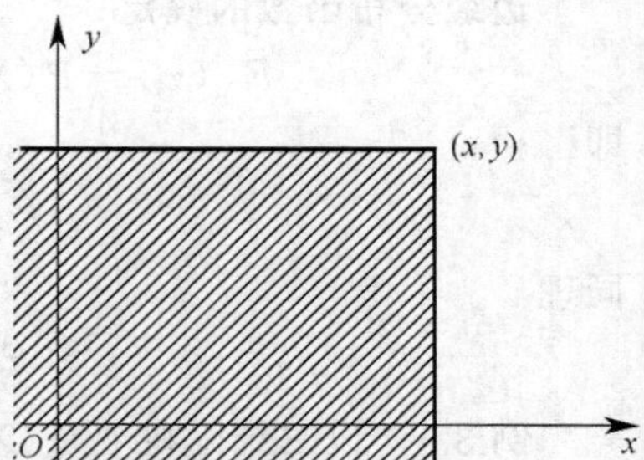

图 3.1

3.1.3 n 维随机变量

定义 3.3 设 E 是一个随机试验,它的样本空间是 $S=\{e\}$,设 $X_1=X_1(e), X_2=X_2(e),\cdots,$

$X_n=X_n(e)$是定义在 S 上的随机变量，由它们构成一个 n 维向量$(X_1,X_2,\cdots,X_n)$叫作 **n 维随机变量或 n 维随机变量**.

对于任意 n 个实数 $x_1,x_2,\cdots,x_n$, n 元函数

$$F(x_1,x_2,\cdots,x_n)=P(X_1\leqslant x_1,X_2\leqslant x_2,\cdots,X_n\leqslant X_n) \tag{3.2}$$

称为 n 维向量$(X_1,X_2,\cdots,X_n)$的**分布函数**或随机变量 $X_1,X_2,\cdots,X_n$ 的**联合分布函数**.

它具有和二维随机变量的分布函数类似的性质.

3.1.4 联合分布函数的基本性质

性质 1 $F(x,y)$是变量 x 和 y 的不减函数，即分别固定 x 和 y 时，对于另一个变量而言，函数不减.

性质 2 $0\leqslant F(x,y)\leqslant 1$,且

$$\text{对于任意固定的 } y, F(-\infty,y)=0 \quad (x \text{ 向左无限平移}) \tag{3.3}$$

$$\text{对于任意固定的 } x, F(x,-\infty)=0 \quad (y \text{ 向下无限平移}) \tag{3.4}$$

$$F(+\infty,+\infty)=1 \tag{3.5}$$

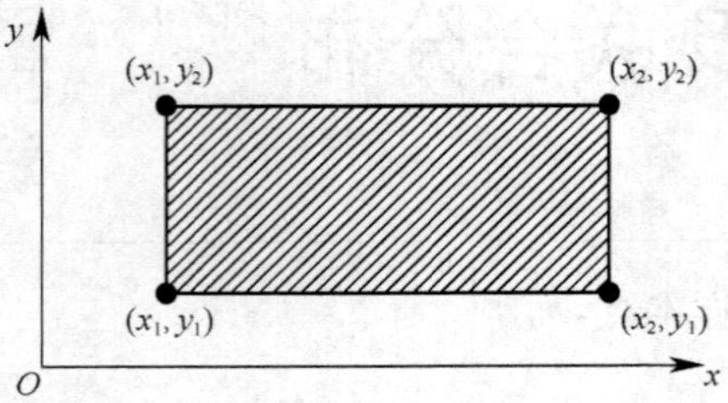

图 3.2

性质 3 $F(x,y)=F(x+0,y)$, $F(x,y)=F(x,y+0)$ (3.6)

即 $F(x,y)$关于 x 右连续，关于 y 也右连续.

性质 4 对于任意 (x_1,y_1), (x_2,y_2), $x_1<x_2$, $y_1<y_2$, 如图 3.2 所示，下述不等式成立

$$\begin{aligned}&F(x_2,y_2)-F(x_2,y_1)+F(x_1,y_1)-F(x_1,y_2)\\&=P(x_1<X\leqslant x_2,y_1<Y\leqslant y_2)\geqslant 0\end{aligned} \tag{3.7}$$

3.1.5 边缘分布函数

定义 3.4 二维随机变量(X,Y)作为一个整体，具有分布函数 $F(x,y)$, X,Y 都是随机变量.也有分布函数，将它们分别记为 $F_X(x)$, $F_Y(y)$,依次称为二维随机变量(X,Y)关于 X 和关于 Y 的**边缘分布函数**.

边缘分布函数的确定

$$F_X(x)=P(X\leqslant x)=P(X\leqslant x,Y<+\infty)=F(x,+\infty) \tag{3.8}$$

即

$$F_X(x)=F(x,+\infty)=\lim_{y\to+\infty}F(x,y) \tag{3.9}$$

同理

$$F_Y(y)=F(+\infty,y)=\lim_{x\to+\infty}F(x,y) \tag{3.10}$$

例 3.1 设二维随机变量(X,Y)的分布函数为

$$F(x,y)=A\left(B+\arctan\frac{x}{2}\right)\left(C+\arctan\frac{y}{3}\right)$$

$$-\infty<x<+\infty,-\infty<y<+\infty$$

(1) 试确定常数 A,B,C.

(2) 求 $P(2<X<+\infty,0<Y<3)$.

(3) 求边缘分布函数.

解 (1) 由二维随机变量的分布函数的性质,可得

$$F(+\infty,+\infty)=A\left(B+\frac{\pi}{2}\right)\left(C+\frac{\pi}{2}\right)=1$$

$$F(-\infty,+\infty)=A\left(B-\frac{\pi}{2}\right)\left(C+\frac{\pi}{2}\right)=0$$

$$F(+\infty,-\infty)=A\left(B+\frac{\pi}{2}\right)\left(C-\frac{\pi}{2}\right)=0$$

由这三个等式中的第一个等式知

$$A\neq 0,\quad B+\frac{\pi}{2}\neq 0,\quad C+\frac{\pi}{2}\neq 0$$

由第二、三个等式知

$$B-\frac{\pi}{2}=0,\quad C-\frac{\pi}{2}=0,$$

于是得

$$B=C=\frac{\pi}{2},\quad A=\frac{1}{\pi^2}$$

故(X,Y)的分布函数为

$$F(x,y)=\frac{1}{\pi^2}\left(\frac{\pi}{2}+\arctan\frac{x}{2}\right)\left(\frac{\pi}{2}+\arctan\frac{y}{3}\right)$$

(2) 由性质 4 得

$$\begin{aligned}&P(2<X<+\infty,0<Y<3)\\&=F(+\infty,3)-F(+\infty,0)-F(2,3)+F(2,0)=1/16\end{aligned}$$

(3) 边缘分布函数分别为

$$\begin{aligned}F_X(x)&=\lim_{y\to+\infty}F(x,y)=\lim_{y\to+\infty}\frac{1}{\pi^2}\left(\frac{\pi}{2}+\arctan\frac{x}{2}\right)\left(\frac{\pi}{2}+\arctan\frac{y}{3}\right)\\&=\frac{1}{\pi}\left(\frac{\pi}{2}+\arctan\frac{x}{2}\right)\\F_Y(y)&=\lim_{x\to+\infty}F(x,y)=\lim_{x\to+\infty}\frac{1}{\pi^2}\left(\frac{\pi}{2}+\arctan\frac{x}{2}\right)\left(\frac{\pi}{2}+\arctan\frac{y}{3}\right)\\&=\frac{1}{\pi}\left(\frac{\pi}{2}+\arctan\frac{y}{3}\right)(-\infty<x<+\infty,-\infty<y<+\infty)\end{aligned}$$

3.2 二维离散型随机变量

3.2.1 二维离散型随机变量的定义

定义 3.5 如果二维随机变量(X,Y)全部可能值只有有限对或可列无穷多对,则称(X,Y)是**二维离散型随机变量.**

设二维离散型随机变量(X,Y)所有可能取的值为(x_i,y_j),$i,j=1,2,\cdots$,记$P(X=x_i,Y=$

$y_j)=p_{ij},i,j=1,2,\cdots$，则由概率的定义有

$$p_{ij}\geqslant 0,\ \sum_{i=1}^{\infty}\sum_{j=1}^{\infty}p_{ij}=1 \tag{3.11}$$

定义 3.6 我们称 $P(X=x_i,Y=y_j)=p_{ij},i,j=1,2,\cdots$ 为二维离散型随机变量 (X,Y) 的**分布列**，或随机变量 X 和 Y 的**联合分布列**.

X 和 Y 的联合分布列可以表示为

$Y \backslash X$	x_1	x_2	$\cdots$	x_i	$\cdots$
y_1	p_{11}	p_{21}	$\cdots$	p_{i1}	$\cdots$
y_2	p_{12}	p_{22}	$\cdots$	p_{i2}	$\cdots$
$\vdots$	$\vdots$	$\vdots$	$\cdots$	$\vdots$	$\cdots$
y_j	p_{1j}	p_{2j}	$\cdots$	p_{ij}	$\cdots$
$\vdots$	$\vdots$	$\vdots$		$\vdots$	

注：对离散型随机变量而言，联合分布列不仅比联合分布函数更加直观，而且能够更加方便地确定 (X,Y) 取值于任何区域 D 上的概率，即

$$P\{(X,Y)\in D\}=\sum_{(x_i,y_j)\in D}p_{ij} \tag{3.12}$$

特别地，由联合分布列可以确定联合分布函数

$$F(x,y)=P(X\leqslant x,Y\leqslant y)=\sum_{x_i\leqslant x}\sum_{y_j\leqslant y}p_{ij} \tag{3.13}$$

3.2.2 边缘分布列

定义 3.7 设二维离散型随机变量 (X,Y) 的概率分布为 $P(X=x_i,Y=y_j)=p_{ij},i,j=1,2,\cdots$，则称

$$p_{i\cdot}=\sum_{j=1}^{\infty}p_{ij}=P(X=x_i)\quad i=1,2\cdots$$

为二维随机变量 (X,Y) 关于 X 的**边缘分布列**，称

$$p_{\cdot j}=\sum_{i=1}^{\infty}p_{ij}=P(Y=y_j)\quad j=1,2\cdots$$

为二维随机变量 (X,Y) 关于 Y 的**边缘分布列**.

例 3.2 设随机变量 X 在 $1,2,3,4$ 中等可能地取值，随机变量 Y 在 $1\sim X$ 中等可能地取一个整数值，试求 (X,Y) 的分布列.

解 样本点 $(X=i,Y=j)$ 的取值情况是：$i=1,2,3,4$，而 j 取不大于 i 的正整数.它是指第一步先取 X，第二步取 Y，它的概率也就是取到 X 的概率与在取到 X 的前提下取 Y 的条件概率的乘积，即

$$P(X=i,Y=j)=P(Y=j\mid X=i)P(X=i)=\frac{1}{i}\cdot\frac{1}{4},i=1,2,3,4,j\leqslant i$$

$$P(X=i,Y=j)=0,j>i,i=1,2,3,4$$

于是 (X,Y) 的分布列为

Y \ X	1	2	3	4
1	$\frac{1}{4}$	$\frac{1}{8}$	$\frac{1}{12}$	$\frac{1}{16}$
2	0	$\frac{1}{8}$	$\frac{1}{12}$	$\frac{1}{16}$
3	0	0	$\frac{1}{12}$	$\frac{1}{16}$
4	0	0	0	$\frac{1}{16}$

例 3.3 把一枚均匀硬币抛掷三次，设 X 为三次抛掷中正面出现的次数，而 Y 为正面出现次数与反面出现次数之差的绝对值，求 (X,Y) 的联合分布及 (X,Y) 关于 X,Y 的边缘分布.

解 (X,Y) 可取值 $(0,3),(1,1),(2,1),(3,3)$，且

$$P(X=0,Y=3)=(1/2)^3=\frac{1}{8}$$

$$P(X=1,Y=1)=C_3^1\left(\frac{1}{2}\right)^3=\frac{3}{8}$$

$$P(X=2,Y=1)=C_3^2\left(\frac{1}{2}\right)^3=\frac{3}{8}$$

$$P(X=3,Y=3)=\frac{1}{8}$$

故 (X,Y) 的联合分布为

Y \ X	1	3
0	0	$\frac{1}{8}$
1	$\frac{3}{8}$	0
2	$\frac{3}{8}$	0
3	0	$\frac{1}{8}$

从概率分布表不难求得 (X,Y) 关于 X,Y 的边缘分布

$$P(X=0)=\frac{1}{8},P(X=1)=\frac{3}{8}$$

$$P(X=2)=\frac{3}{8},P(X=3)=\frac{1}{8}$$

$$P(Y=1)=\frac{3}{8}+\frac{3}{8}=\frac{6}{8}$$

$$P(Y=3)=\frac{1}{8}+\frac{1}{8}=\frac{2}{8}$$

从而 X,Y 的边缘分布为

Y \ X	1	3	$p_{i\cdot}$
0	0	$\frac{1}{8}$	$\frac{1}{8}$
1	$\frac{3}{8}$	0	$\frac{3}{8}$
2	$\frac{3}{8}$	0	$\frac{3}{8}$
3	0	$\frac{1}{8}$	$\frac{1}{8}$
$p_{\cdot j}$	$\frac{3}{4}$	$\frac{1}{4}$	1

3.3 二维连续型随机变量

3.3.1 二维连续型随机变量及其概率密度

与一维连续性随机变量的定义类似，我们给出二维连续型随机变量的定义如下：

定义 3.8 对于二维随机变量(X,Y)的分布函数$F(x,y)$，如果存在非负的函数$p(x,y)$使对于任意x,y有

$$F(x,y)=\int_{-\infty}^{x}\int_{-\infty}^{y}p(u,v)\mathrm{d}u\mathrm{d}v \tag{3.14}$$

则称(X,Y)是**二维连续型随机变量**，函数$p(x,y)$称为二维随机变量(X,Y)的**概率密度**，或称为随机变量X和Y的**联合概率密度**.

3.3.2 概率密度的性质

由定义 3.8 及分布函数的性质可知概率密度$p(x,y)$具有如下性质：

性质 1 $p(x,y)\geqslant 0$ (3.15)

性质 2 $\int_{-\infty}^{+\infty}\int_{-\infty}^{+\infty}p(x,y)\mathrm{d}x\mathrm{d}y=F(+\infty,+\infty)=1$[以曲面$Z=p(x,y)$为曲顶，以$xOy$为底的曲顶柱体体积为 1] (3.16)

性质 3 设G是xOy平面上的区域，点(X,Y)落在G内的概率为

$P\{(X,Y)\in G\}=\iint\limits_{G}p(x,y)\,\mathrm{d}x\mathrm{d}y$[以曲面$Z=p(x,y)$为曲顶，以$G$为底的小曲顶柱体体积] (3.17)

性质 4 若$p(x,y)$在点(x,y)连续，则有

$$\frac{\partial^2 F(x,y)}{\partial x\partial y}=p(x,y) \tag{3.18}$$

同时可以得到，如果$\Delta x,\Delta y$很小，则

$$P(x<X\leqslant x+\Delta x, y<Y\leqslant y+\Delta y)\approx p(x,y)\Delta x\Delta y \tag{3.19}$$

即(X,Y)落在区域$(x,x+\Delta x]\times(y,y+\Delta y]$上的概率近似等于$p(x,y)\Delta x\Delta y$.

3.3.3 边缘概率密度

设(X,Y)是二维连续型随机变量，其概率密度为$p(x,y)$，分布函数为$F(x,y)$，边缘分布函数分别为$F_X(x)$和$F_Y(y)$.现在我们求X的概率密度$p_X(x)$及Y的概率密度$p_Y(y)$.由式(3.8)及式(3.14)，有

$$F_X(x)=F(x,+\infty)=\int_{-\infty}^{x}\left[\int_{-\infty}^{+\infty}p(x,y)\mathrm{d}y\right]\mathrm{d}x \tag{3.20}$$

则$F_X(x)$可写为一个函数的积分的形式，故X也为一连续型随机变量，且其概率密度为

$$p_X(x)=\int_{-\infty}^{+\infty}p(x,y)\mathrm{d}y \tag{3.21}$$

同理，Y也是一连续型随机变量，其概率密度为

$$p_Y(y)=\int_{-\infty}^{+\infty}p(x,y)\mathrm{d}x \tag{3.22}$$

分别为$p_X(x)$，$p_Y(y)$为(X,Y)关于X和关于Y的**边缘概率密度**.

例 3.4 设二维随机变量(X,Y)具有概率密度

$$p(x,y)=\begin{cases}2\mathrm{e}^{-(2x+y)}, & x>0,y>0\\ 0, & \text{其他}\end{cases}$$

(1) 求联合分布函数$F(x,y)$；(2)求概率$P(Y\leqslant X)$

解 (1) 联合分布函数为

$$F(x,y)=\int_{-\infty}^{y}\int_{-\infty}^{x}p(u,v)\mathrm{d}u\mathrm{d}v$$

$$=\begin{cases}\int_{0}^{y}\int_{0}^{x}2\mathrm{e}^{-(2u+v)}\mathrm{d}u\mathrm{d}v, & x>0,y>0\\ 0, & \text{其他}\end{cases}$$

即有

$$F(x,y)=\begin{cases}(1-\mathrm{e}^{-2x})(1-\mathrm{e}^{-y}), & x>0,y>0\\ 0, & \text{其他}\end{cases}$$

(2) 将(X,Y)看作是平面上的随机点的坐标，即有

$$\{Y\leqslant X\}=\{(X,Y)\in G\}$$

其中G为xOy平面上直线$y=x$及其下方的部分(图 3.3)，于是

$$P(Y\leqslant X)=P\{(X,Y)\in G\}=\iint_{G}p(x,y)\mathrm{d}x\mathrm{d}y$$

$$=\int_{0}^{+\infty}\int_{y}^{+\infty}2\mathrm{e}^{-(2x+y)}\mathrm{d}x\mathrm{d}y=\frac{1}{3}$$

例 3.5 设随机变量X和Y具有联合概率密度

$$p(x,y)=\begin{cases}6, & x^2\leqslant y\leqslant x\\ 0, & \text{其他}\end{cases}$$

求边缘概率密度$p_X(x)$，$p_Y(y)$.

解 结合图 3.4，不难得到

$$p_X(x)=\int_{-\infty}^{+\infty}p(x,y)\mathrm{d}y=\begin{cases}\int_{x^2}^{x}6\mathrm{d}y=6(x-x^2), & 0\leqslant x\leqslant 1\\ 0, & \text{其他}\end{cases}$$

$$p_Y(y)=\int_{-\infty}^{+\infty}p(x,y)\mathrm{d}x=\begin{cases}\int_{y}^{\sqrt{y}}6\mathrm{d}x=6(\sqrt{y}-y), & 0\leqslant y\leqslant 1\\ 0, & \text{其他}\end{cases}$$

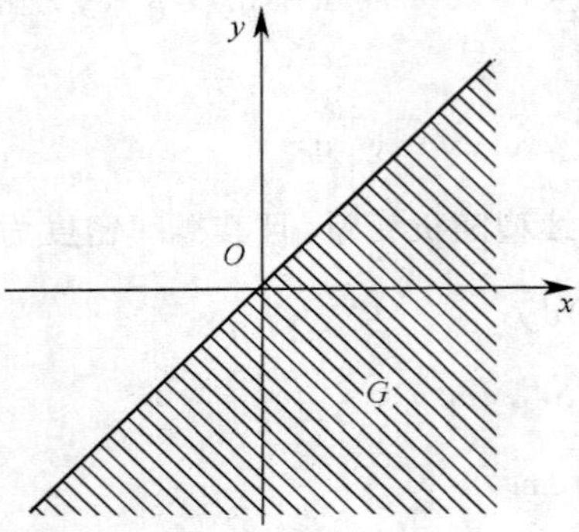

图 3.3

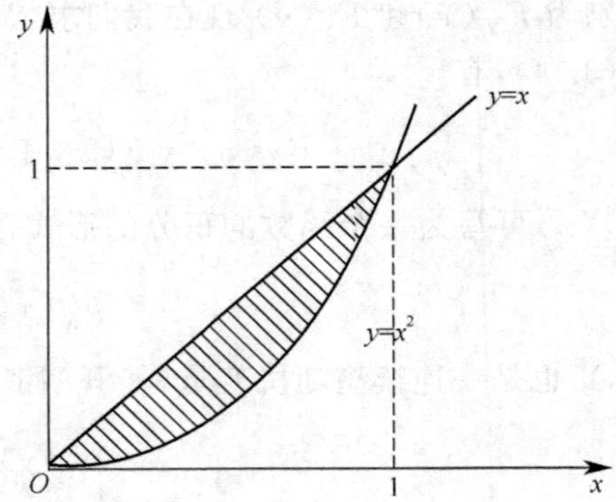

图 3.4

3.3.4 两个重要的二维连续型分布

1. 二维均匀分布

定义 3.9 设 D 是平面上的有界区域,其面积为 A.若二维随机变量 (X,Y) 具有概率密度函数

$$p(x,y)=\begin{cases}\dfrac{1}{A}, & (x,y)\in D\\ 0, & \text{其他}\end{cases} \tag{3.23}$$

则称 (X,Y) 在 D 上服从**均匀分布**.

若 (X,Y) 在 D 上服从均匀分布,G 为 D 中的任一子域,其面积为 $S(G)$,则

$$P\{(X,Y)\in G\}=\iint_G p(x,y)\mathrm{d}x\mathrm{d}y=\iint_G\frac{1}{A}\mathrm{d}x\mathrm{d}y=\frac{1}{A}\iint_G\mathrm{d}x\mathrm{d}y=\frac{S(G)}{A}$$

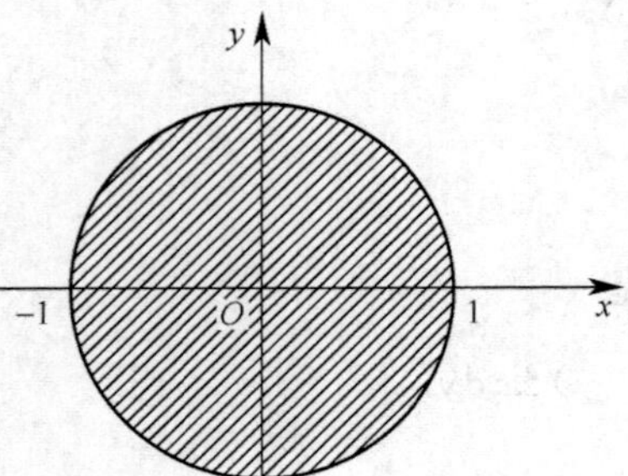

图 3.5

此式表明,(X,Y) 落到 G 中的概率仅与 G 的面积成正比,而与 G 的形状和位置无关,故 (X,Y) 落在面积相等的各个子域中的可能性相等,这就是"均匀分布"中"均匀"的意思.

例 3.6 设 (X,Y) 服从单位圆域 $x^2+y^2\leqslant 1$(图 3.5)上的均匀分布,求 X 和 Y 的边缘概率密度.

解 $p(x,y)=\begin{cases}\dfrac{1}{\pi}, & x^2+y^2\leqslant 1\\ 0, & \text{其他}\end{cases}$.

当 $x<-1$ 或 $x>1$ 时,$p(x,y)=0$,从而

$$p_X(x)=0$$

当 $-1\leqslant x\leqslant 1$ 时,有

$$p_X(x)=\int_{-\infty}^{+\infty}p(x,y)\mathrm{d}y=\int_{-\sqrt{1-x^2}}^{\sqrt{1-x^2}}\frac{1}{\pi}\mathrm{d}y=\frac{2}{\pi}\sqrt{1-x^2}$$

于是我们得到 X 的边缘概率密度 $p_X(x)=\begin{cases}\dfrac{2}{\pi}\sqrt{1-x^2}, & -1\leqslant x\leqslant 1\\ 0, & \text{其他}\end{cases}$.

由 X 和 Y 在问题中地位的对称性,将上式中的 x 改成 y,就得到 Y 的边缘概率密度

$$p_Y(y)=\begin{cases}\dfrac{2}{\pi}\sqrt{1-y^2}, & -1\leqslant y\leqslant 1\\ 0, & \text{其他}\end{cases}$$

2. 二维正态分布

定义 3.10 若二维随机变量(X,Y)具有概率密度

$$p(x,y)=\frac{1}{2\pi\sigma_1\sigma_2\sqrt{1-\rho^2}}\mathrm{e}^{-\frac{1}{2(1-\rho^2)}\left[\left(\frac{x-\mu_1}{\sigma_1}\right)^2-2\rho\left(\frac{x-\mu_1}{\sigma_1}\right)\left(\frac{y-\mu_2}{\sigma_2}\right)+\left(\frac{y-\mu_2}{\sigma_2}\right)^2\right]} \tag{3.24}$$

其中 $\mu_1,\mu_2,\sigma_1,\sigma_2,\rho$ 均为常数,且 $\sigma_1>0,\sigma_2>0,|\rho|<1$,则称$(X,Y)$ 服从参数为 $\mu_1,\mu_2,\sigma_1^2,\sigma_2^2,\rho$ 的**二维正态分布**,记为$(X,Y)\sim N(\mu_1,\mu_2,\sigma_1^2,\sigma_2^2,\rho)$.

例 3.7 若$(X,Y)\sim N(\mu_1,\mu_2,\sigma_1,\sigma_2,\rho)$,试求二维正态随机变量的边缘概率密度.

解 $p_X(x)=\int_{-\infty}^{+\infty}p(x,y)\mathrm{d}y$

由于

$$\frac{(y-\mu_2)^2}{\sigma_2^2}-2\rho\frac{(x-\mu_1)(y-\mu_2)}{\sigma_1\sigma_2}=\left(\frac{y-\mu_2}{\sigma_2}-\rho\frac{x-\mu_1}{\sigma_1}\right)^2-\rho^2\frac{(x-\mu_1)^2}{\sigma_1^2}$$

于是

$$p_X(x)=\frac{1}{2\pi\sigma_1\sigma_2\sqrt{1-\rho^2}}\mathrm{e}^{-\frac{(x-\mu_1)^2}{2\sigma_1^2}}\int_{-\infty}^{+\infty}\mathrm{e}^{-\frac{1}{2(1-\rho^2)}\left(\frac{y-\mu_2}{\sigma_2}-\rho\frac{x-\mu_1}{\sigma_1}\right)^2}\mathrm{d}y$$

令 $t=\dfrac{1}{\sqrt{1-\rho^2}}\left(\dfrac{y-\mu_2}{\sigma_2}-\rho\dfrac{x-\mu_1}{\sigma_1}\right)$,则有

$$p_X(x)=\frac{1}{2\pi\sigma_1}\mathrm{e}^{-\frac{(x-\mu_1)^2}{2\sigma_1^2}}\int_{-\infty}^{+\infty}\mathrm{e}^{-\frac{t^2}{2}}\mathrm{d}t$$

即

$$p_X(x)=\frac{1}{\sqrt{2\pi2\sigma_1^2}}\mathrm{e}^{-\frac{(x-\mu_1)^2}{2\sigma_1^2}}\quad -\infty<x<+\infty$$

同理

$$p_Y(y)=\frac{1}{\sqrt{2\pi}\sigma_2}\mathrm{e}^{-\frac{(y-\mu_2)^2}{2\sigma_2^2}}\quad -\infty<y<+\infty$$

由上例可以看出,二维正态随机变量的两个边缘分布都是一维正态分布,且都不依赖于参数 ρ,亦即对给定的 $\mu_1,\mu_2,\sigma_1,\sigma_2$,不同的 ρ 对应不同的二维正态分布,但它们的边缘分布都是相同的,因此仅由关于 X 和关于 Y 的边缘分布,一般来说是不能确定二维随机变量(X,Y)的联合分布的.

*3.4 条件分布

对于两个事件,可以讨论它们的条件概率,对于两个随机变量,自然可以讨论它们的条件分布.

3.4.1 二维离散随机变量的条件分布列

设(X,Y)是二维离散型随机变量,其分布列为

$$P(X=x_i,Y=y_j)=p_{ij} \quad i,j=1,2,\cdots$$

(X,Y)关于 X 和 Y 的边缘分布分别为

$$P(X=x_i)=p_{i\cdot}=\sum_{j=1}^{\infty}p_{ij} \quad i=1,2,\cdots$$

$$P(Y=y_j)=p_{\cdot j}=\sum_{i=1}^{\infty}p_{ij} \quad j=1,2,\cdots$$

定义 3.11 设(X,Y)是二维离散型随机变量,对于固定的 j,若 $P(Y=y_j)>0$,则称

$$P(X=x_i|Y=y_j)=\frac{P(X=x_i,Y=y_j)}{P(Y=y_j)}=\frac{p_{ij}}{p_{\cdot j}} \quad i=1,2,\cdots \tag{3.25}$$

为在 $Y=y_j$ 条件下随机变量 X 的**条件分布列**.

同理,可定义在 $X=x_i$ 的条件下随机变量 Y 的**条件分布列**

$$P(Y=y_j|X=x_i)=\frac{p_{ij}}{p_{i\cdot}} \quad i=1,2,\cdots \tag{3.26}$$

易见,条件分布满足分布的性质:

(1) $P(X=x_i\mid Y=y_j)\geqslant 0$ (3.27)

(2) $\sum_{i=1}^{\infty}P(X=x_i\mid Y=y_j)=\sum_{i=1}^{\infty}\frac{p_{ij}}{p_{\cdot j}}=\frac{1}{p_{\cdot j}}\sum_{i=1}^{\infty}p_{ij}=\frac{p_{\cdot j}}{p_{\cdot j}}=1$ (3.28)

例 3.8 在一汽车工厂中,一辆汽车有两道工序是由机器人完成的,其一是紧固 3 只螺栓,其二是焊接两处焊点,以 X 表示由机器人紧固的螺栓紧固得不良的数目,以 Y 表示由机器人焊接的不良焊点的数目,据累积的资料知(X,Y)具有分布列

Y \ X	0	1	2	3	$P_{\cdot j}$
0	0.840	0.030	0.020	0.010	0.900
1	0.060	0.010	0.008	0.002	0.080
2	0.010	0.005	0.004	0.001	0.020
$P_{i\cdot}$	0.910	0.045	0.032	0.073	1.000

求在 $X=1$ 的条件下,Y 的条件分布列;以及在 $Y=0$ 的条件下,X 的条件分布列.

解 不难得到

$$P(Y=0|X=1)=\frac{P(X=1,Y=0)}{P(X=1)}=\frac{0.030}{0.045}=\frac{2}{3}$$

$$P(Y=1|X=1)=\frac{P(X=1,Y=1)}{P(X=1)}=\frac{0.010}{0.045}=\frac{2}{9}$$

$$P(Y=2|X=1)=\frac{P(X=1,Y=2)}{P(X=1)}=\frac{0.005}{0.045}=\frac{1}{9}$$

$$P(X=0|Y=0)=\frac{P(X=0,Y=0)}{P(Y=0)}=\frac{0.840}{0.900}=\frac{14}{15}$$

$$P(X=1|Y=0)=\frac{P(X=1,Y=0)}{P(Y=0)}=\frac{0.030}{0.900}=\frac{1}{30}$$

$$P(X=2|Y=0)=\frac{P(X=2,Y=0)}{P(Y=0)}=\frac{0.020}{0.900}=\frac{1}{45}$$

$$P(X=3|Y=0)=\frac{P(X=3,Y=0)}{P(Y=0)}=\frac{0.010}{0.900}=\frac{1}{90}$$

故在 $X=0$ 的条件下，Y 的条件分布为

Y	0	1	2
$P(Y=k\mid X=0)$	$\frac{2}{3}$	$\frac{2}{9}$	$\frac{1}{9}$

在 $Y=1$ 的条件下，X 的条件分布为

X	0	1	2	3
$P(X=k\mid Y=1)$	$\frac{14}{15}$	$\frac{1}{30}$	$\frac{1}{45}$	$\frac{1}{90}$

例 3.9 一射手进行射击，击中目标的概率为 $p(0<p<1)$，射击直至击中目标两次为止，设以 X 表示首次击中目标所进行的射击次数，以 Y 表示总共进行的射击次数，试求 X 和 Y 的联合分布列及条件分布列.

解 (1) $Y=n$ 表示第 n 次射击时击中目标，且在前 $n-1$ 次中恰有一次击中目标，因各次射击独立，因此不论 $m(m<n)$ 是多少，都有

$$P(X=m,Y=n)=P(X=m)P(Y=n|X=m)=q^{m-1}p\cdot q^{n-m-1}p=p^2q^{n-2}$$

$$n=2,3,\cdots,m=1,2,\cdots,n-1$$

这就是 X 和 Y 的联合分布列

(2) 又

$$P(X=m)=\sum_{n=m+1}^{\infty}P(X=m,Y=n)=\sum_{n=m+1}^{\infty}p^2q^{n-2}=\frac{p^2q^{m-1}}{1-q}=pq^{m-1}$$

$$m=1,2,\cdots$$

$$P(Y=n)=\sum_{m=1}^{n-1}P(X=m,Y=n)=\sum_{m=1}^{n-1}p^2q^{n-2}=(n-1)p^2q^{n-2}$$

$$n=2,3,\cdots$$

故得到 X 和 Y 的条件分布列：

当 $n=2,3,\cdots$ 时

$$P(X=m|Y=n)=\frac{p^2q^{n-2}}{(n-1)p^2q^{n-2}}=\frac{1}{n-1}\quad m=1,2,\cdots,n-1$$

当 $m=1,2,\cdots$ 时

$$P(Y=n|X=m)=\frac{p^2q^{n-2}}{pq^{m-1}}=pq^{n-m-1}\quad n=m+1,m+2,\cdots$$

3.4.2 二维连续型随机变量的条件概率密度

设(X,Y)是二维连续型随机变量，由于$P(X=x)=0$，$P(Y=y)=0$，因此不能直接借用条件概率公式，必须引入区间上的概率$P(y<Y\leqslant y+\varepsilon)$代替$P(Y=y)$，通过求$\varepsilon\to 0$时的极限得到$Y=y$时，$X$的条件密度.

设(X,Y)的概率密度函数$p(x,y)$，(X,Y)关于Y的边缘密度$p_Y(y)$，给定y，任意固定$\varepsilon>0$，设$P(y<Y<y+\varepsilon)>0$，有

$$P(X\leqslant x\mid y<Y\leqslant y+\varepsilon)=\frac{P(X\leqslant x,y<Y\leqslant y+\varepsilon)}{P(y<Y\leqslant y+\varepsilon)}$$

$$=\frac{\int_{-\infty}^{x}\left[\int_{y}^{y+\varepsilon}p(x,y)\mathrm{d}y\right]\mathrm{d}x}{\int_{y}^{y+\varepsilon}p_Y(y)\mathrm{d}y}$$

当ε很小时，$\int_{y}^{y+\varepsilon}p(x,y)\mathrm{d}y\approx p(x,y)$，$\int_{y}^{y+\varepsilon}p_Y(y)\mathrm{d}y\approx p_Y(y)$，则

$$P(X\leqslant x\mid y<Y\leqslant y+\varepsilon)\approx\frac{\varepsilon\int_{-\infty}^{x}p(x,y)\mathrm{d}x}{\varepsilon p_Y(y)}=\int_{-\infty}^{x}\frac{p(x,y)}{p_Y(y)}\mathrm{d}x \tag{3.29}$$

当$\varepsilon\to 0$时，约等于变为等于.

定义 3.12 设二维随机变量(X,Y)的概率密度为$p(x,y)$，(X,Y)关于Y的边缘概率密度为$p_Y(y)$，若对于固定的y，$p_Y(y)>0$，则称$\dfrac{p(x,y)}{p_Y(y)}$为在$Y=y$的条件下X的**条件概率密度**，记为

$$p_{X|Y}(x|y)=\frac{p(x,y)}{p_Y(y)} \tag{3.30}$$

$\int_{-\infty}^{x}p_{X|Y}(x\mid y)\mathrm{d}x=\int_{-\infty}^{x}\dfrac{p(x,y)}{p_Y(y)}\mathrm{d}x$为在$Y=y$的条件下$X$的**条件分布函数**.记为$P(X\leqslant x\mid Y=y)$或$F_{X|Y}(x\mid y)$.

类似可以定义在$X=x$的条件下Y的条件密度为

$$p_{Y|X}(y|x)=\frac{p(x,y)}{p_X(x)} \tag{3.31}$$

条件分布函数为

$$F_{X|Y}(x\mid y)=\int_{-\infty}^{y}\frac{p(x,y)}{p_X(x)}\mathrm{d}y \tag{3.32}$$

例 3.10 设(X,Y)服从单位圆上的均匀分布，概率密度为

$$p(x,y)=\begin{cases}1/\pi, & x^2+y^2\leqslant 1\\ 0, & \text{其他}\end{cases}$$

求$p_{X|Y}(x|y)$.

解 由

$$p(x,y)=\begin{cases}1/\pi, & x^2+y^2\leqslant 1\\ 0, & \text{其他}\end{cases}$$

且有边缘概率密度

$$p_Y(y)=\int_{-\infty}^{+\infty}p(x,y)\mathrm{d}x=\begin{cases}\dfrac{1}{\pi}\displaystyle\int_{-\sqrt{1-y^2}}^{\sqrt{1-y^2}}\mathrm{d}x=\dfrac{2}{\pi}\sqrt{1-y^2}, & -1\leqslant y\leqslant 1\\0, & \text{其他}\end{cases}$$

当 $-1<y<1$ 时，有

$$p_{X|Y}(x|y)=\begin{cases}\dfrac{\frac{1}{\pi}}{\frac{2}{\pi}\sqrt{1-y^2}}=\dfrac{1}{2\sqrt{1-y^2}}, & -\sqrt{1-y^2}\leqslant x\leqslant\sqrt{1-y^2}\\0, & \text{其他}\end{cases}$$

例 3.11 设随机变量 X 在区间 $(0,1)$ 上服从均匀分布，当观察到 $X=x(0<x<1)$ 时，随机变量 Y 在区间 $(x,1)$ 上服从均匀分布，求 Y 的概率密度 $p_Y(y)$.

解 据题意，X 具有概率密度

$$p_X(x)=\begin{cases}1, & 0<x<1\\0, & \text{其他}\end{cases}$$

对任意 $x\in(0,1)$ 在 $X=x$ 条件下，Y 的条件概率密度为

$$p_{X|Y}(y|x)=\begin{cases}\dfrac{1}{1-x}, & x<y<1\\0, & \text{其他}\end{cases}$$

因此 X 和 Y 的联合概率密度为

$$p(x,y)=p_X(x)p_{Y|X}(y|x)=\begin{cases}\dfrac{1}{1-x}, & 0<x<y<1\\0, & \text{其他}\end{cases}$$

Y 的边缘密度为

$$p_Y(y)=\int_{-\infty}^{+\infty}p(x,y)\mathrm{d}x=\begin{cases}\displaystyle\int_0^y\dfrac{1}{1-x}\mathrm{d}x=-\ln(1-y), & 0<y<1\\0, & \text{其他}\end{cases}$$

3.5 随机变量的独立性

由于随机变量 X,Y 之间存在相互联系，因而一个随机变量的取值可能会影响另一个随机变量取值的统计规律性.在何种情况下，随机变量 X,Y 之间没有上述影响，而具有所谓的“独立性”，我们引入如下定义.

定义 3.13 设 $F(x,y)$ 及 $F_X(x)$，$F_Y(y)$ 分别是二维随机变量 (X,Y) 的分布函数及边缘分布函数.若对于所有 x,y 有

$$P(X\leqslant x,Y\leqslant y)=P(X\leqslant x)P(Y\leqslant y)$$

即

$$F(x,y)=F_X(x)F_Y(y) \tag{3.33}$$

则称随机变量 X 和 Y **相互独立**.

若(X,Y)是**离散型随机变量**,则 X,Y 相互独立的充要条件为:对一切 i,j 有

$$p_{ij}=p_{i\cdot}\cdot p_{\cdot j} \tag{3.34}$$

或 X,Y 相互独立⇔条件分布等于边缘分布,即

$$p_{i\cdot}=P(X=x_i)=P(X=x_i|Y=y_j)\quad i=1,2,\cdots$$

或

$$p_{\cdot j}=P(Y=y_j)=P(Y=y_j|X=x_i)\quad j=1,2,\cdots \tag{3.35}$$

若(X,Y)是**连续型随机变量**,其概率密度为 $p(x,y)$,边缘概率密度为 $p_X(x)$,$p_Y(y)$,则 X,Y 相互独立的充分必要条件为

$$p(x,y)=p_X(x)p_Y(y) \tag{3.35}$$

在平面上除"面积"为零的集合外处处成立.

或

$$X,Y\text{ 相互独立}\Leftrightarrow p_X(x)=p_{X|Y}(x|y)\text{ 或 }p_Y(y)=p_{Y|X}(y|x) \tag{3.37}$$

例 3.12 设 X 与 Y 的联合概率分布为

X \ Y	−1	0	2
0	0.1	0.2	0
1	0.3	0.05	0.1
2	0.15	0	0.1

(1) 求 $Y=0$ 时,X 的条件概率分布以及 $X=0$ 时,Y 的条件概率分布;

(2) 判断 X 与 Y 是否相互独立?

解 (1) $P(Y=0)=0.2+0.05+0=0.25$,在 $Y=0$ 时,X 的条件概率分布为

$$P(X=0|Y=0)=\frac{P(X=0,Y=0)}{P(Y=0)}=\frac{0.2}{0.25}=0.8$$

$$P(X=1|Y=0)=\frac{P(X=1,Y=0)}{P(Y=0)}=\frac{0.05}{0.25}=0.2$$

$$P(X=2|Y=0)=\frac{P(X=2,Y=0)}{P(Y=0)}=\frac{0}{0.25}=0$$

又 $P(X=0)=0.1+0.2+0=0.3$,故在 $X=0$ 时,Y 的条件概率分布可类似求得

$$P(Y=-1|X=0)=\frac{0.1}{0.3}=\frac{1}{3}$$

$$P(Y=0|X=0)=\frac{0.2}{0.3}=\frac{2}{3}$$

$$P(Y=2|X=0)=0$$

(2) 因 $P(X=0)=0.3$,$P(Y=-1)=0.1+0.3+0.15=0.55$,而 $P(X=0,Y=-1)=0.1$,即

$$P(X=0,Y=-1)\neq P(X=0)P(Y=-1)$$

所以,X 与 Y 不独立.

例 3.13 设随机变量 X 与 Y 相互独立,下面给出了二维随机变量(X,Y)联合分布列及关于 X 和关于 Y 的边缘分布列中的部分数值,试将其余数值填入空白处.

X \ Y	y_1	y_2	y_3	$p_{i\cdot}$
x_1		$\frac{1}{8}$		
x_2	$\frac{1}{8}$			
$p_{\cdot j}$	$\frac{1}{6}$			1

解 由于

$$P(X=x_1,Y=y_1)=P(Y=y_1)-P(X=x_2,Y=y_1)=\frac{1}{6}-\frac{1}{8}=\frac{1}{24}$$

考虑到 X 与 Y 相互独立,有

$$P(X=x_1)P(Y=y_1)=P(X=x_1,Y=y_1)$$

所以

$$P(X=x_1)=\frac{\frac{1}{24}}{\frac{1}{6}}=\frac{1}{4}$$

同理,可以求出其他数值,最后将所求数值填入空白处.

X \ Y	y_1	y_2	y_3	$p_{i\cdot}$
x_1	$\frac{1}{24}$	$\frac{1}{8}$	$\frac{1}{12}$	$\frac{1}{4}$
x_2	$\frac{1}{8}$	$\frac{3}{8}$	$\frac{1}{4}$	$\frac{3}{4}$
$p_{\cdot j}$	$\frac{1}{6}$	$\frac{1}{2}$	$\frac{1}{3}$	1

例 3.14 设(X,Y)的概率密度为

(1) $p(x,y)=\begin{cases}x\mathrm{e}^{-(x+y)}, & x>0,y>0\\ 0, & \text{其他}\end{cases}$;(2) $p(x,y)=\begin{cases}2, & 0<x<y,0<y<1\\ 0, & \text{其他}\end{cases}$ 问 X 和 Y 是否独立?

解 (1) $p_X(x)=\int_0^{+\infty}x\mathrm{e}^{-(x+y)}\mathrm{d}y=x\mathrm{e}^{-x},x>0,p_Y(y)=\int_0^{+\infty}x\mathrm{e}^{-(x+y)}\mathrm{d}x=\mathrm{e}^{-y},y>0$,即

$$p_X(x)=\begin{cases}x\mathrm{e}^{-x}, & x>0\\ 0, & \text{其他}\end{cases},\quad p_Y(y)=\begin{cases}\mathrm{e}^{-y}, & y>0\\ 0, & \text{其他}\end{cases}$$

因对一切 x,y 均有

$$p(x,y)=p_X(x)p_Y(y)$$

故 X,Y 独立.

(2) $p_X(x)=\int_x^1 2\mathrm{d}y=2(1-x),0<x<1,p_Y(y)=\int_0^y 2\mathrm{d}x=2y,0<y<1$,即

$$p_X(x)=\begin{cases}2(1-x), & 0<x<1\\ 0, & \text{其他}\end{cases},p_Y(y)=\begin{cases}2y, & 0<y<1\\ 0, & \text{其他}\end{cases}$$

由于

$$p(x,y) \neq p_X(x)p_Y(y)$$

故 X 和 Y 不独立.

3.6 二维随机变量函数的分布

在实际应用中，有些随机变量往往是两个或两个以上随机变量的函数.例如，用 X 和 Y 分别表示长方形的长和宽，Z 表示长方形的面积，则有函数关系 $Z=XY$，Z 就是关于 X 和 Y 两个变量的函数.

若已知 Z 与 X 和 Y 的关系式为

$$Z=g(X,Y),$$

现希望通过(X,Y)的分布来确定 Z 的分布.

3.6.1 二维离散型随机变量函数的分布

设(X,Y)是二维离散型随机变量，概率分布为

$$P(X=x_i,Y=y_j)=p_{ij} \quad (i,j=1,2,\cdots)$$

$g(x,y)$是一个二元函数，则 $g(X,Y)$作为(X,Y)的函数是一个随机变量，设 $Z=g(X,Y)$的所有可能取值为 z_k，$k=1,2,\cdots$，则 Z 的概率分布为

$$\begin{aligned} P(Z=z_k)=P\{g(X,Y)=z_k\} &= \sum_{g(x_i,y_j)=z_k} P(X=x_i,Y=y_j) \\ &= \sum_{g(x_i,y_j)=z_k} p_{ij},k=1,2,\cdots \end{aligned} \tag{3.38}$$

例 3.15 设随机变量(X,Y)的概率分布为

X \ Y	-1	0	1	2
-1	0.2	0.15	0.1	0.3
2	0.1	0	0.1	0.05

求二维随机变量的函数 Z 的分布：(1)$Z=X+Y$；(2)$Z=XY$.

解 由(X,Y)的概率分布可得

p_{ij}	0.2	0.15	0.1	0.3	0.1	0	0.1	0.05
(X,Y)	$(-1,-1)$	$(-1,0)$	$(-1,1)$	$(-1,2)$	$(2,-1)$	$(2,0)$	$(2,1)$	$(2,2)$
$Z=X+Y$	-2	-1	0	1	1	2	3	4
$Z=XY$	1	0	-1	-2	-2	0	2	4

与一维离散型随机变量函数的分布的求法相同，把 Z 值相同项对应的概率值合并可得：

(1) $Z=X+Y$ 的概率分布为

Z	-2	-1	0	1	2	3	4
P	0.2	0.15	0.1	0.4	0	0.1	0.05

(2) $Z=XY$ 的概率分布为

Z	-2	-1	0	1	2	4
P	0.4	0.1	0.15	0.2	0.1	0.05

3.6.2 连续型随机变量和的密度

设(X,Y)的概率密度为$p(x,y)$，则$Z=X+Y$的分布函数为

$$F_Z(z)=P(Z\leqslant z)=\iint\limits_{x+y\leqslant z} p(x,y)\mathrm{d}x\mathrm{d}y \tag{3.39}$$

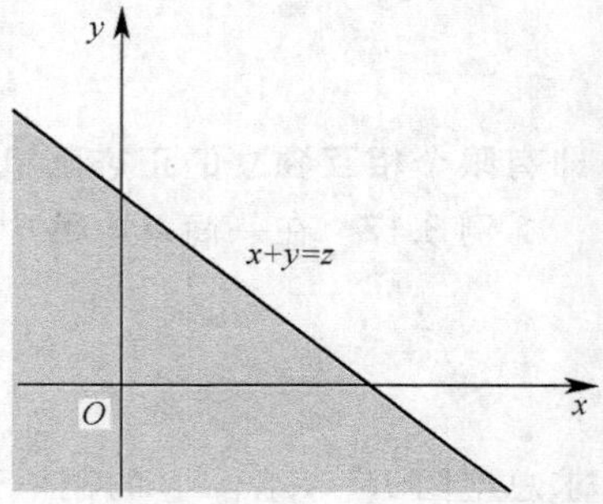

图 3.6

积分区域 G 为：$x+y\leqslant z$ 是直线 $x+y=z$（z 看作是固定常量）及其左下方的半平面(图 3.6)，化成累次积分，得

$$F_Z(z)=\int_{-\infty}^{+\infty}\left(\int_{-\infty}^{z-y} p(x,y)\mathrm{d}x\right)\mathrm{d}y \tag{3.40}$$

固定 z 和 y，令 $x=u-y$，得

$$\int_{-\infty}^{z-y} p(x,y)\mathrm{d}x=\int_{-\infty}^{z} p(u-y,y)\mathrm{d}u$$

于是

$$F_Z(z)=\int_{-\infty}^{+\infty}\left(\int_{-\infty}^{z} p(u-y,y)\mathrm{d}u\right)\mathrm{d}y=\int_{-\infty}^{z}\left(\int_{-\infty}^{+\infty} p(u-y,y)\mathrm{d}y\right)\mathrm{d}u \tag{3.41}$$

由概率密度定义，有

$$p_Z(z)=\int_{-\infty}^{+\infty} p(z-y,y)\mathrm{d}y \tag{3.42}$$

由 X,Y 的对称性，$p_Z(z)$也可写成

$$p_Z(z)=\int_{-\infty}^{+\infty} p(x,z-x)\mathrm{d}x \tag{3.43}$$

以上二式为**两个连续型随机变量和的密度公式**.

特别地，当 X,Y 独立时，若(X,Y)的边缘密度为 $p_X(x)$，$p_Y(y)$，则上两式可化为

$$p_Z(z)=\int_{-\infty}^{+\infty} p_X(z-y)p_Y(y)\mathrm{d}y \tag{3.44}$$

$$p_Z(z)=\int_{-\infty}^{+\infty} p_X(x)p_Y(z-x)\mathrm{d}x \tag{3.45}$$

这两个公式称为**卷积公式**，记为 $p_Z=p_X * p_Y$.

例 3.16 设 $X\sim N(0,1)$，$Y\sim N(0,1)$且 X,Y 独立，求 $Z=X+Y$ 的概率密度.

解 由题知 X 和 Y 的概率密度分别为

$$p_X(x)=\frac{1}{\sqrt{2\pi}}\mathrm{e}^{-\frac{x^2}{2}},\quad -\infty<x<+\infty$$

$$p_Y(y)=\frac{1}{\sqrt{2\pi}}\mathrm{e}^{-\frac{y^2}{2}},\quad -\infty<y<+\infty$$

由卷积公式得

$$\begin{aligned}p_Z(z)&=\int_{-\infty}^{+\infty}p_X(x)p_Y(z-x)\mathrm{d}x\\&=\frac{1}{2\pi}\int_{-\infty}^{+\infty}\mathrm{e}^{-\frac{x^2}{2}}\cdot\mathrm{e}^{-\frac{(z-x)^2}{2}}\mathrm{d}x=\frac{1}{2\pi}\mathrm{e}^{-\frac{z^2}{4}}\int_{-\infty}^{+\infty}\mathrm{e}^{-(x-\frac{z}{2})^2}\mathrm{d}x\\&\xlongequal{令 t=(x-z)/2}\frac{1}{2\pi}\mathrm{e}^{-\frac{z^2}{4}}\int_{-\infty}^{+\infty}\mathrm{e}^{t^2}\mathrm{d}t=\frac{1}{2\pi}\mathrm{e}^{-\frac{z^2}{4}}\sqrt{\pi}=\frac{1}{2\sqrt{\pi}}\mathrm{e}^{-\frac{z^2}{4}}\end{aligned}$$

即 $Z\sim N(0,2)$.

注：进一步可以证明，设 $X\sim N(\mu_1,\sigma_1^2)$，$Y\sim N(\mu_2,\sigma_2^2)$，且 X 和 Y 相互独立，则

$$Z=X+Y\sim N(\mu_1+\mu_2,\sigma_1^2+\sigma_2^2)$$

一般地，设 $X_1,X_2,\cdots,X_n$ 相互独立，且 $X_i\sim X(\mu_i,\sigma_i^2)$，$a_i$ 为常数，则

$$\sum_{i=1}^n a_i x_i\sim N\left(\sum_{i=1}^n a_i\mu_i,\sum_{i=1}^n a_i^2\sigma_i^2\right)\tag{3.46}$$

即有限个相互独立的正态随机变量的线性组合仍然服从正态分布.

例 3.17 在一简单电路中，两电阻 R_1 和 R_2 串联，设 R_1,R_2 相互独立，它们的概率密度均为

$$p(x)=\begin{cases}\dfrac{10-x}{50}, & 0\leqslant x\leqslant 10\\0, & 其他\end{cases}$$

求总电阻 $R=R_1+R_2$ 的概率密度.

解 R 的概率密度为

$$p_R(z)=\int_{-\infty}^{+\infty}p(x)p(z-x)\mathrm{d}x$$

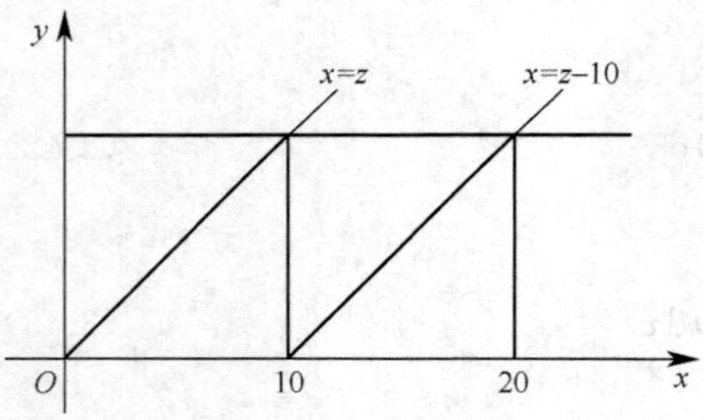

图 3.7

易知当且仅当 $\begin{cases}0<x<10\\0<z-x<10\end{cases}$ 即 $\begin{cases}0<x<10\\z-10<x<z\end{cases}$ 时，上述积分的被积函数不等于 0（图 3.7），由此即得

$$p_R(z)=\begin{cases}\displaystyle\int_0^z p(x)p(z-x)\mathrm{d}x, & 0\leqslant z<10\\\displaystyle\int_{z-10}^{10}p(x)p(z-x)\mathrm{d}x, & 10\leqslant z\leqslant 20\\0, & 其他\end{cases}$$

将 $p(x)$ 的表达式代入上式得

$$p_R(z)=\begin{cases}(600z-60z^2+z^3)/15000, & 0\leqslant z<10\\(20-z)^3/15000, & 10\leqslant z\leqslant 20\\0, & 其他\end{cases}$$

注：(1) 由上例可以看出，积分区域须用 $\{p_X(x)>0\}$ 和 $\{p_Y(z-x)>0\}$ 两个区域交集所确定的.对不同的 z,x 可能会存在不同的积分区间.

(2) 利用卷积分公式之前，须先确定 z 的值域范围.

3.6.3 分布函数法

设 (X,Y) 是二维连续型随机向量，其概率密度函数为 $p(x,y)$，可用类似于求一元随机变量函数分布的方法来求 $Z=g(X,Y)$ 的概率密度 $p_Z(z)$.

1. 求 $Z=g(X,Y)$ 分布函数 $F_Z(z)$

$$F_Z(z)=P\{Z\leqslant z\}=P\{g(X,Y)\leqslant z\}=P\{(X,Y)\in D_Z\}=\iint_{D_Z}p(x,y)\mathrm{d}x\,\mathrm{d}y.$$

其中，$D_Z=\{(x,y)\mid g(x,y)\leqslant z\}$.

2. 求其概率密度函数 $p_Z(z)$

对几乎所有的 z，有

$$p_Z(z)=F_Z'(z)$$

例 3.18 设随机变量 X 与 Y 相互独立，且同服从 $[0,1]$ 上的均匀分布，试求 $Z=|X-Y|$ 的分布函数与密度函数.

解 结合图 3.8，先求 Z 的分布函数

$$\begin{aligned}F_Z(z)&=P(|X-Y|\leqslant z)\\&=\begin{cases}0, & z\leqslant 0\\ P(-z\leqslant X-Y\leqslant z), & 0<z<1\\ 1, & z\geqslant 1\end{cases}\\&=\begin{cases}0, & z\leqslant 0\\ 1-(1-z)^2, & 0<z<1\\ 1, & z\geqslant 1\end{cases}\end{aligned}$$

于是 $Z=|X-Y|$ 的概率密度为

$$p_Z(z)=F_Z'(z)=\begin{cases}2(1-z), & 0<x<1\\ 0, & \text{其他}\end{cases}$$

例 3.19 设二维随机向量 (X,Y) 在矩形 $G=\{(x,y)\mid 0\leqslant x\leqslant 2, 0\leqslant y\leqslant 1\}$ 上服从均匀分布，试求边长为 X 和 Y 的矩形面积 Z 的密度函数 $p_Z(z)$.

解 二维随机变量 (X,Y) 的密度函数为

$$p(x,y)=\begin{cases}\dfrac{1}{2}, & (x,y)\in G\\ 0, & (x,y)\notin G\end{cases}$$

令 $F_Z(z)$ 为 Z 的分布函数，则

$$F_Z(z)=P(Z\leqslant z)=\iint_{xy\leqslant z}p(x,y)\mathrm{d}x\,\mathrm{d}y$$

显然，当 $z\leqslant 0$ 时，$F_Z(z)=0$；当 $z\geqslant 2$ 时，$F_Z(z)=1$；而当 $0<z<2$ 时（图 3.9），有

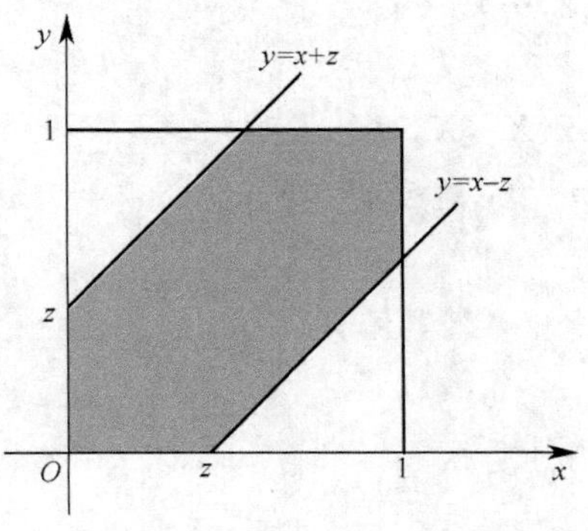

图 3.8

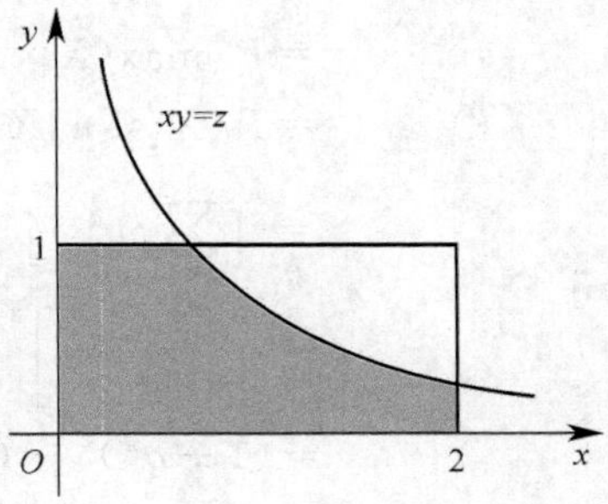

图 3.9

$$\iint_{xy\leqslant z} p(x,y)\mathrm{d}x\mathrm{d}y = 1-\frac{1}{2}\int_z^2 \mathrm{d}x\int_{z/x}^1 \mathrm{d}y = \frac{z}{2}(1+\ln 2-\ln z)$$

于是

$$F_Z(z)=\begin{cases}0, & z\leqslant 0\\ z(1+\ln 2-\ln z)/2, & 0<z<2\\ 1, & z\geqslant 2\end{cases}$$

从而

$$p_Z(z)=F'_Z(z)=\begin{cases}(\ln 2-\ln z)/2, & 0<z<2\\ 0, & 其他\end{cases}$$

3.6.4 M= max(X,Y)及 N= min(X,Y)的分布

设随机变量 X,Y 相互独立,其分布函数分别为 $F_X(x)$和 $F_Y(y)$,由于 $M=\max(X,Y)$不大于 z 等价于 X 和 Y 都不大于 z,故有

$$F_M(z)=P(M\leqslant z)=P(X\leqslant z,Y\leqslant z)=P(X\leqslant z)P(Y\leqslant z)=F_X(z)F_Y(z)$$

类似地,可得 $N=\min(X,Y)$的分布函数

$$\begin{aligned}F_N(z)&=P(N\leqslant z)=1-P(N>z)=1-P(X>z,Y>z)\\&=1-P(X>z)P(Y>z)\\&=1-[1-F_X(z)][1-F_Y(z)].\end{aligned}$$

例 3.20 设随机变量 X_1,X_2 相互独立,并且有相同的分布列

$$P(X_i=k)=pq^{k-1},\quad k=1,2,\cdots,\quad i=1,2,\quad q=1-p$$

求 $Y=\max(X_1,X_2)$的分布.

解一

$$\begin{aligned}P(Y=n)&=P\{\max(X_1,X_2)=n\}\\&=P(X_1=n,X_2\leqslant n)+P(X_2=n,X_1<n)\\&=pq^{n-1}\sum_{k=1}^{n}pq^{k-1}+pq^{n-1}\sum_{k=1}^{n-1}pq^{k-1}\\&=p^2q^{n-1}\frac{1-q^n}{1-q}+p^2q^{n-1}\frac{1-q^{n-1}}{1-q}\\&=pq^{n-1}(2-q^n-q^{n-1})\quad(n=1,2,\cdots)\end{aligned}$$

解二

$$\begin{aligned}P(Y=n)&=P(Y\leqslant n)-P(Y\leqslant n-1)\\&=P\{\max(X_1,X_2)\leqslant n\}-P\{\max(X_1,X_2)\leqslant n-1\}\\&=P(X_1\leqslant n,X_2\leqslant n)-P(X_1\leqslant n-1,X_2\leqslant n-1)\\&=\left[\sum_{k=1}^{n}pq^{k-1}\right]^2-\left[\sum_{k=1}^{n-1}pq^{k-1}\right]^2\\&=p^2\left[\frac{1-q^n}{1-q}\right]^2-p^2\left[\frac{1-q^{n-1}}{1-q}\right]^2\\&=(1-q^n)^2-(1-q^{n-1})^2\\&=pq^{n-1}(2-q^n-q^{n-1})\quad(n=1,2,\cdots)\end{aligned}$$

习题3

1. 一个袋中装有四个球，它们上面分别标有数字 1,2,3，今从袋中任取一球后不放回，再从袋中任取一球，以 X,Y 分别表示第一次、第二次取出的球上的标号，求(X,Y)的联合分布列.

2. 一盒内有 2 件次品，3 件正品，进行有放回的抽取和无放回的抽取，设 X 记第一次抽取所取得的次品个数，Y 记第二次抽取所取得次品个数，试求出两种抽取下(X,Y)的联合分布.

3. 设(X,Y)的联合密度为

$$p(x,y)=\begin{cases}Cxy, & 0<x<1,0<y<1\\ 0, & \text{其他}\end{cases}$$

求(1)常数 C；(2)$P(X=Y)$；(3)$P(X<Y)$.

4. 设二维随机变量(X,Y)的联合概率密度为

$$p(x,y)=\begin{cases}A\mathrm{e}^{-(x+2y)}, & x>0,y>0\\ 0, & \text{其他}\end{cases}$$

求(1)A；(2)(X,Y)落在矩形域 D:$0\leqslant x\leqslant 1,0\leqslant y\leqslant 1$ 内的概率；(3)(X,Y)的关于 X,Y 的边缘概率密度.

5. 已知(X,Y)的联合分布如下

Y \ X	0	1
0	$\frac{9}{25}$	$\frac{6}{25}$
1	$\frac{6}{25}$	$\frac{4}{25}$

求 $Y=1$ 条件下 X 的条件分布.

6. 随机变量(X,Y)的概率密度为

$$p(x,y)=\begin{cases}Axy, & (x,y)\in G\\ 0, & \text{其他}\end{cases}$$

其中 G 是由 $0\leqslant x\leqslant 2,0\leqslant y\leqslant x^2$ 围成的区域(图 3.10).

求(1)系数 A；(2)$p_X(x)$，$p_Y(y)$；(3)$p_{X|Y}(x|y)$，$p_{Y|X}(y|x)$

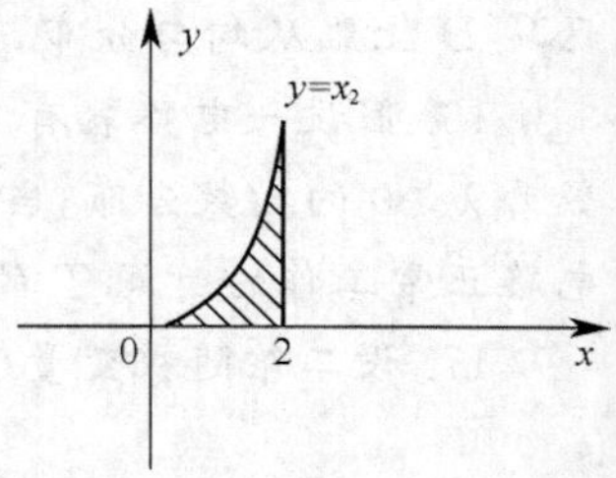

图 3.10

7. 设随机变量 X 服从区间$(0,2)$上的均匀分布，而随机变量 Y 服从区间$(X,2)$上的均匀分布，试求(1)X 和 Y 的联合密度 $p(x,y)$；(2)Y 的概率密度；(3)概率 $P(X+Y>2)$.

8. 随机变量(X,Y)的概率密度为

$$p(x,y)=\begin{cases}6(1-x-y), & 0\leqslant x\leqslant 1,0\leqslant y\leqslant 1,0\leqslant x+y\leqslant 1\\ 0, & \text{其他}\end{cases}$$

求(1)边缘概率密度；(2)$P\left(0\leqslant x\leqslant \frac{1}{2}\right)$；(3)$X,Y$ 是相互独立.

9. 设(X,Y)在区域G内服从均匀分布,G由直线$\frac{x}{2}+y=1$及x轴y轴围成,求(1)(X,Y)的联合密度;(2)关于X和关于Y的边缘密度,并指出X,Y是否相互独立;(3)$P(Y\geqslant X)$.

10. 已知联合概率密度

$$p(x,y)=\begin{cases}\frac{A}{4}xy, & 0\leqslant x\leqslant 4,0\leqslant y\leqslant\sqrt{x}\\ 0, & \text{其他}\end{cases}$$

求(1)系数A;(2)边缘概率密度;(3)讨论X与Y是否相互独立;(4)$P(Y\leqslant 1)$和$P(X\leqslant 1)$.

11. 在10件产品中有2件一等品,7件二等品和1件次品,现从10件产品中无放回地抽取3件,求(1)(X,Y)的联合分布列;(2)(X,Y)关于X和关于Y的边缘分布列;(3)X和Y是否相互独立?(4)在$X=1$的条件下Y的条件分布.

12. 假设随机变量U在区间$[-2,2]$上服从均匀分布,随机变量

$$X=\begin{cases}-1, & U\leqslant -1\\ 1, & U>-1\end{cases},\quad Y=\begin{cases}-1, & U\leqslant 1\\ 1, & U>1\end{cases}$$

试求(X,Y)的联合概率分布,并判断X与Y是否独立?

13. 设X和Y是两个相互独立的随机变量,X在$(0,1)$上服从均匀分布,Y的概率密度为

$$p_Y(y)=\begin{cases}\frac{1}{2}e^{-\frac{y}{2}}, & y>0\\ 0, & y\leqslant 0\end{cases}$$

(1) 求(X,Y)的联合密度;

(2) 设含有a的二次方程$a^2+2Xa+Y=0$,求a没有实根的概率.

14. 设X与Y均服从正态分布$N(0,\sigma^2)$,而且$P(X\leqslant 2,Y\leqslant -2)=\frac{1}{4}$,求

$$P(X>2,Y>-2)$$

15. 设平面区域D由曲线$y=\frac{1}{x}$及直线$y=0,x=1,x=e^2$所围成,二维随机变量(X,Y)在区域D上服从均匀分布,则(X,Y)关于X的边缘密度在$x=2$处的值为多少.

16. 假设一电路装有三个同种电气元件,其工作状态相互独立,且无故障工作时间都服从参数为$\lambda>0$的指数分布,当个元件都无故障时,电路正常工作,否则整个电路不能正常工作.试求电路正常工作的时间T的概率分布.

17. 设二维随机变量(X,Y)在矩形$G=\{(x,y)|0\leqslant x\leqslant 2,0\leqslant y\leqslant 1\}$上服从均匀分布,记

$$U=\begin{cases}0, & X\leqslant Y\\ 1, & X>y\end{cases},\quad V=\begin{cases}0, & X\leqslant 2Y,\\ 1, & X>2Y.\end{cases}$$

求(1) U和V的联合分布;(2) UV的分布.

18. 设(X,Y)联合概率密度为

$$p(x,y)=\begin{cases}e^{-y}, & 0\leqslant x\leqslant 1,y>0\\ 0, & \text{其他}\end{cases}$$

(1) 判定随机变量X与Y是否相互独立;

(2) 求$Z=X+Y$的概率密度函数$p_Z(z)$.

19. 设随机变量X与Y相互独立,其密度函数分别为

$$p_X(x)=\begin{cases}1, & 0<x<1\\ 0. & \text{其他}\end{cases}, \quad p_Y(y)=\begin{cases}e^{-y}, & y>0\\ 0. & \text{其他}\end{cases}$$

求 $Z=2X+Y$ 的密度函数.

20. 设随机变量 ξ 与 η 独立，概率密度分别为

$$p_\xi(x)=\begin{cases}\frac{1}{2}e^{-\frac{x}{2}}, & x\geqslant 0\\ 0, & x<0\end{cases} \quad p_\eta(y)=\begin{cases}\frac{1}{3}e^{-\frac{y}{3}}, & y\geqslant 0\\ 0, & y<0\end{cases}$$

求随机变量 $Z=\xi+\eta$ 的概率密度.

第 4 章 随机变量的数字特征和极限定理

在第 2、3 章中我们知道概率分布能完整地描述随机变量的统计特征，但有时我们只需知道随机变量的某些特征，因而不需求出它的概率分布，只需求与随机变量有关的某些数值，虽不能完整地描述随机变量，但能描述随机变量在某些方面的重要特征，例如，在评价某地区粮食产量的水平时，通常只要知道该地区粮食的平均产量；又如，在评价一批棉花的质量时，既要注意纤维的平均长度，又要注意纤维长度与平均长度之间的偏离程度，平均长度较大，偏离程度小，则质量就较好，等等.

实际上，描述随机变量的平均值和偏离程度的某些数字特征在理论和实践上都具有重要的意义，它们能更直接、更简洁、更清晰和更实用地反映出随机变量的本质.

本章要介绍的数字特征有：数学期望、方差、协方差、相关系数和矩.

4.1 数学期望

4.1.1 离散型随机变量的数学期望

引例 一射手射击，射入 e_2 得 2 分，e_1 得 1 分，e_0 得 0 分，射击区域如图 4.1 所示.射手一次射击得分 X 是一个随机变量，设 X 的分布列为

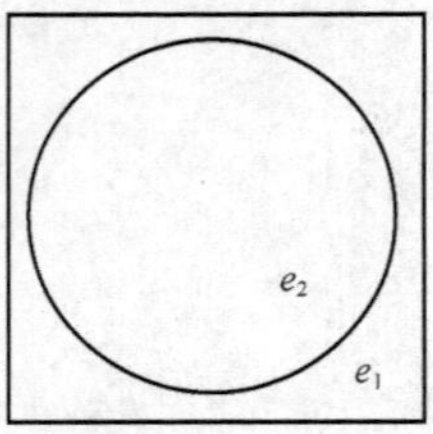

图 4.1

$$P(X=k)=p_k, \quad k=0,1,2$$

现射击 N 次，其中得 0 分 a_0 次，1 分 a_1 次，2 分 a_2 次，$a_0+a_1+a_2=N$，N 次射击总得分为 $a_0\times0+a_1\times1+a_2\times2$，平均一次射击得分为

$$\overline{X}=\frac{a_0\times0+a_1\times1+a_2\times2}{N}=\sum_{k=0}^{2}k\,\frac{a_k}{N}$$

这里$\frac{a_k}{N}$是事件$(X=k)$的频率.当 N 很大时，频率接近概率 p_k，即 $\sum\limits_{k=0}^{2}k\,\frac{a_k}{N}$ 接近于 $\sum\limits_{k=0}^{2}kp_k$，即

$$\overline{X}=\sum_{k=0}^{2}k\,\frac{a_k}{N}\approx\sum_{k=0}^{2}kp_k$$

$\overline{X}$ 是随试验结果变化的，而上式右端是一个常数，不随试验的结果变化，它描述了 $\overline{X}$ 的理论值(真正的平均值)，我们称它为 X 的数学期望.于是对离散型随机变量的数学期望我们给出下面的一般定义.

定义 4.1 设离散型随机变量 X 的分布列为

$$P(X=x_i)=p_i, \quad i=1,2,\cdots$$

若级数 $\sum\limits_{i=1}^{\infty}x_ip_i$ 绝对收敛，则称级数 $\sum\limits_{i=1}^{\infty}x_ip_i$ 的和为随机变量 X 的**数学期望**简称**期望**，又称为**均**

值，记为 EX 或 $E(X)$，即

$$EX=\sum_{i=1}^{\infty}x_i p_i \tag{4.1}$$

例 4.1 甲，乙两人进行打靶，所得分数分别记为 X_1，X_2，它们的分布列分别为

X_1	0	1	2
P	0	0.2	0.8

，

X_2	0	1	2
P	0.6	0.3	0.1

试评定他们的成绩的好坏.

解 我们来计算 X_1 的数学期望，得 $EX_1=0\times0+1\times0.2+2\times0.8=1.8$(分).这意味着，如果甲进行很多次的射击，那么，所得分数的算术平均就接近 1.8，而乙所得分数的数学期望为 $EX_2=0\times0.6+1\times0.3+2\times0.1=0.5$(分).很明显，乙的成绩远不如甲的成绩.

下面介绍常用离散型随机变量的数学期望.

1. 两点分布

设 X 服从两点分布，分布列为

X	0	1
P	$1-p$	p

则

$$EX=0\times(1-p)+1\times p=p \tag{4.2}$$

2. 二项分布

设 $X\sim B(n,p)$，分布列为

$$P(X=k)=C_n^k p^k q^{n-k},\quad k=0,1,2,\cdots,n$$

则

$$\begin{aligned}EX&=\sum_{k=0}^{n}kC_n^k p^k q^{n-k}=\sum_{k=1}^{n}\frac{n!\ p^k q^{n-k}}{(k-1)!\ (n-k)!}\\&=np\sum_{k=1}^{n}\frac{(n-1)!\ p^{k-1}q^{n-k}}{(k-1)!\ (n-k)!}=np\sum_{k=1}^{n}C_{n-1}^{k-1}p^{k-1}q^{(n-1)-(k-1)}=np\end{aligned} \tag{4.3}$$

3. 泊松分布

设 $X\sim P(\lambda)$，其分布列为

$$P(X=k)=\frac{\lambda^k e^{-\lambda}}{k!},\quad k=1,2,\cdots\quad \lambda>0$$

则

$$EX=\sum_{k=0}^{\infty}k\cdot\frac{\lambda^k e^{-\lambda}}{k!}=\lambda e^{-\lambda}\sum_{k=1}^{\infty}\frac{\lambda^{k-1}}{(k-1)!}=\lambda e^{-\lambda}\cdot e^{\lambda}=\lambda \tag{4.4}$$

从上面的讨论可知，两点分布的数学期望为 p，以 n，p 为参数的二项分布的数学期望为 np，以 λ 为参数的泊松分布的数学期望为 λ.这一事实说明，随机变量的数字特征与其分布参数有着密切的关系.

4.1.2 连续型随机变量的数学期望

定义 4.2 设连续型随机变量 X 的概率密度为 $p(x)$，若积分

$$\int_{-\infty}^{+\infty} xp(x)\mathrm{d}x$$

绝对收敛，则称积分$\int_{-\infty}^{+\infty} xp(x)\mathrm{d}x$的值为随机变量$X$的**数学期望**简称**期望**，又称为**均值**，记为EX或$E(X)$，即

$$EX=\int_{-\infty}^{+\infty} xp(x)\mathrm{d}x \tag{4.5}$$

例 4.2 已知随机变量X的分布函数

$$F(x)=\begin{cases}0, & x\leqslant 0\\ \dfrac{x}{4}, & 0<x\leqslant 4\\ 1, & x>4\end{cases}$$

求$E(X)$.

解 随机变量X的概率密度为

$$p(x)=F'(x)=\begin{cases}\dfrac{1}{4}, & 0<x\leqslant 4\\ 0, & \text{其他}\end{cases}$$

故

$$E(X)=\int_{-\infty}^{+\infty} xp(x)\mathrm{d}x=\int_{0}^{4} x\cdot\frac{1}{4}\mathrm{d}x=\left.\frac{x^2}{8}\right|_0^4=2$$

下面介绍常用连续型随机变量的数学期望.

1. 均匀分布

设$X\sim U(a,b)$，其概率密度为

$$p(x)=\begin{cases}\dfrac{1}{b-a}, & x\in(a,b)\\ 0, & \text{其他}\end{cases}$$

则

$$E(X)=\int_{-\infty}^{+\infty} xp(x)\mathrm{d}x=\int_{a}^{b}\frac{x}{b-a}\mathrm{d}x=\frac{a+b}{2} \tag{4.6}$$

则$E(X)$位于区间(a,b)中点.

2. 指数分布

设$X\sim E(\lambda)$，其概率密度为

$$p(x)=\begin{cases}\lambda \mathrm{e}^{-\lambda x}, & x>0\\ 0, & x\leqslant 0\end{cases}\quad(\lambda>0)$$

则

$$\begin{aligned}E(X)&=\int_{-\infty}^{+\infty} xp(x)\mathrm{d}x=\int_{0}^{+\infty} x\lambda \mathrm{e}^{-\lambda x}\mathrm{d}x=-\int_{0}^{+\infty} x\,\mathrm{d}\mathrm{e}^{-\lambda x}\\ &=-x\mathrm{e}^{-\lambda x}\Big|_0^{+\infty}+\int_{0}^{+\infty}\mathrm{e}^{-\lambda x}\mathrm{d}x=\frac{1}{\lambda}\end{aligned} \tag{4.7}$$

3. 正态分布

设$X\sim N(\mu,\sigma^2)$，其概率密度为

$$p(x)=\frac{1}{\sqrt{2\pi}\sigma}\mathrm{e}^{-\frac{(x-\mu)^2}{2\sigma^2}},\quad -\infty<x<+\infty$$

则

$$E(X)=\int_{-\infty}^{+\infty}\frac{x}{\sqrt{2\pi}\sigma}\mathrm{e}^{-\frac{(x-\mu)^2}{2\sigma^2}}\mathrm{d}x$$

令 $t=\frac{x-\mu}{\sigma}$,则

$$E(X)=\int_{-\infty}^{+\infty}\frac{\mu+\sigma t}{\sqrt{2\pi}}\mathrm{e}^{-\frac{t^2}{2}}\mathrm{d}t=\frac{\mu}{\sqrt{2\pi}}\int_{-\infty}^{+\infty}\mathrm{e}^{-\frac{t^2}{2}}\mathrm{d}t+\frac{\sigma}{\sqrt{2\pi}}\int_{-\infty}^{+\infty}t\,\mathrm{e}^{-\frac{t^2}{2}}\mathrm{d}t=\mu \tag{4.8}$$

故正态分布中参数 μ 表示相应随机变量的数学期望.

4.1.3 随机变量函数的数学期望

定理 4.1 设 Y 是随机变量 X 的函数

$$Y=g(X)\quad (g\text{ 是连续函数})$$

(1) X 是离散型随机变量,它的分布列为 $P(X=x_k)=p_k,k=1,2,\cdots$ 若 $\sum\limits_{k=1}^{\infty}g(x_k)p_k$ 绝对收敛,则有

$$E(Y)=E[g(X)]=\sum_{k=1}^{\infty}g(x_k)p_k \tag{4.9}$$

(2) X 是连续型随机变量,它的概率密度为 $p(x)$,若 $\int_{-\infty}^{+\infty}g(x)p(x)\mathrm{d}x$ 绝对收敛,则有

$$E(Y)=E[g(X)]=\int_{-\infty}^{+\infty}g(x)p(x)\mathrm{d}x \tag{4.10}$$

证 仅对 $y=g(x)$ 处处可导,且恒有 $g'(x)>0$(或 $g'(x)<0$)时,加以证明.$Y=g(X)$ 的概率密度为:

$$p_Y(y)=\begin{cases}p_X[h(y)]|h'(y)|, & \alpha<y<\beta\\ 0, & \text{其他}\end{cases}$$

于是

$$E(Y)=\int_{-\infty}^{+\infty}yp_Y(y)\mathrm{d}y=\int_{\alpha}^{\beta}yp_X[h(y)]\mid h'(y)\mid \mathrm{d}y$$

当恒有 $h'(y)>0$ 时,

$$E(Y)=\int_{\alpha}^{\beta}yp_X[h(y)]\mid h'(y)\mid \mathrm{d}y=\int_{-\infty}^{+\infty}g(x)p(x)\mathrm{d}x$$

当恒有 $h'(y)<0$ 时,

$$E(Y)=-\int_{\alpha}^{\beta}yp_X[h(y)]h'(y)\mathrm{d}y=-\int_{+\infty}^{-\infty}g(x)p(x)\mathrm{d}x=\int_{-\infty}^{+\infty}g(x)p(x)\mathrm{d}x$$

注:(1) 定理的重要性在于,求 $E[g(X)]$ 时,不必知道 $g(X)$ 的分布,只需知道 X 的分布即可.这给求随机变量函数的数学期望带来很大方便;

(2) 上述定理可推广到二维以上的情形,即有以下定理 4.2.

定理 4.2 设(X,Y)是二维随机向量,$Z=g(X,Y)$,且 $E(Z)$存在,则

(1) 若(X,Y)为离散型随机向量,其概率分布为

$$P(X=x_i,Y=y_j)=p_{ij}\quad(i,j=1,2,\cdots)$$

则 Z 的数学期望为

$$E(Z)=E[g(X,Y)]=\sum_{j=1}^{\infty}\sum_{i=1}^{\infty}g(x_i,y_j)p_{ij}\tag{4.11}$$

(2) 若(X,Y)为连续型随机向量,其概率密度为 $p(x,y)$则 Z 的数学期望为

$$E(Z)=E[g(X,Y)]=\int_{-\infty}^{+\infty}\int_{-\infty}^{+\infty}g(x,y)p(x,y)\mathrm{d}x\mathrm{d}y\tag{4.12}$$

证明从略.

例 4.3 设随机变量(X,Y)的概率密度

$$p(x,y)=\begin{cases}\dfrac{3}{2x^3y^2}, & \dfrac{1}{x}<y<x,x>1\\ 0, & \text{其他}\end{cases}$$

求数学期望 $E(Y),E\left(\dfrac{1}{XY}\right)$.

解 $E(Y)=\int_{-\infty}^{+\infty}\int_{-\infty}^{+\infty}yp(x,y)\mathrm{d}x\mathrm{d}y=\int_1^{+\infty}\mathrm{d}x\int_{\frac{1}{x}}^{x}\dfrac{3}{2x^3y}\mathrm{d}y=\dfrac{3}{4}\quad(g(x,y)=y)$

$$E\left(\frac{1}{XY}\right)=\int_{-\infty}^{+\infty}\int_{-\infty}^{+\infty}\frac{1}{xy}p(x,y)\mathrm{d}x\mathrm{d}y=\int_1^{+\infty}\mathrm{d}x\int_{\frac{1}{x}}^{x}\frac{3}{2x^4y^3}\mathrm{d}y=\frac{3}{5}$$

例 4.4 某公司计划开发一种新产品市场,并试图确定该产品的产量.他们估计出售一件产品可获得 m 元,而积压一件产品导致 n 元的损失,再者,他们预测销售量 Y(件)服从指数分布,其概率密度为

$$p_Y(y)=\begin{cases}\dfrac{1}{\theta}\mathrm{e}^{-\frac{y}{\theta}}, & y>0\\ 0, & y\leqslant 0\end{cases}\quad(\theta>0)$$

若需获利润的数学期望最大,应生产多少件产品?(m,n,θ 均为已知)

解 设生产 x 件,则获利 Q 是 x 的函数(此时 x 看作常数).

$$Q=Q(x)=\begin{cases}mY-n(x-Y), & \text{若 } Y<x\\ mx, & \text{若 } Y\geqslant x\end{cases}$$

Q 是随机变量,它是 Y 的函数,其数学期望为

$$\begin{aligned}E(Q)&=\int_0^{+\infty}Qp_Y(y)\mathrm{d}y=\int_0^x[my-n(x-y)]\frac{1}{\theta}\mathrm{e}^{-\frac{y}{\theta}}\mathrm{d}y+\int_x^{+\infty}mx\frac{1}{\theta}\mathrm{e}^{-\frac{y}{\theta}}\mathrm{d}y\\&=(m+n)\theta-(m+n)\theta\mathrm{e}^{-\frac{x}{\theta}}-nx\end{aligned}$$

令

$$\frac{\mathrm{d}E(Q)}{\mathrm{d}x}=(m+n)\mathrm{e}^{-\frac{x}{\theta}}-n=0$$

得

$$x=-\theta\ln\left(\frac{n}{m+n}\right)$$

而

$$\frac{\mathrm{d}^2E(Q)}{\mathrm{d}x^2}=\frac{-(m+n)}{\theta}\mathrm{e}^{-\frac{x}{\theta}}<0$$

故上述 x 为极大值.

4.1.4 数学期望的性质

设以下所遇随机变量的数学期望存在

性质 1 设 C 是常数,则有

$$E(C)=C \tag{4.13}$$

性质 2 设 X 是一个随机变量,C 是常数,则有

$$E(CX)=CE(X) \tag{4.14}$$

性质 3 设 X,Y 是两个随机变量,则有

$$E(X+Y)=E(X)+E(Y) \tag{4.15}$$

这一性质可推广到有限个和的情况,与性质 2 一同使用,可推广到有限个随机变量的线性组合的情况.

性质 4 设 X,Y 是相互独立的随机变量,则有

$$E(XY)=E(X)E(Y) \tag{4.16}$$

这一性质可推广到任意有限个相互独立的随机变量的积的情况.

证 仅对连续型情况证之,对离散型,只需把积分变成和.

(1) $E(C)=\int_{-\infty}^{+\infty} Cp(x)\mathrm{d}x=C\int_{-\infty}^{+\infty} p(x)\mathrm{d}x=C$

(2) $E(CX)=C\int_{-\infty}^{+\infty} xp(x)\mathrm{d}x=CE(X)$

(3)
$$\begin{aligned}E(X+Y)&=\int_{-\infty}^{+\infty}\int_{-\infty}^{+\infty}(x+y)p(x,y)\mathrm{d}x\mathrm{d}y\\&=\int_{-\infty}^{+\infty}\int_{-\infty}^{+\infty}xp(x,y)\mathrm{d}x\mathrm{d}y+\int_{-\infty}^{+\infty}\int_{-\infty}^{+\infty}yp(x,y)\mathrm{d}x\mathrm{d}y\\&=E(X)+E(Y)\end{aligned}$$

(4)
$$\begin{aligned}E(XY)&=\int_{-\infty}^{+\infty}\int_{-\infty}^{+\infty}xyp(x,y)\mathrm{d}x\mathrm{d}y\\&=\int_{-\infty}^{+\infty}\int_{-\infty}^{+\infty}xyp_X(x)p_Y(y)\mathrm{d}x\mathrm{d}y\\&=\left[\int_{-\infty}^{+\infty}xp_X(x)\mathrm{d}x\right]\left[\int_{-\infty}^{+\infty}yp_Y(y)\mathrm{d}y\right]\\&=E(X)E(Y)\end{aligned}$$

例 4.5 一民航送客车载有 20 位旅客自机场开出,旅客有 10 个车站可以下车,如到达一个车站没有旅客下车就不停车,以 X 表示停车的次数,求 $E(X)$(设每位旅客在各个车站下车是等可能的,并设各旅客是否下车相互独立).

解 引入随机变量

$$x_i=\begin{cases}0, & \text{在第 } i \text{ 站没有人下车}\\1, & \text{在第 } i \text{ 站有人下车}\end{cases}\quad (i=1,2,\cdots,10)$$

易知

$$X=\sum_{i=1}^{10}x_i$$

任一旅客在第 i 站下车的概率为$\frac{9}{10}$,因此 20 位旅客都不在第 i 站下车的概率为$\left(\frac{9}{10}\right)^{20}$,在第 i 站有人下车的概率为 $1-\left(\frac{9}{10}\right)^{20}$.

即

$$P(X_i=0)=\left(\frac{9}{10}\right)^{20},P(X_i=1)=1-\left(\frac{9}{10}\right)^{20}\quad(i=1,2,\cdots,10)$$

由此

$$E(X_i)=1-\left(\frac{9}{10}\right)^{20}\quad(i=1,2,\cdots,10)$$

$$E(X)=E\left(\sum_{i=1}^{10}X_i\right)=\sum_{i=1}^{10}E(X_i)=10\left[1-\left(\frac{9}{10}\right)^{20}\right]=8.784(\text{次})$$

4.2 方　差

随机变量的数学期望是对随机变量平均值的综合评价,但是有的时候平均数不能非常准确的表示数据,例如,现有六只鸡,每三只一组,第一组鸡的重量分别是 2.5,3,3.5,第二组鸡的重量分别是 1,3,5,很显然我们能看出第一组鸡重量的差别不大,第二组鸡的差别就很大,因为鸡本身重量并不大,相差两斤的话一下子就能看出来,可是我们发现这两组鸡重量的平均数是一样的,但是这两组鸡却有明显的差别,这时平均数就不能体现二者的差别,所以我们要引入反应随机变量取值的平均偏离程度的数字特征——方差,它是判断随机现象性质的另一个十分重要的指标.

4.2.1 方差的概念

$E|X-E(X)|$能度量随机变量与其均值 $E(X)$的偏离程度,但由于该式带有绝对值,运算不方便,通常用

$$E[X-E(X)]^2$$

来度量随机变量 X 与其均值 $E(X)$的偏离程度.

定义 4.3 设 X 是一个随机变量,若 $E[X-E(X)]^2$ 存在,则称 $E[X-E(X)]^2$ 为 X 的方差,记为 DX 或 $D(X)$、$Var(X)$,即

$$D(X)=E[X-E(X)]^2\tag{4.17}$$

与随机变量 X 具有相同量纲的量$\sqrt{D(X)}$记为 $\sigma(X)$,称为**标准差或均方差**.

方差实际上是随机变量 X 的函数 $g(X)=[X-E(X)]^2$ 的期望,于是对离散型随机变量,有

$$D(X)=\sum_{k=1}^{\infty}[x_k-E(X)]^2p_k\tag{4.18}$$

其中,$P(X=X_k)=p_k,k=1,2,\cdots$是 X 的分布列.

对于连续型随机变量,有

$$D(X)=\int_{-\infty}^{+\infty}[x-E(X)]^2 p(x)\mathrm{d}x \tag{4.19}$$

其中，$p(x)$是 X 的概率密度.

方差的计算公式为

$$D(X)=E(X^2)-[E(X)]^2 \tag{4.20}$$

证 $D(X)=E[X-E(X)]^2=E\{X^2-2XE(X)+[E(X)]^2\}$ [$E(X)$是常数]

$$=E(X^2)-2E(X)E(X)+[E(X)]^2=E(X^2)-[E(X)]^2$$

4.2.2 方差的性质

以下设所遇到的随机变量其方差存在

性质 1 设 C 是常数，则有 $D(C)=0$. (4.21)

性质 2 设 X 是随机变量，C 是常数，则有

$$D(CX)=C^2D(X) \tag{4.22}$$

性质 3 设 X,Y 是两个随机变量，则有

$$D(X\pm Y)=D(X)+D(Y)\pm 2E\{[X-E(X)][Y-E(Y)]\} \tag{4.23}$$

特别地，若 X,Y 独立，则有

$$D(X\pm Y)=D(X)+D(Y) \tag{4.24}$$

性质 4 $D(X)=0\Leftrightarrow P(X=C)=1$，显然 $E(X)=C$.

证 (1) $D(C)=E[C-E(C)]^2=E(C)^2-[E(C)]^2=0$

(2) $D(CX)=E[CX-E(CX)]^2=C^2E[X-E(X)]^2=C^2D(X)$

(3)
$$\begin{aligned}D(X+Y)&=E[(X+Y)-E(X+Y)]^2\\&=E\{[X-E(X)]+[Y-E(Y)]\}^2\\&=E[X-E(X)]^2+E[Y-E(Y)]^2+2E[X-E(X)][Y-E(Y)]\\&=D(X)+D(Y)+2E[X-E(X)][Y-E(Y)]\end{aligned}$$

其中

$$\begin{aligned}2E[X-E(X)][Y-E(Y)]&=2E[XY-XE(Y)-YE(X)+E(X)E(Y)]\\&=2[E(XY)-E(X)E(Y)-E(Y)E(X)+E(X)E(Y)]\\&=2[E(XY)-E(X)E(Y)]\end{aligned}$$

若 X,Y 独立，此式等于 0，所以，若 X,Y 独立时，有

$$D(X+Y)=D(X)+D(Y)$$

性质 4 的证明从略.

4.2.3 常用分布的方差

1. 两点分布

设 X 服从两点分布，分布列为

X	0	1
P	$1-p$	p

因为 $E(X)=0\cdot(1-p)+1\cdot p=p$，$E(X^2)=0^2\cdot(1-p)+1^2\cdot p=p$，故

$$D(X)=E(X^2)-[E(X)]^2=p-p^2=p(1-p) \tag{4.25}$$

2. 二项分布

设 $X\sim B(n,p)$，分布列为

$$P(X=k)=C_n^k p^k q^{n-k},\quad k=0,1,2,\cdots,n$$

则

$$E(X)=np,\quad D(X)=npq \tag{4.26}$$

这是因为

设 X 表示 n 重贝努里试验中“成功”的次数，若设

$$X_i=\begin{cases}1, & 如第\ i\ 次试验成功\\ 0, & 如第\ i\ 次试验失败\end{cases}\quad (i=1,2,\cdots,n)$$

则 $X=\sum\limits_{i=1}^{n}X_i$ 是 n 次试验中“成功”的次数，且 X_i 服从两点分布.

故

$$D(X_i)=p(1-p)=pq\quad (i=1,2,\cdots,n)$$

由于 $X_1,X_2,\cdots,X_n$ 相互独立，于是

$$D(X)=\sum_{i=1}^{n}D(X_i)=np(1-p)=npq$$

3. 泊松分布

设 $X\sim P(\lambda)$，其分布列为

$$P(X=k)=\frac{\lambda^k e^{-\lambda}}{k!}\quad (\lambda>0,k=0,1,2,\cdots)$$

则

$$E(X)=\lambda$$

而

$$\begin{aligned}E(X^2)&=E[X(X-1)+X]=E[X(X-1)]+E(X)\\&=\sum_{k=0}^{\infty}k(k-1)\frac{\lambda^k e^{-\lambda}}{k!}+\lambda=\lambda^2 e^{-\lambda}\sum_{k=2}^{\infty}\frac{\lambda^{k-2}}{(k-2)!}+\lambda\\&=\lambda^2 e^{-\lambda}e^{\lambda}+\lambda\\&=\lambda^2+\lambda\end{aligned}$$

故

$$D(X)=E(x^2)-[E(X)]^2=\lambda \tag{4.27}$$

4. 均匀分布

设 $X\sim U(a,b)$，其概率密度为

$$p(x)=\begin{cases}\dfrac{1}{b-a}, & x\in(a,b)\\ 0, & 其他\end{cases}$$

则

$$E(X)=\frac{a+b}{2}$$

故

$$D(X)=E(X^2)-[E(X)]^2=\int_a^b x^2\frac{1}{b-a}dx-\left(\frac{a+b}{2}\right)^2=\frac{(b-a)^2}{12} \tag{4.28}$$

5. 指数分布

设 $X\sim E(\lambda)$，其概率密度为

$$p(x)=\begin{cases}\lambda e^{-\lambda x}, & x>0\\ 0, & x\leqslant 0\end{cases}\quad (\lambda>0)$$

则

$$E(X)=\frac{1}{\lambda}$$

$$E(X^2)=\int_{-\infty}^{+\infty}x^2p(x)dx=\int_0^{+\infty}x^2\lambda e^{-\lambda x}dx=-x^2e^{-\lambda x}\Big|_0^{+\infty}+\int_0^{+\infty}2xe^{-\lambda x}dx=\frac{2}{\lambda^2}$$

于是

$$D(X)=E(X^2)-[E(X)]^2=\frac{2}{\lambda^2}-\frac{1}{\lambda^2}=\frac{1}{\lambda^2} \tag{4.29}$$

6. 正态分布

设 $X\sim N(\mu,\sigma^2)$，其概率密度为

$$p(x)=\frac{1}{\sqrt{2\pi}\sigma}e^{-\frac{(x-\mu)^2}{2\sigma^2}}\quad(-\infty<x<+\infty)$$

则

$$E(X)=\mu,\quad D(X)=\sigma^2 \tag{4.30}$$

这是因为

可先求标准正态变量 $Z=\dfrac{X-\mu}{\sigma}$ 的数学期望和方差.因为 Z 的概率密度为

$$\varphi(t)=\frac{1}{\sqrt{2\pi}}e^{-\frac{t^2}{2}}(-\infty<t<+\infty)$$

于是

$$E(Z)=\frac{1}{\sqrt{2\pi}}\int_{-\infty}^{+\infty}te^{-\frac{t^2}{2}}dt=\frac{-1}{\sqrt{2\pi}}e^{-\frac{t^2}{2}}\Big|_{-\infty}^{+\infty}=0$$

$$\begin{aligned}D(Z)=E(Z^2)&=\frac{1}{\sqrt{2\pi}}\int_{-\infty}^{+\infty}t^2e^{-\frac{t^2}{2}}dt=-\frac{1}{\sqrt{2\pi}}\int_{-\infty}^{+\infty}td(e^{-\frac{t^2}{2}})\\&=-\frac{t}{\sqrt{2\pi}}e^{-\frac{t^2}{2}}\Big|_{-\infty}^{+\infty}+\frac{1}{\sqrt{2\pi}}\int_{-\infty}^{+\infty}e^{-\frac{t^2}{2}}dt\\&=1\end{aligned}$$

因 $X=\mu+\sigma Z$，即得

$$\begin{aligned}E(X)&=E(\mu+\sigma Z)=\mu\\D(X)&=D(\mu+\sigma Z)=E[\mu+\sigma Z-E(\mu+\sigma Z)]^2\\&=E(\sigma^2Z^2)=\sigma^2E(Z^2)=\sigma^2D(Z)=\sigma^2\end{aligned}$$

故正态分布中参数 μ 表示相应随机变量的数学期望，参数 σ^2 表示相应随机变量的方差.

例 4.6 掷两颗骰子，用 X,Y 分别表示第一、第二颗骰子出现的点数，求两颗骰子出现点数之差的方差.

解 令 X,Y 分别表示第一、第二颗骰子出现的点数.则 X 与 Y 同分布,分布列为 $P(X=k)=P(Y=k)=\frac{1}{6},k=1,2,3,4,5,6$.因此可得

$$E(X)=E(Y)=\sum_{k=1}^{6}k\cdot\frac{1}{6}=\frac{7}{2}$$

$$E(X^2)=E(Y^2)=(1^2+2^2+3^2+4^2+5^2+6^2)\times\frac{1}{6}=\frac{91}{6}$$

$$D(X)=E(X^2)-[E(X)]^2=\frac{91}{6}-\left(\frac{7}{2}\right)^2=\frac{35}{12}=D(Y)$$

故

$$D(X-Y)=D(X)+D(Y)=2\times\frac{35}{12}=\frac{35}{6}$$

4.3 协方差和相关系数

对于多维随机变量而言,随机变量的数学期望和方差只反映了各自的平均值与偏离程度,并没能反映随机变量之间的关系.本节将要讨论的协方差是反映随机变量之间依赖关系的一个数字特征.

4.3.1 协方差的定义

定义 4.4 设(X,Y)为二维随机向量,若

$$E[X-E(X)][Y-E(Y)]$$

存在,则称其为随机变量 X 和 Y 的**协方差**,记为 $Cov(X,Y)$,即

$$Cov(X,Y)=E[X-E(X)][Y-E(Y)] \tag{4.31}$$

按定义,若(X,Y)为离散型随机变量,其概率分布为

$$P(X=x_i,Y=y_j)=p_{ij},\quad (i,j=1,2,\cdots)$$

则

$$Cov(X,Y)=\sum_{i,j}[x_i-E(X)][y_j-E(Y)]p_{ij} \tag{4.32}$$

若(X,Y)为连续型随机向量,其概率密度为 $p(x,y)$,则

$$Cov(X,Y)=\int_{-\infty}^{+\infty}\int_{-\infty}^{+\infty}[x-E(X)][y-E(Y)]\cdot p(x,y)\mathrm{d}x\mathrm{d}y \tag{4.33}$$

此外,利用数学期望的性质,易将协方差的计算化简.

$$\begin{aligned}Cov(X,Y)&=E[X-E(X)][Y-E(Y)]\\&=E(XY)-E(X)E(Y)-E(Y)E(X)+E(X)E(Y)\\&=E(XY)-E(X)E(Y)\end{aligned} \tag{4.34}$$

特别地,当 X 与 Y 独立时,有 $Cov(X,Y)=0$.

4.3.2 协方差的性质

1. 协方差的基本性质

(1) $Cov(X,X)=D(X)$; (4.35)

(2) $Cov(X,Y)=Cov(Y,X)$; (4.36)

(3) $Cov(aX,bY)=abCov(X,Y)$,其中 a,b 是常数; (4.37)

(4) $Cov(C,X)=0$,C 为任意常数; (4.38)

(5) $Cov(X_1+X_2,Y)=Cov(X_1,Y)+Cov(X_2,Y)$. (4.39)

2. 随机变量和的方差与协方差的关系

$$D(X\pm Y)=D(X)+D(Y)\pm 2Cov(X,Y) \tag{4.40}$$

由方差的性质 3 易得上述结果.

例 4.7 已知离散型随机向量(X,Y)的概率分布为

X \ Y	−1	0	2
0	0.1	0.2	0
1	0.3	0.05	0.1
2	0.15	0	0.1

求 $Cov(X,Y)$.

解 容易求得 X 的概率分布为

$$P(X=0)=0.3,\quad P(X=1)=0.45,\quad P(X=2)=0.25$$

Y 的概率分布为

$$P(Y=-1)=0.55, P(Y=0)=0.25,\quad P(Y=2)=0.2$$

于是有

$$E(X)=0\times 0.3+1\times 0.45+2\times 0.25=0.95$$
$$E(Y)=(-1)\times 0.55+0\times 0.25+2\times 0.2=-0.15$$

计算得

$$\begin{aligned}E(XY)=&0\times(-1)\times 0.1+0\times 0\times 0.2+0\times 2\times 0+1\times(-1)\times\\&0.3+1\times 0\times 0.5+1\times 2\times 0.1+2\times(-1)\times\\&0.15+2\times 0\times 0+2\times 2\times 0.1=0\end{aligned}$$

于是

$$Cov(X,Y)=E(XY)-E(X)E(Y)=0.95\times 0.15=0.1425$$

例 4.8 设连续型随机变量(X,Y)的密度函数为

$$p(x,y)=\begin{cases}8xy, & 0\leqslant x\leqslant y\leqslant 1\\0, & \text{其他}\end{cases}$$

求 $Cov(X,Y)$和 $D(X+Y)$.

解 由(X,Y)的密度函数可求得其边缘密度函数分别为

$$p_X(x)=\begin{cases}4x(1-x^2), & 0\leqslant x\leqslant 1\\0, & \text{其他}\end{cases},\quad p_Y(y)=\begin{cases}4y^3, & 0\leqslant y\leqslant 1\\0, & \text{其他}\end{cases}$$

于是

$$E(X)=\int_{-\infty}^{+\infty}xp_X(x)\mathrm{d}x=\int_0^1 x\cdot 4x(1-x^2)\mathrm{d}x=\frac{8}{15}$$

$$E(Y)=\int_{-\infty}^{+\infty}yp_Y(y)\mathrm{d}y=\int_0^1 y\cdot 4y^3\mathrm{d}y=\frac{4}{5}$$

$$E(XY)=\int_{-\infty}^{+\infty}\int_{-\infty}^{+\infty}xyp(x,y)\mathrm{d}x\mathrm{d}y=\int_0^1\mathrm{d}x\int_x^1 xy\cdot 8xy\cdot\mathrm{d}y=\frac{4}{9}$$

从而

$$Cov(X,Y)=E(XY)-E(X)E(Y)=\frac{4}{225}$$

又

$$E(X^2)=\int_{-\infty}^{+\infty}x^2p_X(x)\mathrm{d}x=\int_0^1 x^2\cdot 4x(1-x^2)\mathrm{d}x=\frac{1}{3}$$

$$E(Y^2)=\int_{-\infty}^{+\infty}y^2p_Y(y)\mathrm{d}y=\int_0^1 y^2\cdot 4y^3\mathrm{d}y=\frac{2}{3}$$

所以

$$D(X)=E(X^2)-[E(X)]^2=\frac{11}{225},\quad D(Y)=E(Y^2)-[E(Y)]^2=\frac{2}{75}$$

故

$$D(X+Y)=D(X)+D(Y)+2Cov(X,Y)=\frac{1}{9}$$

4.3.3 相关系数的定义

定义 4.5 设(X,Y)为二维随机变量，$D(X)>0$，$D(Y)>0$，称

$$\rho_{XY}=\frac{Cov(X,Y)}{\sqrt{D(X)D(Y)}}\tag{4.41}$$

为随机变量 X 和 Y 的**相关系数**.记为 ρ_{XY}或ρ.

显然有

$$\rho_{XY}=\frac{Cov(X,Y)}{\sqrt{D(X)D(Y)}}=\frac{E(XY)-E(X)E(Y)}{\sqrt{D(X)D(Y)}}\tag{4.42}$$

4.3.4 相关系数的性质

定理 4.3 设 ρ_{XY}为随机变量 X 与 Y 的相关系数，则

(1) $|\rho_{XY}|\leqslant 1$；

(2) $|\rho_{XY}|=1$ 的充要条件是存在常数 a,b，使 $P(Y=a+bX)=1$.

证 (1) 设 Y 与 $a+bX$ 的均方误差为

$$e=E[Y-(a+bX)]^2=E(Y^2)+b^2E(X^2)+a^2-2bE(XY)+2abE(X)-2aE(Y)$$

以 e 来衡量 $a+bX$ 与 Y 近似程度的好坏，下面来求最佳近似式 $a+bX$ 中的 a,b.利用最小二乘法：

将 e 分别关于 a,b 求偏导，并令它们等于零，得

$$\begin{cases}\dfrac{\partial e}{\partial a}=2a+2bE(X)-2E(Y)=0\\[2mm]\dfrac{\partial e}{\partial b}=2bE(X^2)-2E(XY)+2aE(X)=0\end{cases}$$

解得

$$b_0=\frac{Cov(X,Y)}{D(X)}$$

$$a_0=E(Y)-b_0E(X)=E(Y)-E(X)\frac{Cov(X,Y)}{D(X)}$$

$$\min_{a,b}E[Y-(a+bX)]^2=E[Y-(a_0+b_0X)]^2=(1-\rho_{XY}^2)D(Y)$$

$$\min_{a,b}E\{[Y-(a+bX)]^2\}\geqslant 0,\quad D(Y)\geqslant 0$$

所以 $1-\rho_{XY}^2\geqslant 0$，亦即 $|\rho_{XY}|\leqslant 1$.

(2) 由(1)的证明知

$$|\rho_{XY}|=1\Leftrightarrow E[Y-(a_0+b_0X)]^2=0$$

从而

$$0=E[Y-(a_0+b_0X)]^2=D[Y-(a_0+b_0X)]+\{E[Y-(a_0+b_0X)]\}^2$$

等式右端两项均非负，故有

$$D[Y-(a_0+b_0X)]=0$$

由方差的性质 4 知

$$D[Y-(a_0+b_0X)]=0\Leftrightarrow P[Y-(a_0+b_0X)=C]=1$$

即

$$P(Y=a_0+b_0X+C)=1$$

取 $a=a_0+C,b=b_0$，得

$$|\rho_{XY}|=1\Leftrightarrow \text{存在常数 } a,b,\text{使 } P(Y=a+bX)=1.$$

定义 4.6 设 ρ_{XY} 为随机变量 X 与 Y 的相关系数，当 $|\rho_{XY}|=1$ 时，称 X 与 Y **完全相关**，当 $\rho_{XY}=0$ 时，称 X 与 Y **不相关**.

定理 4.4 随机变量 X 与 Y 不相关与下面的每一个结论等价

(1) $Cov(X,Y)=0$；

(2) $D(X\pm Y)=D(X)+D(Y)$；

(3) $E(XY)=E(X)\cdot E(Y)$.

证 (1) 因

$$\rho_{XY}=\frac{Cov(X,Y)}{\sqrt{D(X)}\sqrt{D(Y)}}$$

故 $\rho_{XY}=0$ 与 $Cov(X,Y)=0$ 等价.

(2) 由

$$D(X\pm Y)=D(X)+D(Y)\pm 2Cov(X,Y)$$

可知 $Cov(X,Y)=0$ 与 $D(X\pm Y)=D(X)+D(Y)$ 等价，再由(1)结论得，$\rho_{XY}=0$ 与 $D(X\pm Y)=D(X)+D(Y)$ 等价.

(3) 由

$$Cov(X,Y)=E(XY)-E(X)E(Y)$$

可知 $Cov(X,Y)=0$ 与 $E(XY)=E(X)\cdot E(Y)$ 等价，再由(1)结论得，$\rho_{XY}=0$ 与 $E(XY)=E(X)\cdot E(Y)$ 等价.

注意：X 与 Y 不相关和 X 与 Y 独立是两个不同的概论.X 与 Y 不相关是指 X 与 Y 之间不存在线性关系，并不是说它们之间不存在其他关系.即由 X 与 Y 不相关，推不出 X 与 Y 独立.但反过来，X 与 Y 独立，则 X 与 Y 一定不相关.

例 4.9 设(X,Y)服从二维正态分布，它的概率密度为

$$p(x,y)=\frac{1}{2\pi\sigma_1\sigma_2\sqrt{1-\rho^2}}\exp\left\{\frac{-1}{2(1-\rho^2)}\left[\frac{(x-\mu_1)^2}{\sigma_1^2}-2\rho\frac{(x-\mu_1)(y-\mu_2)}{\sigma_1\sigma_2}+\frac{(y-\mu_2)^2}{\sigma_2^2}\right]\right\}$$

求 X 与 Y 的相互关系数.

解 $p_X(x)=\dfrac{1}{\sqrt{2\pi}\sigma_1}\mathrm{e}^{-\frac{(x-\mu)^2}{2\sigma_1^2}}\quad(-\infty<x<+\infty)$

$p_Y(y)=\dfrac{1}{\sqrt{2\pi}\sigma_1}\mathrm{e}^{-\frac{(y-\mu)^2}{2\sigma_1^2}}\quad(-\infty<y<+\infty)$

故

$$E(X)=\mu_1,\quad E(Y)=\mu_2,\quad D(X)=\sigma_1^2,\quad D(Y)=\sigma_2^2$$

而

$$\begin{aligned}Cov(X,Y)&=\int_{-\infty}^{+\infty}\int_{-\infty}^{+\infty}(x-\mu_1)(y-\mu_2)p(x,y)\mathrm{d}x\mathrm{d}y\\&=\frac{1}{2\pi\sigma_1\sigma_2\sqrt{1-\rho^2}}\int_{-\infty}^{+\infty}\int_{-\infty}^{+\infty}(x-\mu_1)(y-\mu_2)\times\\&\quad\exp\left[\frac{1}{2(1-\rho^2)}\left(\frac{y-\mu_2}{\sigma^2}-\rho\frac{x-\mu_1}{\sigma_1}\right)^2-\frac{(x-\mu_1)^2}{2\sigma_1^2}\right]\mathrm{d}y\mathrm{d}x\end{aligned}$$

令

$$t=\frac{1}{\sqrt{1-\rho^2}}\left(\frac{y-\mu_2}{\sigma_2}-\rho\frac{x-\mu_1}{\sigma_1}\right),\quad u=\frac{x-\mu_1}{\sigma_1}$$

则有

$$\begin{aligned}Cov(X,Y)&=\frac{1}{2\pi}\int_{-\infty}^{+\infty}\int_{-\infty}^{+\infty}(\sigma_1\sigma_2\sqrt{1-\rho^2}tu+\rho\sigma_1\sigma_2u^2)\mathrm{e}^{\frac{-(u^2+t^2)}{2}}\mathrm{d}t\mathrm{d}u\\&=\frac{\rho\sigma_1\sigma_2}{2\pi}\left(\int_{-\infty}^{+\infty}u^2\mathrm{e}^{-\frac{u^2}{2}}\mathrm{d}u\right)\left(\int_{-\infty}^{+\infty}\mathrm{e}^{-\frac{t^2}{2}}\mathrm{d}t\right)+\\&\quad\frac{\sigma_1\sigma_2\sqrt{1-\rho^2}}{2\pi}\left(\int_{-\infty}^{+\infty}u\mathrm{e}^{-\frac{u^2}{2}}\mathrm{d}u\right)\left(\int_{-\infty}^{+\infty}t\mathrm{e}^{-\frac{t^2}{2}}\right)\\&=\frac{\rho\sigma_1\sigma_2}{2\pi}\sqrt{2\pi}\times\sqrt{2\pi}\end{aligned}$$

即有

$$Cov(X,Y)=\rho\sigma_1\sigma_2$$

于是

$$\rho_{XY}=\rho$$

所以二维正态随机变量(X,Y)概率密度函数中的参数ρ是X和Y的相关系数，因而二维正态随机变量的分布完全可以由X,Y各自的期望、方差、和相关系数所确定.

若(X,Y)服从二维正态分布，则X与Y独立$\Leftrightarrow\rho=0$，故对于二维正态随机变量(X,Y)来说，X与Y不相关和X与Y独立是等价的.

4.4 矩、协方差矩阵

4.4.1 矩

矩是较为广泛的一种数字特征，前面讲过数学期望，方差及协方差都是某种矩.

定义 4.7 设X与Y是随机变量，若

$$E(X^k)\quad(k=1,2,\cdots)$$

存在，称它为X的k**阶原点矩**，简称k**阶矩**.

若

$$E[X-E(X)]^k\quad(k=2,3,\cdots)$$

存在，称它为X的k**阶中心矩**.

若

$$E(X^kY^l)\quad(k,l=1,2,\cdots)$$

存在，称它为X与Y的$k+l$**阶混合矩**.

若

$$E[X-E(X)]^k[Y-E(Y)]^l\quad(k,l=1,2,\cdots)$$

存在，称它为X与Y的$k+l$**阶混合中心矩**.

注：由定义可见：

(1) X的数学期望$E(X)$是X的一阶原点矩；

(2) X的方差$D(X)$是X的二阶中心矩；

(3) 协方差$Cov(X,Y)$是X和Y的二阶混合中心矩.

* 4.4.2 协方差矩阵

1. 二维随机变量的协方差矩阵

二维随机变量(X_1,X_2)有四个二阶中心矩（设它们都存在），分别记为

$$C_{11}=E[X_1-E(X_1)]^2$$
$$C_{12}=E[X_1-E(X_1)][X_2-E(X_2)]$$
$$C_{21}=E[X_2-E(X_2)][X_1-E(X_1)]$$
$$C_{22}=E[X_2-E(X_2)]^2$$

将它们排成矩阵的形式

$$\begin{pmatrix} C_{11} & C_{12} \\ C_{21} & C_{22} \end{pmatrix}$$

这个矩阵称为随机变量(X_1,X_2)的**协方差矩阵**.

2. n 维随机变量的协方差矩阵

设 n 维随机变量$(X_1,X_2,\cdots,X_n)$的二阶混合矩

$$c_{ij}=Cov(X_i,X_j)=E[X_i-E(X_i)][X_j-E(X_j)]\quad (i,j=1,2,\cdots,n)$$

都存在,则称

$$C=\begin{pmatrix} c_{11} & c_{12} & \cdots & c_{1n} \\ c_{21} & c_{22} & \cdots & c_{2n} \\ \vdots & \vdots & & \vdots \\ c_{n1} & c_{n2} & \cdots & c_{nn} \end{pmatrix}$$

为 n 维随机变量$(X_1,X_2,\cdots,X_n)$的**协方差矩阵**.由于 $c_{ji}=c_{ij}$,故该矩阵是对称矩阵.

一般来说 n 维随机变量的分布不知道,或太复杂,因此在实际应用中协方差矩阵就显得更重要了.

4.5 大数定理及中心极限定理

4.5.1 大数定理

概率论与数理统计是研究随机现象统计规律性的学科.而随机现象在相同的条件下进行大量重复试验时会呈现某种稳定性.例如,大量的抛掷硬币的随机试验中,正面出现的频率;在大量文字资料中,字母的使用频率;工厂大量生产某种产品过程中,产品的废品率等.一般地,要寻找随机现象内在的必然规律,就要研究大量随机现象.

在生产实践中,人们还认识到大量试验数据、测量数据的算术平均值也具有稳定性.这种稳定性就是我们将要讨论的大数定律的客观背景.

1. 切比雪夫(Chebyshev)不等式

定理 4.5 设随机变量 X 有期望 $E(X)=\mu$ 和方差 $D(X)=\sigma^2$,则对于任意的 $\varepsilon>0$,有

$$P(|X-\mu|\geqslant\varepsilon)\leqslant\frac{\sigma^2}{\varepsilon^2}\tag{4.43}$$

成立,该不等式称为**切比雪夫不等式**.

证 仅就连续型随机变量证明.设 X 的概率密度为 $p(x)$.

$$\begin{aligned}P(|X-\mu|\geqslant\varepsilon)&=\int_{|x-\mu|\geqslant\varepsilon}p(x)\mathrm{d}x\\&\leqslant\int_{|x-\mu|\geqslant\varepsilon}\frac{|x-\mu|^2}{\varepsilon^2}p(x)\mathrm{d}x\\&\leqslant\frac{1}{\varepsilon^2}\int_{-\infty}^{+\infty}(x-\mu)^2p(x)\mathrm{d}x\\&=\frac{\sigma^2}{\varepsilon^2}\end{aligned}$$

切比雪夫不等式也可以写成如下形式

$$P(|X-\mu|<\varepsilon)\geqslant1-\frac{\sigma^2}{\varepsilon^2}\tag{4.44}$$

注:(1) 由切比雪夫不等式可以看出,若 σ^2 越小,则事件$\{|X-E(X)|<\varepsilon\}$的概率越大,

即,随机变量 X 集中在期望附近的可能性越大.由此可见方差刻划了随机变量取值的离散程度.

(2) 当方差已知时,切比雪夫不等式给出了在随机变量 X 的分布未知的情况下,利用 $E(X)$ 和 $D(X)$ 对 X 的分布进行估计的一种方法.如取 $\varepsilon=3\sigma$,则有

$$P(|X-E(X)|\geqslant 3\sigma)\leqslant\frac{\sigma^2}{9\sigma^2}\approx 0.111.$$

故对任给的分布,只要期望和方差 σ^2 存在,则随机变量 X 取值偏离 $E(X)$ 超过 3σ 的概率小于0.111.

例 4.10 已知正常男性成人血液中,每一毫升白细胞数平均是 7300,均方差是 700.利用切比雪夫不等式估计每毫升白细胞数在 5200~9400 之间的概率.

解 设每毫升白细胞数为 X,依题意知,$\mu=7300$,$\sigma^2=700^2$,故所求概率为

$$\begin{aligned}P(5200\leqslant X\leqslant 9400)&=P(5200-7300\leqslant X-7300\leqslant 9400-7300)\\&=P(-2100\leqslant X-\mu\leqslant 2100)=P(|X-\mu|\leqslant 2100).\end{aligned}$$

由切比雪夫不等式

$P(|X-\mu|\leqslant 2100)\geqslant 1-\sigma^2/(2100)^2=1-(700/2100)^2=1-1/9=8/9$,即每毫升白细胞数在 5200~9400 之间的概率不小于 8/9.

2. 贝努里大数定律

定理 4.6(贝努里大数定律) 设 n_A 是 n 重贝努里试验中事件 A 发生的次数,p 是事件 A 在每次试验中发生的概率,则对任意的 $\varepsilon>0$,有

$$\lim_{n\to+\infty}P\left(\left|\frac{n_A}{n}-p\right|<\varepsilon\right)=1 \tag{4.45}$$

或

$$\lim_{n\to+\infty}P\left(\left|\frac{n_A}{n}-p\right|\geqslant\varepsilon\right)=0 \tag{4.46}$$

注:(1) 贝努里大数定律表明:当重复试验次数 n 充分大时,事件 A 发生的频率 $\frac{n_A}{n}$ **依概率收敛**于事件 A 发生的概率 p.定理以严格的数学形式表达了频率的稳定性.在实际应用中,当试验次数很大时,便可以用事件发生的频率来近似代替事件的概率.

(2) 如果事件 A 的概率很小,则由贝努里大数定律知事件 A 发生的频率也是很小的,或者说事件 A 很少发生.即"小概率事件在个别试验中几乎不会发生",这一原理称为小概率原理或实际推断原理,它的实际应用很广泛.但应注意到,小概率事件与不可能事件是有区别的.只要试验次数够多,小概率事件总是要发生的.

3. 切比雪夫大数定律

定理 4.7(切比雪夫大数定律) 设 $X_1,X_2,\cdots,X_n,\cdots$ 是两两不相关的随机变量序列,它们数学期望和方差均存在,且方差有共同的上界,即 $D(X_i)\leqslant K,i=1,2,\cdots$,则对任意 $\varepsilon>0$,有

$$\lim_{n\to+\infty}P\left(\left|\frac{1}{n}\sum_{i=1}^{n}X_i-\frac{1}{n}\sum_{i=1}^{n}E(X_i)\right|<\varepsilon\right)=1 \tag{4.47}$$

注:定理表明,当 n 很大时,随机变量序列 $\{X_n\}$ 的算术平均值 $\frac{1}{n}\sum_{i=1}^{n}X_i$ 依概率收敛于其数

学期望$\frac{1}{n}\sum_{i=1}^{n}E(X_i)$.

4. 辛钦大数定理

定理 4.8(辛钦大数定律) 设随机变量 $X_1,X_2,\cdots,X_n,\cdots$相互独立,服从同一分布,且具有数学期望 $E(X_i)=\mu,i=1,2,\cdots$,则对任意 $\varepsilon>0$,有

$$\lim_{n\to+\infty}P\left(\left|\frac{1}{n}\sum_{i=1}^{n}X_i-\mu\right|<\varepsilon\right)=1 \tag{4.48}$$

注:(1) 定理不要求随机变量的方差存在;

(2) 贝努里大数定律是辛钦大数定律的特殊情况;

(3) 辛钦大数定律为寻找随机变量的期望值提供了一条实际可行的途径.例如,要估计某地区的平均亩产量,可收割某些有代表性的地块,如 n 块,计算其平均亩产量,则当 n 较大时,可用它作为整个地区平均亩产量的一个估计.此类做法在实际应用中具有重要意义.

4.5.2 中心极限定理

在实际问题中,许多随机现象是由大量相互独立的随机因素综合影响所形成,其中每一个因素在总的影响中所起的作用是微小的.这类随机变量一般都服从或近似服从正态分布.以一门大炮的射程为例,影响大炮的射程的随机因素包括:大炮炮身结构的制造导致的误差,炮弹及炮弹内炸药在质量上的误差,瞄准时的误差,受风速、风向的干扰而造成的误差等.其中每一种误差造成的影响在总的影响中所起的作用是微小的,并且可以看成是相互独立的,人们关心的是这众多误差因素对大炮射程所造成的总影响.因此需要讨论大量独立随机变量和的分布问题.

中心极限定理回答了大量独立随机变量和近似分布问题,其结论表明:当一个量受许多随机因素(主导因素除外)的共同影响而随机取值,则它的分布就近似服从正态分布.

1. 林德伯格—勒维定理

定理 4.9(林德伯格—勒维) 设 $X_1,X_2,\cdots,X_n,\cdots$是独立同分布的随机变量序列,且

$$E(X_i)=\mu,\quad D(X_i)=\sigma^2,\quad i=1,2,\cdots,n,\cdots$$

则

$$\lim_{n\to+\infty}P\left(\frac{\sum_{i=1}^{n}X_i-n\mu}{\sigma\sqrt{n}}\leqslant x\right)=\int_{-\infty}^{x}\frac{1}{\sqrt{2\pi}}\mathrm{e}^{-\frac{t^2}{2}}\,\mathrm{d}t \tag{4.49}$$

注:定理 4.9 表明:当 n 充分大时,n 个具有期望和方差的独立同分布的随机变量之和近似服从正态分布.虽然在一般情况下,我们很难求出 $X_1+X_2+\cdots+X_n$ 的分布的确切形式,但当 n 很大时,可求出其近似分布.由定理结论有

$$\frac{\sum_{i=1}^{n}X_i-n\mu}{\sigma\sqrt{n}}\overset{\text{近似}}{\sim}N(0,1)\Rightarrow\frac{\frac{1}{n}\sum_{i=1}^{n}X_i-\mu}{\sigma/\sqrt{n}}\overset{\text{近似}}{\sim}N(0,1)$$

$$\Rightarrow\overline{X}\sim N(\mu,\sigma^2/n),\overline{X}=\frac{1}{n}\sum_{i=1}^{n}X_i$$

故定理又可表述为:均值为 μ,方差的 $\sigma^2>0$ 的独立同分布的随机变量 $X_1,X_2,\cdots,X_n,\cdots$的

算术平均值 $\overline{X}$，当 n 充分大时近似地服从均值为 μ，方差为 σ^2/n 的正态分布.这一结果是数理统计中大样本统计推断的理论基础.

2. 棣莫佛—拉普拉斯定理

定理 4.10(棣莫佛—拉普拉斯定理) 设随机变量 Y_n 服从参数 $n,p(0<p<1)$ 的二项分布，则对任意 x，有

$$\lim_{n\to+\infty} P\left(\frac{Y_n-np}{\sqrt{np(1-p)}}\leqslant x\right)=\int_{-\infty}^{x}\frac{1}{\sqrt{2\pi}}\mathrm{e}^{-\frac{t^2}{2}}\mathrm{d}t=\Phi(x) \tag{4.50}$$

注：易见，棣莫佛—拉普拉斯定理就是林德伯格—勒维定理的一个特殊情况.

例 4.11 对于一个学校而言，来参加家长会的家长人数是一个随机变量，设一个学生无家长，1 名家长，2 名家长来参加会议的概率分别 0.05，0.8，0.15.若学校共有 400 名学生，设各学生参加会议的家长数相互独立，且服从同一分布.求参加会议的家长数 X 超过 450 的概率.

解 以 $X_k(k=1,2,\cdots,400)$ 记第 k 个学生来参加会议的家长数，则 X_k 的分布列为

X_k	0	1	2
P	0.05	0.8	0.15

易知 $E(X_k)=1.1,D(X_k)=0.19,k=1,2,\cdots,400$，而 $X=\sum\limits_{k=1}^{400}X_k$，由定理 4.9，随机变量

$$\frac{\sum\limits_{k=1}^{400}X_k-400\times1.1}{\sqrt{400}\sqrt{0.19}}=\frac{X-400\times1.1}{\sqrt{400}\sqrt{0.19}}\overset{\text{近似}}{\sim}N(0,1)$$

故

$$\begin{aligned}P(X>450)&=P\left(\frac{X-400\times1.1}{\sqrt{400}\sqrt{0.19}}>\frac{450-400\times1.1}{\sqrt{400}\sqrt{0.19}}\right)\\&=1-P\left(\frac{X-400\times1.1}{\sqrt{400}\sqrt{0.19}}\leqslant1.147\right)\\&\approx1-\Phi(1.147)=0.1357.\end{aligned}$$

例 4.12 某市保险公司开办一年人身保险业务，被保险人每年需交付保险费 160 元，若一年内发生重大人身事故，其本人或家属可获 2 万元赔金.已知该市人员一年内发生重大人身事故的概率为 0.005，现有 5000 人参加此项保险，问保险公司一年内从此项业务所得到的总收益在 20 万元到 40 万元之间的概率是多少?

解 记 $X_i=\begin{cases}1, & \text{若第 } i \text{ 个被保险人发生重大事故}\\0, & \text{若第 } i \text{ 个被保险人未发生重大事故}\end{cases}\quad(i=1,2,\cdots,5000)$

于是 X_i 均服从参数为 $p=0.005$ 的两点分布，且 $p(X_i=1)=0.005,np=25.\sum\limits_{i=1}^{5000}X_i$ 是 5000 个被保险人中一年内发生重大人身事故的人数，保险公司一年内从此项业务所得到的总收益为

$0.016\times5000-2\times\sum\limits_{i=1}^{5000}X_i$ 万元.

于是

$$
\begin{aligned}
&P\left(20 \leqslant 0.016 \times 5000 - 2\sum_{i=1}^{5000} X_i \leqslant 40\right)\\
&= P\left(20 \leqslant \sum_{I=1}^{5000} X_i \leqslant 30\right)\\
&= P\left(\frac{20-25}{\sqrt{25 \times 0.995}} \leqslant \frac{\sum_{i=1}^{5000} X_i - 25}{\sqrt{25 \times 0.995}} \leqslant \frac{30-25}{\sqrt{25 \times 0.995}}\right)\\
&\approx \Phi(1) - \Phi(-1) = 0.6826
\end{aligned}
$$

习题 4

1. 已知离散型随机变量 X 的概率分布为：$P(X=1)=0.2, P(X=2)=0.3, P(X=3)=0.5$，求 X 的数学期望.

2. 设随机变量 X 的分布列为

X	-2	-1	0	2
P	$\frac{3}{8}$	$\frac{1}{4}$	$\frac{1}{8}$	$\frac{1}{4}$

求 $E(X), E(X^2), E(-3X+1)$.

3. 设随机变量 X 的分布函数为

$$
F(x)=\begin{cases}0, & x<-1\\ a+b\arcsin x, & -1\leqslant x<1\\ 1, & x\geqslant 1\end{cases}
$$

求常数 a, b 及 $E(X)$

4. 设随机变量 X_1, X_2 的概率密度分别为

$$
p_1(x)=\begin{cases}2e^{-2x}, & x>0\\ 0, & x\leqslant 0\end{cases},\quad p_2(x)=\begin{cases}4e^{-4x}, & x>0\\ 0, & x\leqslant 0\end{cases}
$$

(1) 求 $E(X_1+X_2), E(2X_1-3X_2^2)$；

(2) 又设 X_1, X_2 相互独立，求 $E(X_1X_2)$.

5. 游客乘电梯从底层到电视塔的顶层观光，电梯于每个整点的第 5 分钟，第 25 分钟，从底层起行，一游客在早八点的第 X 分钟到达底层候梯处，且 X 在 $(0,60)$ 上服从均匀分布，求该游客等候时间的数学期望.

6. 若有 n 把看上去样子相同的钥匙，其中只有一把能打开门上的锁，用它们去试门上的锁，设取到每只钥匙是等可能的.若每把钥匙试开一次后除去，试求试开次数 X 的数学期望.

7. 将 n 只球放入到 M 只盒子中去，设每只球落入各个盒子是等可能的，求有球盒子数 X 的均值.

8. 设随机变量 X 的概率密度函数为

$$
p(x)=\begin{cases}Ax^2, & 0\leqslant x\leqslant 2\\ 0, & \text{其他}\end{cases}
$$

求常数 A 及 $E(X)$，$D(X)$.

9. 随机变量 X 的概率密度为

$$p(x)=\begin{cases}31(x+1)^4, & x>0\\ 0, & x\leqslant 0\end{cases}$$

求 $E(X)$.

10. 设随机变量 X 的概率密度 $p(x)=\begin{cases}x, & 0<x<1\\ 2-x, & 1\leqslant x\leqslant 2\\ 0, & \text{其他}\end{cases}$，求数学期望 $E(X)$ 与方差 $D(X)$.

11. 一零件的横截面是圆，对截面的直径进行测量，设其直径 X 服从(0,3)上的均匀分布，求横截面积 Y 的数学期望 $E(Y)$，方差 $D(Y)$.

12. 假设有十只相同的电器元件，其中两只是废品.装配仪器时，从这批元件中任取一只，则仍掉重新任取一只；如仍是废品，则仍掉再取一只，试求在取到正品之前，已取出的废品数的分布、数学期望和方差.

13. 设学校乘汽车到火车站的途中有3个交通岗，设在各交通岗遇到红灯是相互独立的，其概率均为 $\frac{2}{5}$，试求途中遇到红灯的数学期望与方差.

14. 设随机变量 X 和 Y 相互独立，且 $X\sim B(10,0.3)$，$Y\sim U(0,6)$，则 $Z=2X-3Y-5$ 的数学期望为________，方差________.

15. 一台设备由三大部件构成，在设备运转中各部件需要调整的概率相应为0.10，0.20和0.30.假设各部件的状态相互独立，以 X 表示同时需要调整的部件数，试求 X 的数学期望 $E(X)$ 与方差 $D(X)$.

16. 通过点 $(0,b)$ 任意作直线，求由坐标原点到所作直线的距离 Y 的平均值和方差.

17. $X\sim U(0,1)$，$Y\sim U(1,3)$ 且 X 与 Y 相互独立，求 $E(XY)$ 与 $D(XY)$.

18. 已知 $D(X)=25$，$D(Y)=36$，$\rho_{XY}=0.4$，求 $D(X+Y)$ 及 $D(X-Y)$.

19. 设 X,Y,Z 为三个随机变量，且 $E(X)=E(Y)=1$，$E(Z)=-1$，当 $D(X)=D(Y)=D(Z)=1$，$\rho_{XY}=0$，$\rho_{XZ}=\frac{1}{2}$，$\rho_{YZ}=-\frac{1}{2}$ 时，若 $W=X+Y+Z$，求 $E(W)$，$D(W)$.

20. 设 $P(A)=\frac{1}{4}$，$P(B|A)=\frac{1}{3}$，$P(A|B)=\frac{1}{2}$，记

$$X=\begin{cases}1, & A\text{ 发生}\\ 0, & \overline{A}\text{ 发生}\end{cases}\quad Y=\begin{cases}1, & B\text{ 发生}\\ 0, & \overline{B}\text{ 发生}\end{cases}$$

求(1)二维随机变量 (X,Y) 的联合分布和边缘分布；(2)随机变量 X 和 Y 的相关系数.

21. 二维随机变量 X,Y 的概率密度为

$$p(x,y)=\begin{cases}\frac{1}{3}(x,y) & 0\leqslant x\leqslant 2, 0\leqslant y\leqslant 1\\ 0, & \text{其他}\end{cases}$$

求 $E(X)$，$E(Y)$，$Cov(X,Y)$，ρ_{XY}.

22. 假设一批种子的良种率为 $\frac{1}{6}$，在其中任选600粒，求这600粒种子中良种所占的比例与

$\frac{1}{6}$之差的绝对值不超过 0.02 的概率：

(1) 用 Chebpshev 不等式估计；

(2) 用中心极限定理求近似值.

23. 若 $D(X)=0.004$，利用 Chebpshev 不等式估计概率 $P(|X-EX|<0.2)$.

24. 有一批建筑房屋用的木柱，其中 80% 的长度不小于 3m，现在从这批木柱中随机地取出 100 根，问其中至少有 30 根短于 3m 的概率？

25. 设 n 重贝努利试验中事件 A 发生的概率 $p=0.75$，问至少应做多少次试验，才能使 A 发生的频率在 0.74～0.76 的概率不低于 0.95？

26. 已知生产线上组装每件成品的时间 T(min) 服从指数分布，统计资料表明每件成品的组装平均时间为 10(min)，各件成品组装时间是相互独立的.求组装 100 件成品需要 15h 至 18h 的概率.

27. 甲，乙两个影院争夺 1000 名观众，假定每个观众等可地能相互独立地选择一个影院.问每个影院应设立多少个座位才能保证因缺少座位而使观众离开的概率小于 1%？

28. 设随机变量序列 $X_1, X_2, \cdots, X_n \cdots$.相互独立，其分布律为

$$X^n \sim \begin{pmatrix} 0 & 1 \\ 1-\frac{1}{2^n} & \frac{1}{2^n} \end{pmatrix}, \quad n=1,2,\cdots$$

证明 $\{X_n\}$ 服从大数定律.

第5章 数理统计的基本概念

5.1 总体和样本

5.1.1 数理统计的基本问题

在前面的几章里，我们介绍了概率论的基本内容.从本章开始，将介绍数理统计的基本知识和一些常用的数理统计方.

概率论中许多问题的讨论，常常是从已给的随机变量 X 出发来研究 X 的种种性质，这里 X 的概率分布都是已知的，或者假定是已知的.但是在实际问题中，一般来说，人们事先并不知道随机事件的概率，随机变量的概率分布和数字特征，而需要我们对它们进行估计或作某种推断，这就产生了数理统计的问题.让我们先看两个例子.

例 5.1 从一批产品中，随机地抽检一个产品，结果可能合格，也可能不合格.由概率论可知，这个随机现象可以用两点分布来描述：

X	0	1
P	$1-p$	p

这里"$X=0$"表示产品合格，"$X=1$"表示产品不合格.但是，p 等于多少事先是未知的，也就是说，上述两点分布是未知的.试问：

(1) 如何求出或近似地求出 p 的值？

(2) 如果人们根据以往经验提出假设："$p<0.05$"，那么，是接受这个假设还是否定这个假设呢？应该用什么方法进行检验呢？

例 5.2 某种电子元件的寿命 X 是一个随机变量，但是它的分布函数 $F(x)$[或概率密度 $p(x)$]是未知的.试问：

(1) 如何求出或近似地求出 $F(x)$？

(2) 如果人们根据以往的经验提出假设：X 服从参数为 β 的指数分布，那么是接受它还是否定它呢？用什么方法来判断？

(3) 如果人们只需要知 X 的期望和方差，那么，如何估计它们的数值？

怎样解决这些问题呢？对于例 5.1，人们可以对所有产品逐个检验，求出不合格产品所占的比例，就得到概率 p；同时假设"$p<0.05$"是否成立也就得到解决.但是这种普检的方法是不可取的.因为如果产品的数量很多，逐件检验要耗费很多人力、物力和时间；对于例 5.2，逐一检验更是行不通的，因为寿命试验都是破坏性的.在数理统计中，通常采用的办法是：从研究对象的全体元素中，随机地抽取一小部分进行观察(或试验)，然后以观察得到的资料(数据)为出发点，以概率论的理论为基础对上述问题进行估计和推断，这种方法称为**统计推断**.

从上面的叙述可以看出，数理统计要解决以下两类问题.

(1) 抽取一小部分进行观察应怎样抽才能使获得的数据更有代表性？抽多少才比较合理？这类问题称为试验设计(本书不讨论这类问题).

(2) 对获得的数据进行合理的处理和分析，从而对所关心的问题做出尽可能精确、可靠的结论，这就是统计推断问题.

统计推断的问题又可分为两类：一类是对未知参数(概率、期望和方差)及对未知概率分布(分布函数、概率密度或分布列)的估计问题；另一类是对未知参数的概率分布的假设检验问题.

以上就是数理统计的基本问题.

5.1.2 总体

在数理统计中，我们把研究对象的全体元素构成的集合称为**总体(或母体)**，而把组成总体的每个元素称为**个体**.如果总体包含有限个个体，则称为**有限总体(或具体总体)**.如果总体包含无限个个体，则称为**无限总体(或抽象总体)**.

当用数理统计方法研究总体时，人们主要关心的不是每个个体本身，而仅仅是每个个体的某种数量指标(或特征)的有关问题.如在例 5.1 中，我们关心的是刻画产品合格与否的数量指标 X 的概率分布问题；在例 5.2 中我们关心的是电子元件的寿命 X 的分布问题.因此，对总体的研究，实际上是对某一个随机变量 X 的概率分布的研究.为了便于叙述，一旦所考察的数量指标明确以后，我们就把总体和数量指标相应的概率分布等同起来，也就是说，总体是一个概率分布或服从这个概率分布的随机变量.如在例 5.1 中，总体就是两点分布或服从这一分布的随机变量 X，在例 5.2 中，总体就是电子元件的寿命 X 或它所服从的概率分布.

前面的例子中，所考察的数量指标都是一个.即只需用一维随机变量来描述，如果同时要考察的数量指标不止一个，那么就需要用多维随机变量来描述.例如，若要考察当代大学生的身高 X、体重 Y 和肺活量 Z，那么就需研究三维随机变量(X,Y,Z).同样，为了叙述方便我们把总体与(X,Y,Z)或它的分布等同起来，并称这样的总体为三维总体，在本书中主要讨论一维总体，多维总体是多元统计分析主要研究的对象.

5.1.3 样本

在上面我们说过，为了对例 5.1 和例 5.2 中所提的问题做出估计和推断，就必须从所研究对象的全部元素中随机地抽取一小部分进行观察，这就是说，必须从所研究的总体中随机地抽取一部分个体进行观察.所谓随机地是指总体中每个个体被观察到的机会是一样的，而所谓抽取一部分个体进行观察，其实就是对总体 X 重复进行若干次观察，而获得 X 的若干个观察值，例如，若在例 5.1 中随机地抽检 5 个产品，结果分别是“合格”“不合格”“合格”“合格”和“不合格”，那么我们就得到 X 的 5 个观察值：0，1，0，0，1.一般说来，从总体 X 中随机抽检 n 个个体，则可得到 X 的 n 个观察值，$X_1,X_2,\cdots,X_n$.为了叙述方便，我们把从总体 X 中随机抽检(或观察)n 个个体的试验，称为**随机抽样**，简称**抽样**，n 称为**容量**.

显然，对总体 X 的任何一个容量为 n 的抽样结果“$x_1,x_2,\cdots,x_n$”是 n 个完全确定的数值，但由于抽样是一个随机试验，所以这 n 个观察值是随每次抽样而改变的，它具有随机性.换句话说，对具体某次抽样来说，抽样结果是 n 个确定的数值：$x_1,x_2,\cdots,x_n$；而离开了特定的某次抽样，则抽样结果是 n 个随机变量：$X_1,X_2,\cdots,X_n$.我们称这 n 个随机变量 $X_1,X_2,\cdots,X_n$，为来自总体的 X 的一个容量为 n 的**样本(或子样)**而 $x_1,x_2,\cdots,x_n$，称为样本的一个观察值，简称**样本**

值，有时也称为样本的一个现实，容量为 n 的一个样本 $X_1,X_2,\cdots,X_n$ 可以看作 n 维随机变量 $(X_1,X_2,\cdots,X_n)$，它的分布就称为**样本分布**.样本值 $x_1,x_2,\cdots,x_n$ 可以看作 n 维空间的一个点 $(x_1,x_2,\cdots,x_n)$ 称之为**样本点**.样本点的全体称为样本空间，它是 n 维空间或其中的一个子集.

上面我们把抽样结果看作 n 维随机变量，并称之为样本，这一点是很重要的，因为只有这样，才能运用概率论的理论对总体 X 进行各种推断并研究、比较种种推断的优劣.**数理统计的任务之一，就是研究如何根据样本来推断总体.**

既然要根据样本来推断总体，必须使抽得的样本能很好地反映总体的特性，为此我们假定，对总体 X 的 n 次观察，是在相同条件下独立重复进行的，这样得到的样本 $X_1,X_2,\cdots,X_n$ 满足下面两个条件：

(1) $X_1,X_2,\cdots,X_n$ 相互独立；

(2) 每个 $X_i(i=1,2,\cdots,n)$ 与总体 X 有相同的分布.

我们把满足这两个条件的抽样方法称为**简单随机抽样**，而得到的样本称为**简单随机样本**.

例如，若在例 5.1 中，用有放回的抽样方法随机抽 n 个产品，则得到的样本 $X_1,X_2,\cdots,X_n$ 就是独立的且与总体 X 有相同的分布，即

X_i	0	1
P	$1-p$	P

因此，这种抽样方法是简单随机抽样，而样本是简单随机样本.

若将分布列写成

$$P(X_i=x_i)=p^{x_i}(1-p)^{1-x_i} \quad (x_i=0 \text{ 或 } 1, \text{且 } i=1,2,\cdots,n)$$

则由独立性，样本的分布可写成

$$\begin{aligned} P(X_1=x_1,\cdots,X_n=x_n) &= \prod_{i=1}^{n} P(X_i=x_i) \\ &= \prod_{i=1}^{n} p^{x_i}(1-p)^{1-x_i} = p^{\sum\limits_{i=1}^{n}x_i}(1-p)^{n-\sum\limits_{i=1}^{n}x_i} \end{aligned} \tag{5.1}$$

今后，如果不做特殊声明，所说的抽样皆为简单随机抽样，所说的样本皆为简单随机样本.

最后，我们将以上讲的总体和样本的概念以定义的形式小结如下.

定义 5.1 (1) 称随机变量 X 的概率分布为一总体，或称随机变量 X 为一总体，而 X 的分布称为**总体的分布**；

(2) 如果 $X_1,X_2,\cdots,X_n$ 是相互独立且与总体 X 有相同分布的 n 个随机变量，即如果它们的联合分布函数为

$$F^*(x_1,x_2,\cdots,x_n)=F(x_1)F(x_2)\cdots F(x_n)$$

$F(x)$ 为 X 的分布函数，称 $\boldsymbol{X_1,X_2,\cdots,X_n}$ **为来自总体 $\boldsymbol{X}$ 的一个容量为 $\boldsymbol{n}$ 的简单随机样本或样本**，而 $F^*(x_1,x_2,\cdots,x_n)$ 就是这个样本的分布函数；

(3) 样本 $(X_1,X_2,\cdots,X_n)$ 的每一个观察值 $(x_1,x_2,\cdots,x_n)$ 称为样本值(或样本的一个实现)，样本值的集合称为**总体 $\boldsymbol{X}$ 的容量为 $\boldsymbol{n}$ 的样本空间**.

在实际上利用样本推断总体时，我们用的数据是样本值，今后在不引起混淆的情况下，不再区分是样本还是本值，统称为样本.

5.2 直方图和经验分布函数

根据总体 X 的样本观察值求 X 的概率分布，是数理统计要解决的重要问题之一，这里我们将介绍利用样本观察值近似地求总体的概率密度和分布函数的方法.先考虑概率密度的近似求法.

设 $x_1,x_2,\cdots,x_n$ 是总体 X 的容量 n 的样本，并设它们包含在区间$[a,b]$之中，用下列分点将区间分布 m 个子区间$(m<n)$

$$a=t_0<t_1<t_2<\cdots<t_{m-1}<t_m=b$$

设每个子区间(t_i,t_{i+1})，包含 n_i 个样本观察值，那么 n_1/n 表示事件“$t_i<X<t_{i+1}$”在 n 次试验中发生的频率$(i=0,1,\cdots,m-1)$.由贝努里大数定理知 $n_i/n\to P(t_i<X<t_{i+1})$，当 n 适当大时，有

$$\frac{n_i}{n}\approx P(t_i<X\leqslant t_{i+1})=\int_{t_i}^{t_{i+1}}p(x)\mathrm{d}x \qquad (i=0,1,\cdots,m-1)$$

$P(x)$是总体 X 的概率密度，它的未知的，若 $p(x)$连续，则有近似式

$$\frac{n_i}{n}\approx(t_{i+1}-t_i)p(t_i)=\Delta t_i p(t_i)$$

于是

$$p(t_i)\approx\frac{n_i}{n\Delta t_i} \quad (i=0,1,\cdots,m-1)$$

今定义函数

$$\varphi(x)=\frac{n_i}{n\Delta t_i},\quad t_i<x\leqslant t_{i+1} \quad (i=0,1,\cdots,m-1)$$

称 $\varphi(x)$ 的图形为总体 X 在(a,b)上的**(频率)直方图**(图 5.1).

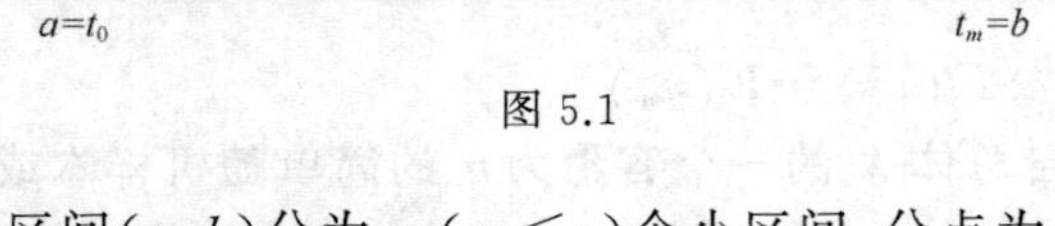

图 5.1

根据总体 X 的直方图，就可以大致画出 X 的概率密度曲线，如图中的光滑曲线所示，如果 n 及 m 越大，则所得的曲线一般说来越来越接近 $p(x)$ 的图形.

作直方图的步骤如下：

(1) 找出样本观察值 $x_1,x_2,\cdots,x_n$ 的最小值与最大值，分别记为 $x_{(1)},x_{(n)}$；

(2) 选 a(略小于 $x_{(1)}$)，b(略大于 $x_{(n)}$)，并将区间(a,b)分为 $m(m<n)$个小区间，分点为

$$a=t_0<t_1<t_2<\cdots<t_{m-1}=b$$

(m 的大小没有硬性规定，当 n 小时，m 也应小些，n 大时，m 则应大些，但要注意每一小区间中都要包含若干个观察值；另外，分点要比观察值多取一位小数)

(3) 用唱票的办法，数出观察值落在区间(t_i,t_{i+1})中的个数 n_i，同时算出 $n_i/n(i=0,1,\cdots,$

$m-1$);

(4) 在横坐标轴上标出各分点 t_i,然后以区间(t_i, t_{i+1})为底边,画出高度为 $n_i/n\Delta t_i$ 的矩形,就得到直方图.

例 5.3 在齿轮加工中,齿轮径向综合误差 X 是个随机变量,今对 200 件模数为 1mm,分度圆直径为 60mm 的圆柱齿轮,测得 X 的值如下(单位:mm),求作 X 的直方图.

16	25	19	20	25	33	24	23	20	24
20	14	16	11	14	20	18	13	27	31
18	16	18	19	20	22	19	22	18	26
13	11	25	15	17	18	22	16	13	12
14	12	16	10	8	23	10	11	16	20
19	20	19	12	14	19	20	20	20	13
19	15	13	22	14	16	24	20	20	18
10	10	8	21	16	24	32	16	28	19
8	11	18	27	23	11	22	22	13	20
17	17	20	30	16	20	28	32	19	23
25	17	15	21	22	26	15	23	22	24
25	24	16	19	23	26	17	14	30	21
26	13	21	13	11	19	23	18	24	28
13	11	9	15	10	21	15	12	17	13
13	21	22	12	8	15	21	18	16	16
21	20	19	11	15	18	10	18	24	18
16	20	18	20	14	13	20	29	24	20
14	18	15	10	18	12	16	26	18	19
33	14	22	18	26	18	16	32	27	25
24	18	20	15	24	20	29	16	17	19

解 样本观察的最小值为 8,最大值为 33,取 $a=7.5$,$b=33.5$.将区间(7.5,33.5)等分为 13 个小区间,并统计落在每个小区间中的样本观察值频数和频率,得到表 5.1.

表 5.1

分 组 区 间	频数 n_i	频率 n_i/n
7.5～9.5	5	0.025
9.5～11.5	15	0.075
11.5～13.5	18	0.090
13.5～15.5	19	0.095
15.5～17.5	24	0.120
17.5～19.5	33	0.165

续表

分组区间	频数 n_i	频率 n_i/n
19.5～21.5	30	0.150
21.5～23.5	17	0.085
23.5～25.5	17	0.085
25.5～27.5	9	0.045
27.5～29.5	5	0.025
29.5～31.5	3	0.015
31.5～33.5	5	0.025
$\sum$	$n=200$	1.00

以组距 2 为底，以 $n_i/2n$ 为高作矩形($i=0,1,\cdots,12$)，则得 X 的直方图(图 5.2).

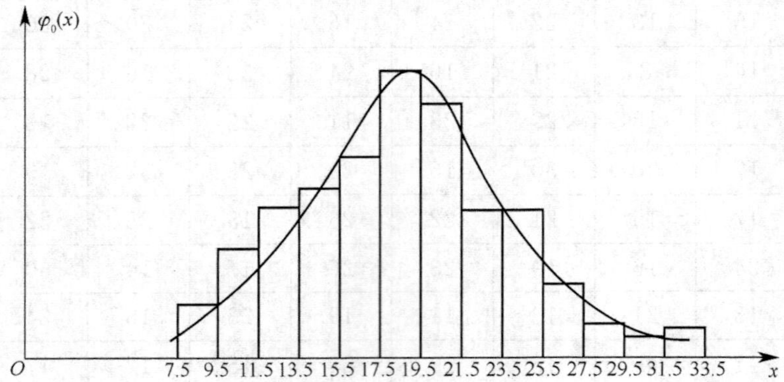

图 5.2

根据直方图可估计 X 的概率密度曲线大致如图 5.2 中的曲线所示，它很像正态概率密度曲线，但 X 是否服从正态分布，还需要进行检验，检验方法见第 7 章.

下面介绍分布函数的近似求法.

设 $x_1,x_2,\cdots,x_n$ 总体 X 的容量为 n 的样本观察值，将它们按自小到大的次序排列为

$$x_{(1)}\leqslant x_{(2)}\leqslant\cdots\leqslant x_{(n)}$$

定义函数

$$F_n(x)=\begin{cases}0, & x<x_{(1)}\\ \dfrac{k}{n}, & x_{(k)}\leqslant x<x_{(k+1)}\\ 1, & x\geqslant x_{(n)}\end{cases} \tag{5.2}$$

称它为总体 X 的**经验分布函数(或样本分布函数)**.

$F_n(x)$只有在 $x=x_{(k)}(k=1,2,\cdots,n)$ 处有间断点，跃度是 $1/n$ 的倍数(如有 l 个观察值相同，$x_{(k-1)}<x_{(k)}=x_{(k+1)}=\cdots=x_{(k+l-1)}<x_{(k+l)}$)，则在点 $x_{(k)}$ 处的跃度为 l/n，如图 5.3 所示.

对于任意固定的 x，$F_n(x)$就是事件“$X\leqslant x$”在 n 次试验中出现的频率，而事件的概率 $P(X\leqslant x)=F(x)$.由频率与概率的关系可知，当 n 充分大时，$F_n(x)$可以作为未知分布函数 $F(x)$的一个近似，n 越大，越近似.

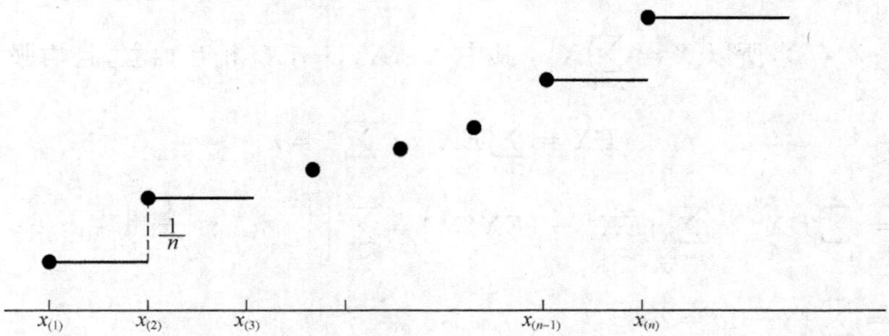

图 5.3

在图 5.4 中,我们根据例 5.1 中的 X 的 200 个观察值画出了 X 的经验分布函数的图形.根据这个图形,可以看出 X 的分布函数曲线大体上如图中的曲线所示.

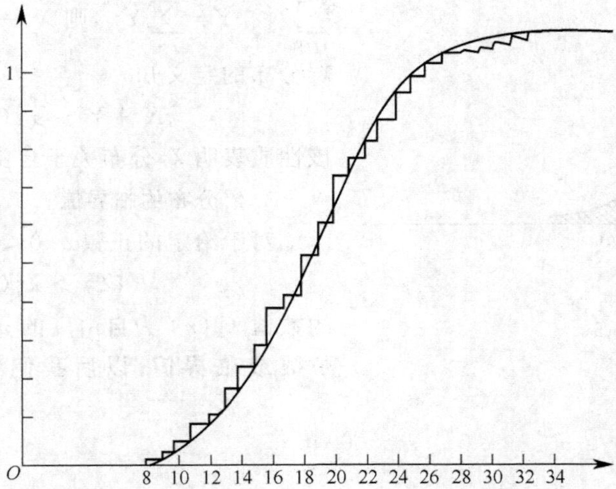

图 5.4

5.3 χ^2, t 和 F 分布

5.3.1 χ^2 分布

1. χ^2 分布的定义

定义 5.2 设 $X_1, X_2, \cdots, X_n$ 为 n 个($n \geqslant 1$)相互独立的随机变量,它们都服从 $N(0,1)$ 分布,则称 $Y = \sum_{i=1}^{n} X_i^2$ 所服从的分布为自由度是 n 的 **χ^2 分布**,记为 $Y \sim \chi^2(n)$.

该定义是 χ^2 分布的构造性定义,即 χ^2 分布是 n 个独立的标准正态分布的平方和.

2. χ^2 分布的性质

(1) 若 $X \sim \chi^2(n)$,则

$$EX = n, DX = 2n \tag{5.3}$$

证 因 $X\sim\chi^2(n)$，所以 $X=\sum_{i=1}^{n}X_i^2$，其中 $X_1,X_2,\cdots,X_n$ 相互独立，且均服从 $N(0,1)$ 分布

$$EX=\sum_{i=1}^{n}EX_i^2=\sum_{i=1}^{n}1=n$$

$$DX=\sum_{i=1}^{n}DX_i^2=\sum_{i=1}^{n}[EX_i^4-(EX_i^2)^2]=\sum_{i=1}^{n}\left[\int_{-\infty}^{+\infty}x^4\cdot\frac{1}{\sqrt{2\pi}}\mathrm{e}^{-\frac{x^2}{2}}-\mathrm{d}x-1\right]$$

$$=\sum_{i=1}^{n}(3-1)=2n$$

(2) 设 $X\sim\chi^2(n_1)$，$Y\sim\chi^2(n_2)$ 且 X,Y 相互独立，则

$$X+Y\sim\chi^2(n_1+n_2) \tag{5.4}$$

证 设 $X_1,X_2,\cdots,X_{n_1},Y_1,Y_2,\cdots,Y_{n_2}$ 为 n_1+n_2 个相互独立的标准正态随机变量.记 $X=\sum_{i=1}^{n_1}\chi_i^2$，$Y=\sum_{j=1}^{n_2}Y_j^2$，则 $X+Y=\sum_{i=1}^{n_1}\chi_i^2+\sum_{j=1}^{n_2}Y_j^2$，由 χ^2 分布的定义知

$$X+Y\sim x^2(n_1+n_2)$$

该性质表明 χ^2 分布关于自由度具有可加性.

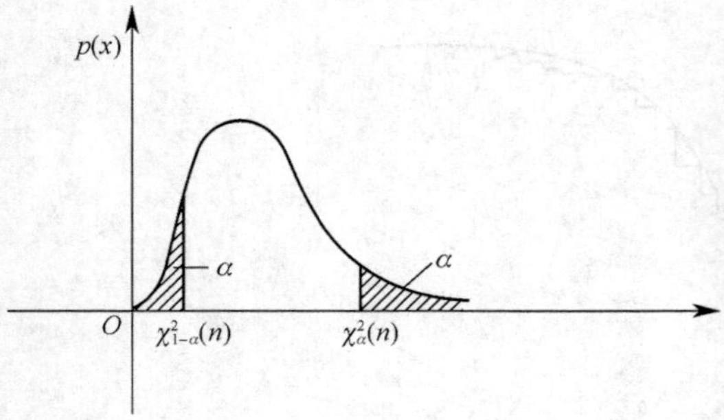

图 5.5

3. χ^2 分布的临界值

对于给定的正数 α，$0<\alpha<1$，称满足条件

$$P\{\chi^2>\chi_\alpha^2(n)\}=\alpha \tag{5.5}$$

的数值 $\chi_\alpha^2(n)$ 为自由度的 n 的 χ^2 分布的**上侧 $\boldsymbol{\alpha}$ 分位数或临界值**，以后我们经常用的临界值还有 $\chi_{1-\alpha}^2(n)$（图 5.5).

5.3.2 t 分布

1. t 分布的定义

定义 5.3 设 $X\sim N(0,1)$，$Y\sim\chi^2(n)$，且 X,Y 相互独立，则称

$$T=\frac{X}{\sqrt{Y/n}}$$

所服从的分布为自由度为 n 的 **t 分布**，又称为学生氏(Student)分布，记为 $T\sim t(n)$.

2. t 分布的临界值

对于给定的正数 α，$(0<\alpha<1)$ 称满足条件

$$P[T>t_\alpha(n)]=\alpha \tag{5.6}$$

的数值 $t_\alpha(n)$ 为自由度是 n 的 t 分布的**上侧 $\boldsymbol{\alpha}$ 分位数或临界值**(图 5.6).

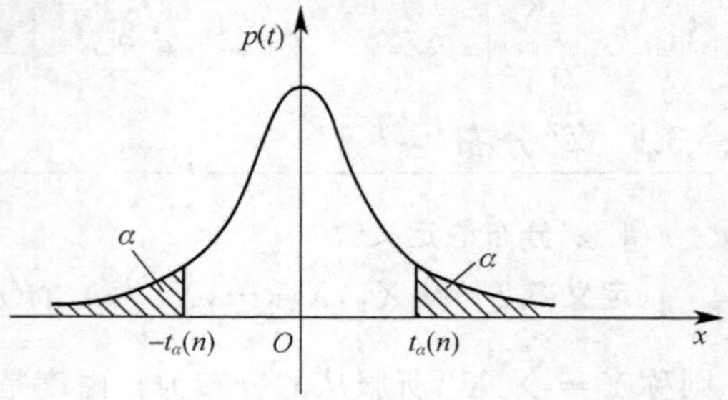

图 5.6

5.3.3 F 分布

1. F 分布的定义

定义 5.4 设随机变量 X,Y 相互独立，$X\sim\chi^2(n_1)$，$Y\sim\chi^2(n_2)$，则称随机变量

$$F=\frac{X/n_1}{Y/n_2}=\frac{n_2X}{n_1Y}$$

所服从的分布为第一自由度是 n_1，第二自由度为 n_2 的 **F 分布**，记为 $F\sim F(n_1,n_2)$.

可见 $\frac{1}{F}$ 服从第一自由度为 n_2，第二自由度的 n_1 的 F 分布.

2. F 分布的临界值

对于给定的正数 $\alpha(0<\alpha<1)$，称满足条件

$$P[F\geqslant F_\alpha(n_1,n_2)]=\alpha \tag{5.7}$$

的数值 $F_\alpha(n_1,n_2)$ 为 F 分布的**临界值**，也称为 F 分布的**上侧 α 分位数**(图 5.7). 它具有如下性质

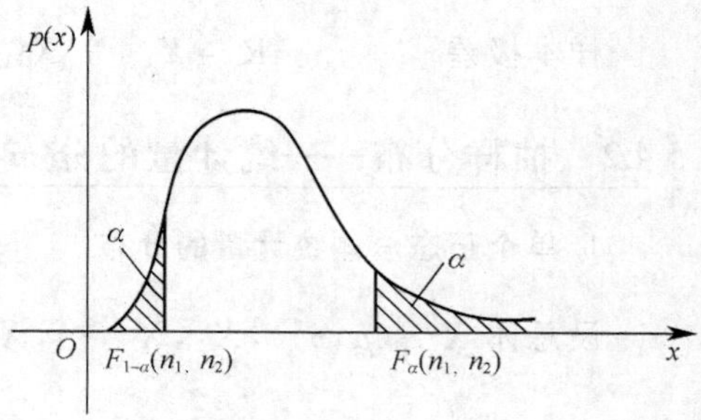

图 5.7

$$F_{1-\alpha}(n_1,n_2)=\frac{1}{F_\alpha(n_2,n_1)} \tag{5.8}$$

5.4 统计量及抽样分布

5.4.1 统计量

定义 5.5 设 $X_1,X_2,\cdots,X_n$ 为总体 X 的容量为 n 的样本，$T(x_1,x_2,\cdots,x_n)$ 是定义在样本空间上不依赖于未知参数的一个连续函数，则称随机变量 $T(X_1,X_2,\cdots,X_n)$ 为一个**统计量**.

常用的统计量：

样本均值 $$\overline{X}=\frac{1}{n}\sum_{i=1}^{n}X_i$$

样本方差 $$S^2=\frac{1}{n-1}\sum_{i=1}^{n}(X_i-\overline{X})^2$$

样本 k 阶原点矩 $$a_k=\frac{1}{n}\sum_{i=1}^{n}X_i^k$$

样本 k 阶中心矩 $$A_k=\frac{1}{n}\sum_{i=1}^{n}(X_i-\overline{X})^2$$

其中，$A_2=\frac{1}{n}\sum_{i=1}^{n}(X_i-\overline{X})^2\triangleq S^*$.

顺序统计量　设 $X_1,X_2,\cdots,X_n$ 为总体 X 的一个样本，$x_1,x_2,\cdots,x_n$ 是一组样本值，将它们按自小到大的顺序排列，得

$$x_{(1)}\leqslant x_{(2)}\leqslant\cdots\leqslant x_{(n)}$$

则称 $X_{(k)}$ 为样本的第 k 个顺序统计量，如果不管样本值如何，$X_{(k)}$ 总是以 $x_{(k)}$ 为其观测值，显然

$$X_{(1)}=\min(X_1,X_2,\cdots,X_n),\quad X_{(n)}=\max(X_1,X_2,\cdots,X_n)$$

$$\text{样本中位数 } M=\begin{cases}X_{(\frac{n+1}{2})}, & n \text{ 为奇数}\\ \frac{1}{2}\left[X_{(\frac{n}{2})}+X_{(\frac{n}{2}+1)}\right], & n \text{ 为偶数}\end{cases}$$

样本极差 $R=X_{(n)}-X_{(1)}$

5.4.2 抽样分布——统计量的分布

1. 单个正态总体统计量的分布

设总体 $X\sim(\mu,\sigma^2)$，$X_1,X_2,\cdots,X_n$ 为 X 的样本，样本均值为 $\overline{X}=\frac{1}{n}\sum_{i=1}^{n}X_i$，样本方差为 $S^2=\frac{1}{n-1}\sum_{i=1}^{n}(X_i-\overline{X})^2$，样本二阶中心矩为 $S^{*2}=\frac{1}{n}\sum_{i=1}^{n}(X_i-\overline{X})^2$

则

(1) $\overline{X}\sim N\left(\mu,\frac{\sigma^2}{n}\right)$； (5.9)

(2) $\overline{X}$ 与 $S^2(S^{*2})$ 相互独立；

(3) $\frac{(n-1)S^2}{\sigma^2}=\frac{nS^{*2}}{\sigma^2}=\frac{1}{\sigma^2}\sum_{i=1}^{n}(X_i-\overline{X})^2\sim\chi^2(n-1)$ (5.10)

推论

(1) $u=\frac{\overline{X}-\mu}{\sigma}\sqrt{n}\sim N(0,1)$； (5.11)

(2) $t=\frac{\overline{X}-\mu}{S}\sqrt{n}=\frac{\overline{X}-\mu}{S^*}\sqrt{n-1}\sim t(n-1)$ (5.12)

证 $\frac{\overline{X}-\mu}{\sigma}\sqrt{n}\sim N(0,1)$，$\frac{(n-1)S^2}{\sigma^2}\sim\chi^2(n-1)$ 且 $\overline{X}$ 与 S^2 相互独立.

$$t=\frac{\overline{X}-\mu}{S}\sqrt{n}=\frac{\frac{\overline{X}-\mu}{\sigma}\sqrt{n}}{\sqrt{\frac{(n-1)S^2}{\sigma^2}/(n-1)}}\sim t(n-1)$$

2. 两个正态总体统计量的分布

设总体 $X\sim N(\mu_1,\sigma_1^2)$，$Y\sim N(\mu_2,\sigma_2^2)$ 且 X,Y 独立，$X_1,X_2,\cdots,X_{n_1}$ 是 X 的样本，$Y_1,Y_2,\cdots,Y_{n_2}$ 是 Y 的样本.样本均值分别为 $\overline{X}$，$\overline{Y}$，样本方差分别为 S_1^2，S_2^2，则

(1) $u=\frac{\overline{X}-\overline{Y}-(\mu_1-\mu_2)}{\sqrt{\frac{\sigma_1^2}{n_1}+\frac{\sigma_2^2}{n_2}}}\sim N(0,1)$ (5.13)

证 $\overline{X}\sim N\left(\mu_1,\frac{\sigma_1^2}{n_1}\right)$，$\overline{Y}\sim N\left(\mu_2,\frac{\sigma_2^2}{n_2}\right)$ 且 $\overline{X}$ 与 $\overline{Y}$ 独立，所以

$$\overline{X}-\overline{Y}\sim N\left(\mu_1-\mu_2,\frac{\sigma_1^2}{n_1}+\frac{\sigma_2^2}{n_2}\right)$$

于是

$$\frac{\overline{X}-\overline{Y}-(\mu_1-\mu_2)}{\sqrt{\frac{\sigma_1^2}{n_1}+\frac{\sigma_2^2}{n_2}}}\sim N(0,1)$$

(2) 若 $\sigma_1^2=\sigma_2^2=\sigma^2$ 则

(i) $$t=\frac{\overline{X}-\overline{Y}-(\mu_1-\mu_2)}{\sqrt{\frac{(n_1-1)S_1^2+(n_2-1)S_2^2}{n_1+n_2-2}}}\cdot\frac{1}{\sqrt{\frac{1}{n_1}+\frac{1}{n_2}}}=\frac{\overline{X}-\overline{Y}-(\mu_1-\mu_2)}{S_W\sqrt{\frac{1}{n_1}+\frac{1}{n_2}}} \tag{5.14}$$

$\sim t(n_1+n_2-2)$

证 $\frac{\overline{X}-\overline{Y}-(\mu_1-\mu_2)}{\sqrt{\frac{1}{n_1}+\frac{1}{n_2}\sigma}}\sim N(0,1)$，$\frac{(n_1-1)S_1^2}{\sigma_2}\sim\chi^2(n_1-1)$，$\frac{(n^2-1)S_2^2}{\sigma^2}\sim\chi^2(n_2-1)$

且 S_1^2 与 S_2^2 独立，所以由 χ^2 分布的可加性

$$\frac{(n_1-1)S_1^2+(n_2-1)S_2^2}{\sigma^2}\sim\chi^2(n_1+n_2-2)$$

$$t=\frac{\overline{X}-\overline{Y}-(\mu_1-\mu_2)}{\sqrt{\frac{(n_1-1)S_1^2+(n_2-1)S_2^2}{n_1+n_2-2}}\sqrt{\frac{1}{n_1}+\frac{1}{n_2}}}$$

$$=\frac{\dfrac{\overline{X}-\overline{Y}-(\mu_1-\mu_2)}{\sqrt{\frac{1}{n_1}+\frac{1}{n_2}\sigma^2}}}{\sqrt{\frac{(n_1-1)S_1^2+(n_2-1)S_2^2}{\sigma^2}/(n_1+n_2-2)}}\sim t(n_1+n_2-2)$$

(ii) $$F=\frac{S_1^2}{S_2^2}\sim F(n_1-1,n_2-1) \tag{5.15}$$

证 $\frac{(n_1-1)S_1^2}{\sigma^2}\sim\chi^2(n_1-1)$，$\frac{(n_2-1)S_2^2}{\sigma^2}\sim\chi^2(n_2-1)$，且 S_1^2 与 S_2^2 独立

$$F=\frac{S_1^2}{S_2^2}=\frac{\dfrac{(n_2-1)S_1^2}{\sigma^2}/(n_1-1)}{\dfrac{(n_2-1)S_2^2}{\sigma^2}/(n_2-1)}\sim F(n_1-1,n_2-1)$$

(3) 若 $\sigma_1^2\neq\sigma_2^2$，则

$$F=\frac{S_1^2/\sigma_1^2}{S_2^2/\sigma_2^2}=\frac{S_1^2\sigma_2^2}{S_2^2\sigma_1^2}\sim F(n_1-1,n_2-1) \tag{5.16}$$

习题 5

1. 某厂生产的玻璃板，以每块玻璃上的泡疵点个数为数量指标，已知它服从均值为 λ 的泊松分布，从产品中抽一个容量为 n 的样本 $X_1,X_2,\cdots,X_n$，求样本的分布.

2. 加工某种零件时，每一件需要的时间服从均值为 $1/\lambda$ 的指数分布，今以加工时间为零件的数量指标，任取 n 个零件构成一个容量为 n 的样本，求样本分布.

3. 一批产品中有正品 L 个，次 M 个，总计 $N=L+M$ 个，今从中抽取容量为 2 的样本(非简单样本)，求样本分布，并验证：当 $n\to\infty, M/N\to P$ 时，样本分布为式(5.1)中 $n=2$ 的情况.

4. 设总体 X 的容量为 100 的样本观察值如下：

15　20　15　20　25　25　30　15　30

25　15　30　25　35　30　35　20　35

30　25　20　30　20　25　35　30　25

20　30　25　35　25　15　25　35　25

25　30　35　25　35　20　30　30　15

30　40　30　40　15　25　40　20　25

20　15　20　25　25　40　25　25　40

35　25　30　20　35　20　15　35　25

25　30　25　30　25　30　43　25　43

22　20　23　20　25　15　25　20　25

30　43　35　45　30　45　30　45　45

35

试作出总体 X 的直方图.

5. 某射手独立重复地进行 20 次打靶试验，击中靶子的环数如下：

环数	10	9	8	7	6	5	4
频数	2	3	0	9	4	0	2

用 X 表示此射手对靶射击一次所命中的环数，求 X 的经验分布函数，并作出其图形.

6. $X_1,X_2,\cdots,X_n$ 是来自 $N(\mu,\sigma^2)$ 的一个样本，问 $\sum\limits_{i=1}^{n}(X_i-\mu)^2/\sigma^2$ 服从什么分布？

7. 由附表查下列各值 $\chi^2_{0.95}(20),\chi^2_{0.05}(20),t_{0.01}(10),F_{0.05}(12,15),F_{0.95}(15,12)$.

8. 设总体 $X\sim t(n)$，求证 $X^2\sim F(1,n)$.

9. 设总体 $X\sim N(0,1)$，$X_1,\cdots,X_6$ 为来自 X 的一个样本，设

$$Y=(X_1+X_2+X_3)^2+(X_4+X_5+X_6)^2$$，求常数 C 使 $CY\sim\chi^2(2)$.

10. 设 $(X_1,\cdots X_n)$ 是总体 $N(0,\sigma^2)$ 的一个样本求下列统计量的分布.

(1) $Y_1=\sum\limits_{i=1}^{n}X_i^2/\sigma^2$　　　　(2) $Y_2=(\sum\limits_{i=1}^{n}X_i)^2/n\sigma^2$

11. $X_1,X_2,\cdots,X_n,X_{n+1},\cdots,X_{n+m}$ 是分布 $N(0,\sigma^2)$ 的容量为 $n+m$ 的样本，试求下列统计量的概率分布.

(1) $Y_1=\dfrac{\sqrt{m}\sum\limits_{i=1}^{n}X_i}{\sqrt{n}\sqrt{\sum\limits_{i=n+1}^{n+m}X_i^2}}$　　　(2) $Y_2=\dfrac{m\sum\limits_{i=1}^{n}X_i^2}{n\sum\limits_{i=n+1}^{n+m}X_i^2}$

12. 设 $X_1,X_2,\cdots,X_n,X_{n+1}$ 是来自总体 $N(\mu,\sigma^2)$ 的样本，$\overline{X}=\dfrac{1}{n}\sum\limits_{i=1}^{n}X_i$，$S^{*2}=\dfrac{1}{n}\sum\limits_{i=1}^{n}(X_i-\overline{X})^2$，试求统计量 $T=\dfrac{X_{n+1}-\overline{X}}{S^*}\sqrt{\dfrac{n-1}{n+1}}$ 的分布.

13. 设 $X_1,X_2,\cdots,X_{n_1}$ 和 $Y_1,Y_2,\cdots,Y_{n_2}$ 分别来自相互独立的总体 $N(\mu_1,\sigma_1^2)$ 和 $N(\mu_2,\sigma_2^2)$，已知 $\sigma_1=\sigma_2=\sigma_3$，$\alpha$ 和 β 是两个实数，求随机变量

$$\frac{\alpha(\overline{X}-\mu_1)+\beta(\overline{Y}-\mu_2)}{\sqrt{\dfrac{(n_1-1)S_1^2+(n_2-1)S_2^2}{n_1+n_2-2}\left(\dfrac{\alpha^2}{n_1}+\dfrac{\beta^2}{n_2}\right)}}$$

的分布.

14. 设总体服从参数为 λ 的泊松分布，$X_1,X_2,\cdots,X_n$ 为一个样本，求 $E\overline{X}$ 和 $D\overline{X}$.

15. 设总体X服从$[a,b]$上的均匀分布，$X_1,X_2,\cdots,X_n$ 来自 X 的一个样本，求 $E\overline{X}$ 和 $D\overline{X}$.

16. 设总体X服从[0—1]分布，$P(X=1)=p$，$X_1,X_2,\cdots,X_n$ 是来自 X 的样本，求样本均值 $\overline{X}$ 的期望和方差及样本方差 S^2 的期望.

17. 设某总体容量为13的样本值为−2.1，3.3，1，0，0.1，1.2，−4，2.22，2.01，1.2，−0.1，3.21，−2.1，0.试写出顺序统计量、样本中位数和样本极差的观察值.如果抽得一个容量为1的样本值2.7与前面的样本值构成一个容量为14的样本值，求样本中位数的观察值.

第6章 参数估计

在实际问题中，所研究的总体的分布类型往往是已知的，但依赖于一个或几个未知参数，利用样本，对这些参数做出估计，或利用样本对总体的某些数字特征做出估计统称为参数估计，参数估计有点估计和区间估计.

6.1 点估计

设总体 X 的分布类型已知，但包含未知参数 θ，利用样本 $X_1, X_2, \cdots, X_n$ 构造统计量 $\hat{\theta}=\hat{\theta}(X_1, X_2, \cdots, X_n)$，作为 θ 的**估计量**，如果取得样本值 $x_1, x_2, \cdots, x_n$，则 $\hat{\theta}=\hat{\theta}(x_1, x_2, \cdots, x_n)$ 就是 θ 的**估计值**.这种估计称为参数的点估计.点估计的主要任务是求估计量.

6.1.1 求估计量的方法

1. 矩估计

矩估计的基本思想是用样本(原点)矩 $a_k=\frac{1}{n}\sum_{i=1}^{n} X_i^k$ 去估计总体(原点)矩 $\mu_k=EX^k$，进而用样本矩的函数去估计总体矩的函数.

设总体 X 的分布类型已知，但包含未知参数 $\theta_1, \theta_2, \cdots, \theta_m$，利用样本 $X_1, X_2, \cdots, X_n$ 求这 m 个未知参数的矩估计的步骤如下.

(1) 求出总体 X 的前 m 阶(原点)矩(假定它们存在)

$$\begin{cases}\mu_1=EX=g_1(\theta_1, \theta_2, \cdots, \theta_m)\\ \mu_2=EX^2=g_2(\theta_1, \theta_2, \cdots, \theta_m)\\ \qquad\vdots\\ \mu_m=EX^m=g_m(\theta_1, \theta_2, \cdots, \theta_m)\end{cases} \tag{6.1}$$

(2) 解方程组(6.1)得

$$\begin{cases}\theta_1=h_1(\mu_1, \mu_2, \cdots, \mu_m)\\ \theta_2=h_2(\mu_1, \mu_2, \cdots, \mu_m)\\ \qquad\vdots\\ \theta_m=h_m(\mu_1, \mu_2, \cdots, \mu_m)\end{cases} \tag{6.2}$$

(3) 用样本矩 $a_k=\frac{1}{n}\sum_{i=1}^{n} X_i^k$ 代替 μ_k，即得未知参数的矩估计

$$\hat{\theta}_k=h_k(a_1, a_2, \cdots, a_m)\ (k=1,2,\cdots,m) \tag{6.3}$$

例 6.1 设总体 $X \sim N(\mu, \sigma^2)$，试用样本 $X_1, X_2, \cdots, X_n$，求(1) μ, σ^2 的矩估计量；(2) 当样本值为 15.1，14.8，15.2，14.9，14.6，15.1 时，求 μ 和 σ^2 的矩估计值.

解 (1) $\mu_1=EX=\mu,\mu_2=EX=DX+(EX)^2=\sigma^2+\mu^2$.

解方程组

$$\begin{cases}\mu=\mu_1\\ \sigma^2+\mu^2=\mu_2\end{cases}$$

得

$$\mu=\mu_1$$
$$\sigma^2=\mu_2-\mu_1^2$$

用 $a_1=\frac{1}{n}\sum_{i=1}^{n}X_i=\overline{X}$ 代替 μ_1，$a_2=\frac{1}{n}\sum_{i=1}^{n}X_i^2$ 代替 μ_2，则得 μ,σ^2 的矩估计

$$\hat{\mu}=\overline{X}$$

$$\begin{aligned}\hat{\sigma}^2&=\frac{1}{n}\sum_{i=1}^{n}X_i^2-\overline{X}^2=\frac{1}{n}\left(\sum_{i=1}^{n}X_i^k-n\overline{X}^2\right)=\frac{1}{n}\left(\sum_{i=1}^{n}X_i^2-2\overline{X}\sum_{i=1}^{n}X_i+\sum_{i=1}^{n}\overline{X}^2\right)\\&=\frac{1}{n}\sum_{i=1}^{n}(X_i-\overline{X})^2=S^{*2}\end{aligned}$$

(2) $\overline{X}=\frac{1}{6}[15.1+14.8+15.2+14.9+14.6+15.1]\approx 15$

$$S^{*2}=\frac{1}{6}\left(\sum_{i=1}^{6}X_i^2-6\overline{X}^2\right)=\frac{1}{6}\sum_{i=1}^{6}(X_i-\overline{X})^2=0.045$$

故 μ 和 σ^2 的矩估计值为

$$\hat{\mu}=\overline{X}=15$$
$$\hat{\sigma}^2=S^{*2}=0.045$$

例 6.2 设总体 $X\sim U[0,\theta]$试用样本 $X_1,X_2,\cdots,X_n$，求(1)θ 的矩估计量；(2) 当样本值为 0.3,0.8,0.27,0.35,0.62,0.55 时，求 θ 的矩值计值.

解 (1)$\mu_1=EX=\frac{\theta}{2}$，解得 $\theta=2\mu_1$，所以 θ 的矩估计量为$\hat{\theta}=2\overline{X}$.

(2) $\overline{X}=\frac{1}{6}(0.3+0.8+0.27+0.35+0.62+0.55)=0.4817$

所以 θ 的矩估计值为

$$\hat{\theta}=2\overline{X}=0.9634$$

例 6.3 设总体 X 服从参数为 N,p 的二项分布，试用样本 $X_1,X_2\cdots,X_n$ 求参数 N,p 的矩估计.

解 $\begin{cases}\mu_1=EX=Np\\ \mu_2=EX^2=DX+(EX)^2=Np(1-p)+N^2p^2\end{cases}$

解方程组(＊)得

$$N=\frac{\mu_1}{p}$$

$$p=1-\frac{\mu_2-\mu_1^2}{\mu_1}$$

所以 p 与 N 的矩估计为

$$p=1-\frac{S^{*2}}{\overline{X}}$$

$$N=\frac{\overline{X}}{\hat{p}}$$

2. 极大似然估计

极大似然估计的依据是极大似然原理——一个试验有若干个可能结果 $A_1,A_2,\cdots$ 如果在一次试验中，A_1 发生了，则认为 A_1 发生的概率最大.

我们知道，若总体 X 的密度为 $p(x;\theta_1,\theta_2,\cdots,\theta_m)$ 在 x 处的值越大，则 X 在 x 附近取值的概率越大.而样本$(X_1,X_2,\cdots,X_n)$的密度

$$\prod_{i=1}^{n}p(x_i;\theta_1,\theta_2,\cdots,\theta_m)$$

在$(x_1,x_2,\cdots,x_n)$处的值越大，样本$(X_1,X_2,\cdots,X_n)$在$(x_1,x_2,\cdots,x_n)$附近取值的概率越大.若一次抽样结果得样本值$(x_1,x_2,\cdots,x_n)$，就是说在一次试验中样本$(X_1,X_2,\cdots,X_n)$取样本值$(x_1,x_2,\cdots,x_n)$这一事件就发生了，所以我们对 $\theta_1,\theta_2,\cdots,\theta_m$ 做出估计时，应有利于这一事件的发生，即估计出来的参数 $\hat{\theta}_1,\hat{\theta}_2,\cdots,\hat{\theta}_m$ 应使函数 $\prod_{i=1}^{n}p(x_i;\theta_1,\theta_2,\cdots,\theta_m)$ 在点$(x_1,x_2,\cdots,x_n)$处取得最大值.这就是极大似然估计的基本思想.

设总体 X 具有密度 $p(x;\theta_1,\theta_2,\cdots,\theta_m)$，则称

$$L(X_1,X_2,\cdots,X_n;\theta_1,\theta_2,\cdots,\theta_m)=\prod_{i=1}^{n}p(x_i;\theta_1,\theta_2,\cdots,\theta_m) \tag{6.4}$$

为似然函数，对确定的样本值 $x_1,x_2,\cdots,x_n$，它是 $\theta_1,\theta_2,\cdots,\theta_m$ 的函数，如果有 $\hat{\theta}_i=\hat{\theta}_i(x_1,x_2,\cdots,x_n)$使得

$$L(x_1,x_2,\cdots,x_n;\hat{\theta}_1,\cdots,\hat{\theta}_m)=\max_{\theta_1,\cdots,\theta_m}(x_1,x_2,\cdots,x_n;\theta_1,\theta_2,\cdots,\theta_m) \tag{6.5}$$

则称 $\hat{\theta}_i=\hat{\theta}_i(X_1,X_2,\cdots,X_n)$为 $\theta_i(i=1,2,\cdots,m)$的**极大似然估计**.

由参数的极大似然估计的定义知，求极大似然估计归结为求函数的最大值问题.这时 θ_i 可从方程(组)

$$\frac{\partial L}{\partial\theta_i}=0\ (i=1,2,\cdots,m)$$

解得，而 $L=\prod_{i=1}^{n}p(x_i;\theta_1,\theta_2,\cdots,\theta_n)$ 是乘积，乘积的导数较麻烦，因 $L(\theta)$ 与 $\ln L(\theta)$ 在同一 θ 处取得极值，因此 θ_i 的极大似然估计可以解方程(组)

$$\frac{\partial \ln L}{\partial\theta_i}=0\ (i=1,2,\cdots,m) \tag{6.6}$$

得到.

由上面的分析，我们得到求极大似然估计的一般步骤如下.

(1) 写出似然函数

$$L(X_1,X_2,\cdots,X_n;\theta_1,\theta_2,\cdots,\theta_m)=\begin{cases}\prod_{i=1}^{n}p(x_i;\theta_1,\theta_2,\cdots,\theta_m) & \text{连续总体}\\ \prod_{i=1}^{n}P(X=x_i) & \text{离散总体}\end{cases}$$

(2) 两边取对数(仅写出连续总体的情况)

$$\ln L=\sum_{i=1}^{n}\ln p(x_i,\theta_1,\theta_2,\cdots,\theta_m)$$

(3) 求导数，建立似然方程

$$\frac{\partial \ln L}{\partial \theta_1}=\sum_{i=1}^{n}\frac{\partial \ln p(x_i;\theta_1,\theta_2,\cdots,\theta_m)}{\partial \theta_1}\triangleq 0\ (i=1,2,\cdots,m)$$

(4) 解似然方程(组)即可求出未知参数的极大似然估计.

例 6.4 设总体 $X\sim N(\mu,\sigma^2)$，试用样本 $X_1,X_2,\cdots,X_n$，求 μ,σ^2 的极大似然估计.

解 似然函数为

$$L(X_1,X_2,\cdots,X_n;\mu,\sigma^2)=\prod_{i=1}^{n}\frac{1}{\sqrt{2\pi}\sigma}e^{-\frac{(x_i-\mu)^2}{2\sigma^2}}=(2\pi)^{-\frac{\mu}{2}}(\sigma^2)^{-\frac{\pi}{2}}e^{-\frac{1}{2\sigma^2}\sum_{i=1}^{n}(x_i-\mu)^2}$$

取对数

$$\ln L=-\frac{n}{2}\ln(2\pi)-\frac{n}{2}\ln\sigma^2-\frac{1}{2\sigma^2}\sum_{i=1}^{n}(x_i-\mu)^2$$

求导数建立似然方程

$$\frac{\partial \ln L}{\partial \mu}=\frac{1}{\sigma^2}\sum_{i=1}^{n}(x_i-\mu)\triangleq 0$$

$$\frac{\partial \ln L}{\partial \sigma^2}=-\frac{n}{2\sigma^2}+\frac{1}{2\sigma^4}\sum_{i=1}^{n}(x_i-\mu)^2\triangleq 0$$

得似然方程

$$\begin{cases}n\mu=\sum_{i=1}^{n}x_i\\ n\sigma^2=\sum_{i=1}^{n}(x_i-\mu)^2\end{cases}$$

解似然方程得 μ,σ^2 的极大似然估计

$$\hat{\mu}=\overline{X},\sigma^2=S^{*2}$$

例 6.5 设总体 $X\sim B(1,p)$，试用样本 $X_1,X_2,\cdots,X_n$，求 p 的极大似然估计.

解 X 的概率分布为

$$P(X=x_i)=p^{x_i}(1-p)^{-x_i+1}(x_i=0,1;i=1,2,\cdots,n)$$

似然函数为

$$L(X_1,X_2,\cdots,X_n;p)=\prod_{i=1}^{n}p^{x_i}(1-p)^{-x_i+1}=p^{\sum_{i=1}^{n}x_i}(1-p)^{-\sum_{i=1}^{n}x_i+n}$$

取对数

$$\ln L=\sum_{i=1}^{n}x_i\ln p+(-\sum_{i=1}^{n}x_i+n)\ln(1-p)$$

似然方程

$$\frac{\mathrm{d}\ln L}{\mathrm{d}p}=\frac{n\overline{x}}{p}+\frac{n\overline{x}-n}{1-p}\triangleq 0$$

解得 p 的极大似然估计为

$$\hat{p}=\overline{x}$$

例 6.6 设总体 $X\sim U[\theta_1,\theta_2]$，试由样本 $X_1,X_2,\cdots,X_n$ 求参数 θ_1,θ_2 的矩估计.

解 似然函数

$$L(X_1,X_2,\cdots,X_n;\theta_1,\theta_2)=\prod_{i=1}^{n}\frac{1}{\theta_2-\theta_1}=\frac{1}{(\theta_2-\theta_1)^n}\quad(\theta_1\leqslant x_{(1)}\leqslant x_{(n)}\leqslant\theta_2)$$

$$\ln L=-n\ln(\theta_2-\theta_1)$$

$$\frac{\partial\ln L}{\partial\theta_1}=\frac{n}{\theta_2-\theta_1}\neq 0$$

即似然方程不存在，此时由极大似然估计的定义，当 $\hat{\theta}_1=x_{(1)}$，$\hat{\theta}_2=x_{(n)}$ 时似然函数取最大值，故 θ_1，θ_2 的极大似然估计为

$$\hat{\theta}_1=x_{(1)},\hat{\theta}_2=x_{(n)}$$

从上面的例子可见，求极大似在估计一般是按四步进行，但如果在计算过程中发现似然方程不存在，则利用定义求之.

例 6.7 设总体 X 具有密度

$$p(x;\theta_1,\theta_2)=\begin{cases}\dfrac{1}{\theta_2}e^{-\frac{x-\theta_1}{\theta_2}}, & x\geqslant\theta_1\\ 0, & x<\theta_1\end{cases}$$

试用样本 $X_1,X_2,\cdots,X_n$ 求 θ_1，θ_2 的矩估计和极大似然估计.

解 先求矩估计

$$\begin{cases}\mu_1=EX=\theta_1+\theta_2\\ \mu_2=EX^2=DX+(EX)^2=\theta_2^2+(\theta_1+\theta_2)^2\end{cases}$$

解之得

$$\theta_2^2=\mu_2-\mu_1^2$$

$$\theta_1=\mu_1-\theta_2$$

即 θ_1 和 θ_2 的矩估计为

$$\hat{\theta}_1=\overline{X}-S^*,\hat{\theta}_2=S^*$$

极大似然估计

$$L(X_1,X_2,\cdots,X_n;\theta_1,\theta_2)=\prod_{i=1}^{n}\frac{1}{\theta_2}e^{-\frac{1}{\theta_2}(X_i-\theta_1)}=\theta_2^{-n}e^{-\frac{1}{\theta_2}\sum_{i=1}^{n}(X_i-\theta_1)},\theta_1\leqslant x_{(1)}$$

$$\ln L=-n\ln\theta_2-\frac{1}{\theta_2}\sum_{i=1}^{n}(X_i-\theta_1)$$

$$\frac{\partial\ln L}{\partial\theta_1}=\frac{n}{\theta_2}\neq 0$$

由定义知 θ_1 的极大似然估计为 $\hat{\theta}_1=x_{(1)}$

$$\frac{\partial\ln L}{\partial\theta_2}=-\frac{n}{\theta_2}+\frac{1}{\theta_2^2}\sum_{i=1}^{n}(X_i-\theta_1)\triangleq 0$$

解得 θ_2 的极大似然估计为

$$\hat{\theta}_2=\overline{X}-x_{(1)}$$

6.1.2 鉴定估计量的标准

由前面的讨论可以看出，对同一个未知参数，用不同的估计方法，可以得到不同的估计量，即使用相同的方法也可能得到不同的估计量.例如总体 $X\sim P(\lambda)$，同是用矩估计来估计 λ，用一

阶矩

$$\mu_1=EX=\lambda$$

则 λ 的矩估计为 $\hat{\lambda}=\overline{X}$，用二阶矩

$$\mu_2=EX^2=DX+(EX)^2=\lambda+\mu_1^2$$

则 λ 的矩估计为 $\hat{\lambda}=S^{*2}$.

既然同一个参数可以有不同的估计量，这就存在哪一个较好的问题，为此我的给出鉴定估计量优良性的标准.

1. 无偏性

设 $\hat{\theta}=\hat{\theta}(X_1,X_2,\cdots,X_n)$ 是 θ 的估计量，若对任何可能的参数值 θ 都有

$$E\hat{\theta}(X_1,X_2,\cdots,X_n)=\theta \tag{6.7}$$

则称 $\hat{\theta}$ 是未知参数 θ 的**无偏估计量**.

例 6.8 证明对任意总体 X，样本 k 阶原点矩 $a_k=\frac{1}{n}\sum_{i=1}^{n}X_i^k$ 是总体 k 阶原点矩 $\mu_k=EX^k$ 的无偏估计，特别地，样本均值是总体均值的无偏估计.

证 设 $X_1,X_2,\cdots,X_n$ 是 X 的样本，所以 $EX_i^k=EX^k$，于是

$$E\left(\frac{1}{n}\sum_{i=1}^{n}X_i^k\right)=\frac{1}{n}\sum_{i=1}^{n}EX_i^k=EX^k$$

即 $\frac{1}{n}\sum_{i=1}^{n}X_i^k$ 是 $\mu_k=EX^k$ 的无偏估计.

例 6.9 证明对任何总体 X，样本方差 $S^2=\frac{1}{n-1}\sum_{i=1}^{n}(X_i-\overline{X})^2$ 是总体方差 $\sigma^2=DX$ 的无偏估计.

证

$$\begin{aligned}ES^2&=\frac{1}{n-1}E\left[\sum_{i=1}^{n}(X_i-\overline{X})^2\right]=\frac{1}{n-1}E\left[\sum_{i=1}^{n}X_i^2-n\overline{X}^2\right]\\&=\frac{1}{n-1}\left[\sum_{i=1}^{n}EX_i^2-nE\overline{X}^2\right]\\&=\frac{1}{n-1}\left\{\sum_{i=1}^{n}(DX_i+(EX_i)^2-n\left[D\overline{X}+(E\overline{X})^2\right]\right\}\\&=\frac{1}{n-1}\left[n\sigma^2+n\mu^2-\sigma^2-n\mu^2\right]=\sigma^2\end{aligned}$$

即 S^2 是 $\sigma^2=DX$ 的无偏估计.

例 6.10 设总体 $X\sim N(\mu,\sigma^2)$，$X_1,X_2,\cdots,X_n$ 为 X 的样本，$\overline{X}$ 是样本均值，求 k，使 $k\sum_{i=1}^{n}|X_i-\overline{X}|$ 是 σ 的无偏估计.

解

$$E\sum_{i=1}^{n}|X_i-\overline{X}|=\sum_{i=1}^{n}E|X_i-\overline{X}|$$

$$X_i-\overline{X}=X_i-\frac{1}{n}X_i-\frac{1}{n}\sum_{j\neq i}X_j=\frac{n-1}{n}X_i-\frac{1}{n}\sum_{j\neq i}X_j\sim N\left(0,\frac{n-1}{n}\sigma^2\right)$$

于是

$$\frac{X_i-\overline{X}}{\sqrt{\frac{n-1}{n}}\sigma}\sim N(0,1)$$

$$E\left|\frac{X_i-\overline{X}}{\sqrt{\frac{n-1}{n}}\sigma}\right|=\sqrt{\frac{2}{\pi}}$$

即
$$E\mid X_i-\overline{X}\mid=\sqrt{\frac{2n(n-1)}{n\pi}}\sigma$$

所以

$$E\sum_{i=1}^{n}\mid X_i-\overline{X}\mid=\sum_{i=1}^{n}E\mid X_i-\overline{X}\mid=\sqrt{\frac{2n(n-1)}{\pi}}\sigma$$

可见，当 $k=\sqrt{\frac{\pi}{2n(n-1)}}$ 时，$k\sum_{i=1}^{n}\mid X_i-\overline{X}\mid$ 是 σ 的无偏估计.

2. 有效性

设 $\hat{\theta}_1=\hat{\theta}_1(X_1,X_2,\cdots,X_n)$ 和 $\hat{\theta}_2=\hat{\theta}_2(X_1,X_2,\cdots,X_n)$ 都是 θ 的无偏估计，如果对于任何可能的参数值 θ 都有

$$D\hat{\theta}_1\leqslant D\hat{\theta}_2 \tag{6.8}$$

且至少对某个参数值 θ_0 使小于号成立，则称 $\hat{\theta}_1$ 较 $\hat{\theta}_2$ 有效.

这里所说的有效性，是比较而言，在几个无偏估计中，方差较小的较为有效.

例 6.11 设总体 $X\sim N(\mu,\sigma^2)$，X_1,X_2,X_3 是来自 X 的样本，试证明估计量

$$\hat{\mu}_1=\frac{1}{5}X_1+\frac{3}{10}X_2+\frac{1}{2}X_3$$

$$\hat{\mu}_2=\frac{1}{3}X_1+\frac{1}{4}X_2+\frac{5}{12}X_3$$

$$\hat{\mu}_3=\frac{1}{3}X_1+\frac{1}{3}X_2+\frac{1}{3}X_3$$

都是 μ 的无偏估计，并指出它们中哪一个最有效.

证 $E\hat{\mu}_1=\frac{1}{5}EX_1+\frac{3}{10}EX_2+\frac{1}{2}EX_3=\left(\frac{1}{5}+\frac{3}{10}+\frac{1}{2}\right)\mu=\mu$

$$E\hat{\mu}_2=\frac{1}{3}EX_1+\frac{1}{4}EX_2+\frac{5}{12}EX_3=\left(\frac{1}{3}+\frac{1}{4}+\frac{5}{12}\right)\mu=\mu$$

$$E\hat{\mu}_3=\frac{1}{3}EX_1+\frac{1}{3}EX_2+\frac{1}{3}EX_3=\left(\frac{1}{3}+\frac{1}{3}+\frac{1}{3}\right)\mu=\mu$$

故 $\hat{\mu}_1,\hat{\mu}_2,\hat{\mu}_3$ 都是 μ 的无偏估计.

$$D\hat{\mu}_1=\frac{1}{25}DX_1+\frac{9}{100}DX_2+\frac{1}{4}DX_3=\left(\frac{1}{25}+\frac{9}{100}+\frac{1}{4}\right)\sigma^2=\frac{38}{100}\sigma^2=0.38\sigma^2$$

$$D\hat{\mu}_2=\frac{1}{9}DX_1+\frac{1}{16}DX_2+\frac{25}{144}DX_3=\left(\frac{1}{9}+\frac{1}{16}+\frac{25}{144}\right)\sigma^2=\frac{50}{144}\sigma^2=0.347\sigma^2$$

$$D\hat{\mu}_3=\frac{1}{9}DX_1+\frac{1}{9}DX_2+\frac{1}{9}DX_3=\left(\frac{1}{9}+\frac{1}{9}+\frac{1}{9}\right)\sigma^2=\frac{1}{3}\sigma^2=0.333\sigma^2$$

所以 $\hat{\mu}_3$ 最有效.

一般地，设 $X_1,X_2,\cdots,X_n$ 是来自任何总体 X 的样本，若 $\sum_{i=1}^{n}C_i=1$，则 $\hat{\mu}=\sum_{i=1}^{n}C_iX_i$ 是 $\mu=EX$ 的无偏估计，称为 μ 的线性无偏估计.在 μ 的所有线性无偏估计中，以样本均值 $\overline{X}=\frac{1}{n}\sum_{i=1}^{n}X_i$ 最有效.事实上

$$D\hat{\mu}=\sum_{i=1}^{n}C_i^2DX_i=(\sum_{i=1}^{n}C_i^2)DX, D\overline{X}=\frac{1}{n}DX$$

利用柯西不等式 $(\sum_{i=1}^{n}a_ib_i)^2\leqslant(\sum_{i=1}^{n}a_i^2)(\sum_{i=1}^{n}b_i^2)$ 知

$$1=(\sum_{i=1}^{n}C_i)^2\leqslant(\sum_{i=1}^{n}C_i^2)(\sum_{i=1}^{n}1^2)=n\sum_{i=1}^{n}C_i^2$$

即

$$\sum_{i=1}^{n}C_i^2\geqslant\frac{1}{n}$$

所以

$$D\hat{\mu}=(\sum_{i=1}^{n}C_i^2)DX\geqslant\frac{1}{n}DX=D\overline{X}$$

故 $\overline{X}$ 作为 $\mu=EX$ 的线性无偏估计是最有效的.

3. 相合(一致)性

设 $\hat{\theta}_n$ 是参数 θ 的一个估计量，如果 $\hat{\theta}_n$ 依概率收敛于 θ，即对任意的 $\varepsilon>0$，有

$$\lim_{n\to\infty}P(|\hat{\theta}_n-\theta|\geqslant\varepsilon)=0 \tag{6.9}$$

则称 $\hat{\theta}_n$ 是 θ 的**相合估计量**.

例 6.12 证明对任意总体，样本原点矩 $a_k=\frac{1}{n}\sum_{i=1}^{n}X_i^k$，是总体原点矩 $\mu_k=EX^k$ 的相合估计.

证 由 $X_1,X_2,\cdots,X_n$ 的独立同分布性知，对任意的 $k\geqslant1$，$X_1^k,X_2^k,\cdots,X_n^k$ 也相互独立且与 X^k 同分布，因此，由大数定理，对任意的 $\varepsilon>0$ 有

$$\lim_{n\to\infty}P\left\{\left|\frac{1}{n}\sum_{i=1}^{n}X_i^k-EX^k\right|\geqslant\varepsilon\right\}=0$$

即 $\frac{1}{n}\sum_{i=1}^{n}X_i^k$ 是 $\mu_k=EX^k$ 的相合估计.

可以证明，对任意总体来说.

样本方差 S^2 是总体方差 σ^2 的相合估计；

样本二阶中心矩 S^{*2} 是总体方差 σ^2 的相合估计；

样本标准差 S(或 S^*)是总体标准差 σ 的相合估计.

6.2 区间估计

参数的点估计，是用一个数 $\hat{\theta}$ 来估计未知参数 θ，这里有两个问题没有回答，一是精度，二是可靠度.例如用样本均值估计总体均值，误差有多大；以多大的可靠度可以期望误差不超过某一

个限度？这些问题在点估计中都没有解决，为此我们引入区间估计.

6.2.1 区间估计的概念

对于未知参数 θ，如果存在两个统计量 $\hat{\theta}_1(X_1,X_2,\cdots,X_n)$，$\hat{\theta}_2(X_1,X_2,\cdots,X_n)$ 使对给定的 $\alpha(0<\alpha<1)$ 有

$$P(\hat{\theta}_1<\theta<\hat{\theta}_2)=1-\alpha \tag{6.10}$$

则称 $(\hat{\theta}_1,\hat{\theta}_2)$ 为 θ 在置信度 $1-\alpha$ 下的**置信区间**，$\hat{\theta}_1,\hat{\theta}_2$ 分别为**置信下限和置信上限**.

在区间估计中，置信区间的长度可以表示估计的精度，置信度可以表示估计的可靠度，这样点估计的两个问题都得到了解决.

式(6.10)的正确含义是什么呢？从表面上看，该式似乎表示未知参数 θ 落在区间 $(\hat{\theta}_1,\hat{\theta}_2)$ 内的概率为 $1-\alpha$，但这种说法是不正确的.因为对于固定的总体 X，参数 θ 是一个完全确定的数，不存在落在哪里和不落在哪里的问题.而 $(\hat{\theta}_1,\hat{\theta}_2)$ 是一个随机区间，所以式(6.10)的正确含义是随机区间 $(\hat{\theta}_1,\hat{\theta}_2)$ 包含(或覆盖)夕的概率为 $1-\alpha$.

构造置信区间的一般方法如下：

(1) 选一个包含未知参数 θ 而不包含其他未知参数的随机变量 $T(X_1,X_2,\cdots,X_n;\theta)$ 其分布已知；

(2) 对于给定的 α，根据 T 的分布查出两个临界值 C 与 d，使得

$$P\{C<T(X_1,X_2,\cdots,X_n;\theta)<d\}=1-\alpha$$

(3) 将不等式 $C<T(X_1,X_2,\cdots,X_n;\theta)<d$ 转化为等价形式

$$\hat{\theta}_1(X_1,X_2,\cdots,X_n)<\theta<\hat{\theta}_2(X_1,X_2,\cdots,X_n)$$

即将 θ 暴露出来，得

$$P\{\hat{\theta}_1(X_1,X_2,\cdots,X_n)<\theta<\hat{\theta}_2(X_1,X_2,\cdots,X_n)\}=1-\alpha$$

于是 $(\hat{\theta}_1,\hat{\theta}_2)$ 即为 θ 的置信度为 $1-\alpha$ 下的置信区间.

6.2.2 单个正态总体参数的区间估计

设 $X_1,X_2,\cdots,X_n$ 为取自总体 $N(\mu,\sigma^2)$ 的一个样本，$\overline{X}$，S^2 分别为样本均值和样本方差，现在讨论如下的区间估计问题.

1. σ^2 已知 μ 的置信区间

选随机变量

$$\mu=\frac{X-\mu}{\sigma}\sqrt{n}\sim N(0,1)$$

对于给定的 α，查正态分布表求出临界值 $u_{\alpha/2}$(图 6.1)使得

$$P(-u_{\alpha/2}<u<u_{\alpha/2})=1-\alpha$$

即

$$P(-u_{\alpha/2}<\frac{\overline{X}-\mu}{\sigma}\sqrt{n}<u_{\alpha/2})=1-\alpha$$

将 μ 暴露出来得

$$P\left(\overline{X}-u_{\alpha/2}\frac{\sigma}{\sqrt{n}}<\mu<\overline{X}+u_{\alpha/2}\frac{\sigma}{\sqrt{n}}\right)=1-\alpha$$

故 μ 的置信区间为

$$\left(\overline{X}-u_{\alpha/2}\frac{\sigma}{\sqrt{n}},\overline{X}+u_{\alpha/2}-\frac{\sigma}{\sqrt{n}}\right) \tag{6.11}$$

2. σ^2 未知 μ 的置信区间

选随机变量

$$t=\frac{\overline{X}-\mu}{S}\sqrt{n}\sim t(n-1)$$

对于给定的 α，查 t 分布表求出临界值 $t_{\alpha/2}(n-1)$(图 6.2)使得

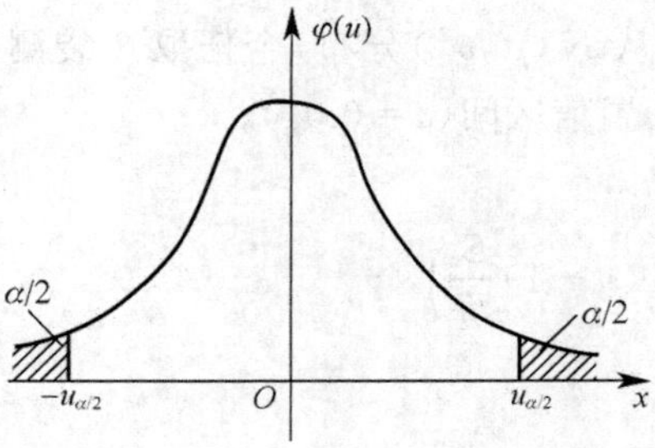

图 6.1

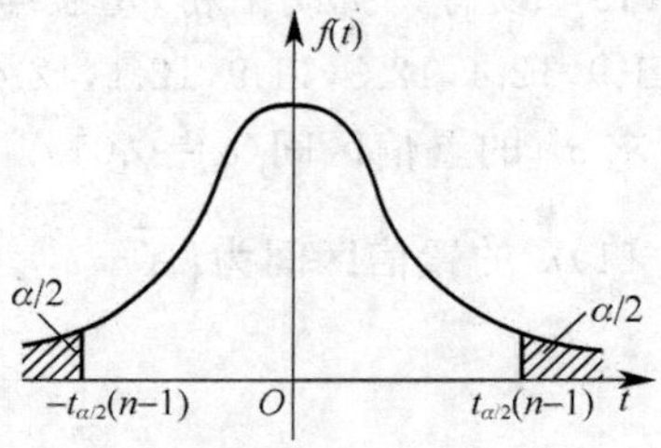

图 6.2

$$P[-t_{\alpha/2}(n-1)<t<t_{\alpha/2}(n-1)]=1-\alpha$$

即

$$P\left[-t_{\alpha/2}(n-1)<\frac{\overline{X}-\mu}{S}\sqrt{n}<t_{\alpha/2}(n-1)\right]=1-\alpha$$

将 μ 暴露出来得

$$P\left[\overline{X}-t_{\alpha/2}(n-1)\frac{S}{\sqrt{n}}<\mu<\overline{X}+t_{\alpha/2}(n-1)\frac{S}{\sqrt{n}}\right]=1-\alpha$$

故 μ 的置信区间为

$$\left[\overline{X}-t_{\alpha/2}(n-1)\frac{S}{\sqrt{n}},\overline{X}+t_{\alpha/2}(n-1)\frac{S}{\sqrt{n}}\right] \tag{6.12}$$

3. σ^2 的置信区间

选随机变量

$$\chi^2=\frac{(n-1)S^2}{\sigma^2}\sim\chi^2(n-1)$$

对给定的 α，查 χ 分布表，求出临界值 $\chi^2_{1-\alpha/2}(n-1)$ 和 $\chi^2_{\alpha/2}(n-1)$(图 6.3)使得

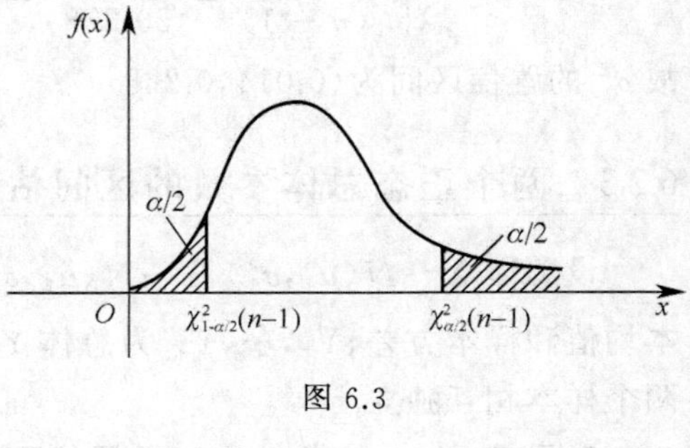

图 6.3

$$P\left\{\chi^2_{1-\alpha/2}(n-1)<\chi^2<\chi^2_{\alpha/2}(n-1)\right\}=1-\alpha$$

即

$$P\left\{\chi^2_{1-\alpha/2}(n-1)<\frac{(n-1)S^2}{\sigma^2}<\chi^2_{\alpha/2}(n-1)\right\}=1-\alpha$$

将 σ^2 暴露出来得

$$P\left\{\frac{(n-1)S^2}{\chi^2_{\alpha/2}(n-1)}<\sigma^2<\frac{(n-1)S^2}{\chi^2_{1-\alpha/2}(n-1)}\right\}=1-\alpha$$

故 σ^2 的置信区间为

$$\left(\frac{(n-1)S^2}{\chi^2_{\alpha/2}(n-1)},\frac{(n-1)S^2}{\chi^2_{1-\alpha/2}(n-1)}\right)$$

σ 的置信区间为

$$\left[\sqrt{\frac{(n-1)}{\chi^2_{\alpha/2}(n-1)}}S,\sqrt{\frac{(n-1)}{\chi^2_{1-\alpha/2}(n-1)}}S\right] \tag{6.13}$$

如果给定了样本值,具体的置信区间就可以求出来了.

例 6.13 设有一批胡椒粉,每袋净重 X(单位:g)服从 $N(\mu,\sigma^2)$分布,今任取 8 袋测得净重为12.1,11.9,12.4,12.3,11.9,12.1,12.4,12.1.(1) 求 μ 的置信区间($\alpha=0.01$);

(2) 求 σ^2 的置信区间($\alpha=0.01$).

解 (1)μ 的置信区间为$\left(\overline{X}-t_{\alpha/2}(n-1)\frac{S}{\sqrt{n}},\overline{X}+t_{\alpha/2}(n-1)\frac{S}{\sqrt{n}}\right)$

此处

$$\overline{X}=\frac{1}{8}(12.1+11.9+12.4+12.3+11.9+12.1+12.4+12.1)=12.15$$

$$S^2=\frac{1}{7}[(12.1-12.15)^2+\cdots+(12.1-12.15)^2]=0.04,S=0.2$$

$$\alpha=0.01,n=8,t_{0.005}(7)=3.4995$$

$$\overline{X}\pm t_{\alpha/2}(n-1)\frac{S}{\sqrt{n}}=12.15\pm 3.4995\times\frac{0.2}{\sqrt{8}}=12.15\pm 0.25$$

故 μ 的置信区间为(11.90,12.40).

(2) σ^2 的置信区间为

$$\left(\frac{(n-1)S^2}{\chi^2_{\alpha/2}(n-1)},\frac{(n-1)S^2}{\chi^2_{1-\alpha/2}(n-1)}\right)$$

$$\chi^2_{0.005}(7)=20.278,\chi^2_{0.995}(7)=0.989$$

$$\frac{(n-1)S^2}{\chi^2_{\alpha/2}(n-1)}=\frac{7\times 0.04}{20.278}=0.014,\quad \frac{(n-1)S^2}{\chi^2_{0.995}(n-1)}=\frac{7\times 0.04}{0.989}=0.283$$

故 σ^2 的置信区间为(0.014,0.283).

6.2.3 两个正态总体参数的区间估计

设总体 $X\sim N(\mu_1,\sigma_1^2)$,$Y\sim N(\mu_2,\sigma_2^2)$,$X_1,\cdots,X_{n_1}$ 为总体 X 的样本,$\overline{X}$和 S_1^2 分别为它的样本均值和样本方差;$Y_1,\cdots,Y_{n_2}$ 为总体 Y 的样本,$\overline{Y}$和 S_2^2 分别为它的样本均值和样本方差,又设两个样本相互独立.

1. 已知 $\sigma_1^2=\sigma_2^2$,求 $\mu_1-\mu_2$ 的置信区间

选随机变量

$$t=\frac{\overline{X}-\overline{Y}-(\mu_1-\mu_2)}{S_W\sqrt{\frac{1}{n_1}+\frac{1}{n_2}}}\sim t(n_1+n_2-2)$$

其中 $S_W=\sqrt{\dfrac{(n_1-1)S_1^2+(n_2-1)S_2^2}{n_1+n_2-2}}$，对于给定的 α，查 t 分布表求出临界值 $t_{\alpha/2}(n_1+n_2-2)$ 使得

$$P\{-t_{\alpha/2}(n_1+n_2-2)<t<t_{\alpha/2}(n_1+n_2-2)\}=1-\alpha$$

即

$$P\left\{-t_{\alpha/2}(n_1+n_2-2)<\frac{\overline{X}-\overline{Y}-(\mu_1-\mu_2)}{S_W\sqrt{\dfrac{1}{n_1}+\dfrac{1}{n_2}}}<t_{\alpha/2}(n_1+n_2-2)\right\}=1-\alpha$$

将 $\mu_1-\mu_2$ 暴露出来得

$$P\left\{\overline{X}-\overline{Y}-t_{\alpha/2}(n_1+n_2-2)S_W\sqrt{\frac{1}{n_1}+\frac{1}{n_2}}<\mu_1-\mu_2<\overline{X}-\overline{Y}+t_{\alpha/2}(n_1+n_2-2)S_W\sqrt{\frac{1}{n_1}+\frac{1}{n_2}}\right\}=1-\alpha$$

即 $\mu_1-\mu_2$ 的置信区间为

$$\left(\overline{X}-\overline{Y}-t_{\alpha/2}(n_1+n_2-2)S_W\sqrt{\frac{1}{n_1}+\frac{1}{n_2}},\overline{X}-\overline{Y}+t_{\alpha/2}(n_1+n_2-2)S_W\sqrt{\frac{1}{n_1}+\frac{1}{n_2}}\right) \tag{6.14}$$

2. 求 σ_1^2/σ_2^2 的置信区间

选随机变量

$$F=\frac{S_1^2\sigma_2^2}{S_2^2\sigma_1^2}\sim F(n_1-1,n_2-1)$$

对于给定的 α，查 F 分布表求出临界值 $F_{\alpha/2}(n_1-1,n_2-1)$，$F_{1-\alpha/2}(n_1-1,n_2-1)$，使得

$$P\{F_{1-\alpha/2}(n_1-1,n_2-1)<F<F_{\alpha/2}(n_1-1,n_2-1)\}=1-\alpha$$

将 σ_1^2/σ_2^2 暴露出来，得到 σ_1^2/σ_2^2 的置信区间

$$\left(\frac{S_1^2}{S_2^2}\frac{1}{F_{\alpha/2}(n_1-1,n_2-1)},\frac{S_1^2}{S_2^2}\frac{1}{F_{1-\alpha/2}(n_1-1,n_2-1)}\right) \tag{6.15}$$

例 6.14 两正态总体 $N(\mu_1,\sigma_1^2)$，$N(\mu_2,\sigma_2^2)$ 的参数均为未知，依次取容量 13，10 的两独立样本测得样本方差 $S_1^2=8.41$，$S_2^2=5.29$ 求方差比 σ_1^2/σ_2^2 的置信区间(置信度为 0.90)。

解 $n_1=13$，$n_2=10$，$\alpha=0.10$，查附表 5 得

$$F_{\alpha/2}(n_1-1,n_2-1)=F_{0.05}(12,9)=3.07$$

$$F_{1-\alpha/2}(n_1-1,n_2-1)=1/F_{0.05}(9,12)=\frac{1}{2.80}=0.357$$

置信限为

$$\frac{S_1^2}{S_2^2}\frac{1}{F_{\alpha/2}(n_1-1,n_2-1)}=\frac{8.41}{16.24}=0.52$$

$$\frac{S_1^2}{S_2^2F_{1-\alpha/2}(n_1-1,n_2-1)}=\frac{8.41}{1.89}=4.45$$

故置信区间为(0.52，4.45)。

以上导出的正态总体参数的置信区间，列表如表 6.1 所示。

表 6.1

	条　件	参数	选用的随机变量	置信区间
单个总体	$X\sim N(\mu,\sigma^2)$ σ^2 已知	μ	$u=\dfrac{\overline{X}-\mu}{\sigma}\sqrt{n}\sim N(0,1)$	$\left(\overline{X}-u_{\alpha/2}\dfrac{\sigma}{\sqrt{n}},\overline{X}+u_{\alpha/2}\dfrac{\sigma}{\sqrt{n}}\right)$
	$X\sim N(\mu,\sigma^2)$ σ^2 未知	μ	$t=\dfrac{\overline{X}-\mu}{S}\sqrt{n}\sim t(n-1)$	$\left(\overline{X}-t_{\alpha/2}(n-1)\dfrac{S}{\sqrt{n}},\overline{X}+t_{\alpha/2}(n-1)\dfrac{S}{\sqrt{n}}\right)$
	$X\sim N(\mu,\sigma^2)$ μ 未知	σ^2	$\chi^2=\dfrac{(n-1)S^2}{\sigma^2}\sim\chi^2(n-1)$	$\left(\dfrac{(n-1)S^2}{\chi^2_{\alpha/2}(n-1)},\dfrac{(n-1)S^2}{\chi^2_{1-\alpha/2}(n-1)}\right)$
	$X\sim N(\mu_1,\sigma_1^2)$ $Y\sim N(\mu_2,\sigma_2^2)$ $\sigma_1^2=\sigma_2^2=\sigma^2$ 未知	$\mu_1-\mu_2$	$t=\dfrac{\overline{X}-\overline{Y}-(\mu_1-\mu_2)}{S_n\sqrt{\dfrac{1}{n_1}+\dfrac{1}{n_2}}}\sim t$ $S_n=\sqrt{\dfrac{(n_1-1)S_1^2+(n_2-1)S_2^2}{n_1+n_2-2}}$	$\left(\overline{X}-\overline{Y}+t_{\alpha/2}(n_1+n_2-2)S_W\sqrt{\dfrac{1}{n_1}+\dfrac{1}{n_2}},\overline{X}-\overline{Y}+t_{\alpha/2}(n_1+n_2-2)S_W\sqrt{\dfrac{1}{n_1}+\dfrac{1}{n_2}}\right)$
	$X\sim N(\mu_1,\sigma_1^2)$ $Y\sim N(\mu_2,\sigma_2^2)$	$\dfrac{\sigma_1^2}{\sigma_2^2}$	$F=\dfrac{S_1^2}{S_2^2}\dfrac{\sigma_2^2}{\sigma_1^2}\sim F(n_1-1,n_2-1)$	$\left(\dfrac{S_1^2}{S_2^2}\cdot\dfrac{1}{F_{\alpha/2}(n_1-1,n_2-1)},\dfrac{S_1^2}{S_2^2}\cdot\dfrac{1}{F_{1-\alpha/2}(n_1-1,n_2-1)}\right)$

6.2.4 大样本区间估计

上述两部分的结果，无论样本容量 n 多大都适用，因为那里构造置信区间时所用随机变量的精确分布都已知，这是在正态总体的大前提下才得到的.对于非正态总体，通常精确分布很难找到，为对未知参数进行估计，只好利用中心极限定理来处理，这样，就需要样本容量 n 充分大.

1. 一般总体均值的区间估计

设 $X_1,\cdots,X_n$ 是来自总体 X 的容量为 n 的样本，X 的均值为 μ，方差 σ^2 已知，当 n 充分大时，求 μ 的置信区间.

当 n 充分大时，近似地有

$$u=\frac{\overline{x}-\mu}{\sigma}\sqrt{n}\sim N(0,1)$$

对给定的 α，查附表 2，得 $u_{\alpha/2}$ 使

$$P(-u_{\alpha/2}<u<u_{\alpha/2})\approx 1-\alpha \tag{6.16}$$

将上式括号中不等式变形，得 μ 的置信区间为

$$\left(\overline{x}-u_{\alpha/2}\frac{\sigma}{\sqrt{n}},\overline{x}+u_{\alpha/2}\frac{\sigma}{\sqrt{n}}\right) \tag{6.17}$$

置信度近似为 $1-\alpha$.

如果 σ 未知，可用样本标准差 S 代替 σ 而求得 μ 的置信区间.实际上，可以证明，当 n 充分大时有

$$u=\frac{\overline{x}-\mu}{S}\sqrt{n}$$

近似地服从 $N(0,1)$，故 μ 的置信区间为

$$\left(\overline{x}-u_{\alpha/2}\frac{S}{\sqrt{n}},\overline{x}+u_{\alpha/2}\frac{S}{\sqrt{n}}\right) \tag{6.18}$$

置信度近似为 $1-\alpha$.

2.(0,1)分布参数的区间估计

设总体 $X\sim(0,1)$，$P(x=1)=p(0<p<1)$.显然，$\mu=p$，$\sigma^2=p(1-p)$.为估计 p，取容量 n 充分大的样本 $x_1,x_2,\cdots,x_n$ 由中心极限定理

$$u=\frac{\overline{x}-\mu}{\sigma}\sqrt{n}=\frac{\overline{x}-p}{\sqrt{p(1-p)}}\sqrt{n}$$

近似地服从 $N(0,1)$.

对给定的 α 有

$$P(|u|\leqslant u_{\alpha/2})\approx 1-\alpha \tag{6.19}$$

上式括号内不等式

$$\left|\frac{\overline{x}-p}{\sqrt{p(1-p)}}\sqrt{n}\right|\leqslant u_{\alpha/2} \tag{6.20}$$

等价于

$$\frac{n(\overline{x}-p)^2}{p(1-p)}\leqslant u_{\alpha/2}^2$$

即
$$(n+u_{\alpha/2}^2)p^2-(2n\overline{x}+u_{\alpha/2}^2)p+n\overline{x}^2\leqslant 0 \tag{6.21}$$

令 $a=n+u_{\alpha/2}^2$，$b=-(2n\overline{x}+u_{\alpha/2}^2)$，$c=n\overline{x}^2$ 知，式(6.21)的等价形式为

$$p_1<p<p_2 \tag{6.22}$$

其中

$$p_1=\frac{1}{2\alpha}(-b-\sqrt{b^2-4ac})$$

$$p_2=\frac{1}{2\alpha}(-b+\sqrt{b^2-4ac})$$

从式(6.20)与式(6.22)的等价性得 p 的置信区间为(p_1,p_2)置信度近似为 $1-\alpha$.

由于 $0<x<1$，$4n\overline{x}\geqslant 4n\overline{x}^2$，故

$$b^2-4ac=u_{\alpha/2}^2[(u_{\alpha/2}^2+4n\overline{x})-4n\overline{x}^2]>0$$

上边的 p_1,p_2 总是存在的.

例6.15 为估计一批齿轮的一级品率 p，从中抽取100个进行检验，发现有60个一级品，若取 $\alpha=0.05$，试求 p 的置信区间.

解 $n=100$，$\overline{x}=0.6$，$u_{\alpha/2}=u_{0.025}=1.96$，$u_{\alpha/2}^2=3.84$，$\alpha=103.83$，$b=123.84$，$c=36$，所以 $p_1=0.50$，$p_2=0.69$，故 p 的置信区间是$(0.50,0.69)$.

习题 6

1. 对某一距离进行 5 次测量，结果(单位：m)如下：2781，2836，2807，2763，2858，已知测量结果服从 $N(\mu,\sigma^2)$，求参数 μ 和 σ^2 的矩估计值.

2. 设 $X_1,X_2,\cdots,X_n$ 是来自对数级数分布

$$P(X=k)=-\frac{1}{\ln(1-p)}\cdot\frac{p^k}{k}\ (0<p<1,k=1,2,\cdots)$$

的一个样本，求参数 p 的矩估计.

3. 设总体 X 服从参数为 N 和 p 的二项分布，$X_1,X_2,\cdots,X_n$ 为取自 X 的样本，试求参数 N 和 p 的矩估计.

4. 设总体 X 具有密度

$$p(x;\theta)=\begin{cases}c^{\frac{1}{\theta}}\dfrac{1}{\theta}x^{-(1+\frac{1}{\theta})}, & x\geqslant c\\ 0, & 其他\end{cases}$$

其中参数 $0<\theta<1$，c 为已知常数，且 $c>0$，从中抽得一个样本 $x_1,x_2,\cdots,x_n$，求 θ 的矩估计.

5. 设总体密度为

$$p(x;\alpha)=\begin{cases}(\alpha+1)x^\alpha, & 0<x<1\\ 0, & 其他\end{cases}\ (\alpha>-1)$$

试用样本 $x_1,x_2,\cdots,x_n$ 求参数 α 的矩估计和极大似然估计.

6. 已知总体 X 在 $[\theta_1,\theta_2]$ 上服从均匀分布，$x_1,x_2,\cdots,x_n$ 是取自 X 的一个样本，求 θ_1,θ_2 的矩估计和极大似然估计.

7. 设总体的密度函数如下，试利用样本 $x_1,x_2,\cdots,x_n$ 求参数 θ 的极大似然估计：

(1) $p(x;\theta)=\begin{cases}(\theta\alpha)x^{\alpha-1}\mathrm{e}^{-\theta x^\alpha}, & x>0,\alpha 已知\\ 0, & 其他\end{cases}$

(2) $p(x;\theta)=\frac{1}{2}\mathrm{e}^{-|x-\theta|}$，$-\infty<\theta<+\infty$，$-\infty<x<+\infty$

8. 设总体 X 服从指数分布

$$p(x;\theta)=\begin{cases}\mathrm{e}^{-(x-\theta)}, & x\geqslant\theta\\ 0, & 其他\end{cases}$$

试利用样本 $x_1,x_2,\cdots,x_n$ 求参数 θ 的极大似然估计.

9. 设总体 X 服从几何分布

$$P(X=k)=p(1-p)^{k-1}(k=1,2,\cdots,0<p<1)$$

试利用样本 $x_1,x_2,\cdots,x_n$ 求未知参数 p 的极大似然估计.

10. 设 $x_1,x_2,\cdots,x_n$ 是来自两个参数指数分布的一个样本.

$$p(x;\theta_1,\theta_2)=\begin{cases}\dfrac{1}{\theta_2}\mathrm{e}^{\frac{x-\theta_1}{\theta_2}}, & x\geqslant\theta_1\\ 0, & 其他\end{cases}$$

其中 $-\infty<\theta_1<+\infty$，$0<\theta_2<+\infty$，求参数 θ_1,θ_2 的极大似然估计和矩估计.

11. 罐中有 N 个硬币，其中有 θ 个是普通的硬币(掷出正面与反面的概率各为0.5)，其余 $N-\theta$ 个硬币两面都是正面，从罐中随机取出一个硬币，把它连掷两次，记下结果，但不去查看它属于哪一种硬币，又把它放回罐中，如此重复 n 次.若掷出0次，1次，2次正面的次数分别为 n_0，n_1，n_2，利用(1)矩法；(2)极大似然法去估计参数 θ.

12. 设总体的分布列为截尾几何分布

$$P(X=k)=\theta^{k-1}(1-\theta)\ (k=1,2,\cdots,r)$$
$$P(X=r+1)=\theta^r$$

从中抽得样本 $X_1,X_2,\cdots,X_n$，其中有 M 个取值为 $r+1$，求 θ 的极大似然估计.

13. 设总体 X 服从正态分布 $N(\mu,\sigma^2)$，$X_1,X_2,\cdots,X_n$ 是其样本，(1)求 c 使得 $\hat{\sigma}^2=c\sum_{i=1}^{n}(X_{i+1}-X_i)^2$ 为 σ^2 的无偏估计量；(2)求 k 使得 $\hat{\sigma}=k\sum_{i=1}^{n}|X_i-\overline{X}|$ 为 σ 的无偏估计量.

14. 设 $X_1,X_2,\cdots,X_n$ 是来自参数为 λ 的泊松分布总体的样本，试证对任意常数 k，统计量 $k\overline{X}+(1-k)S^2$ 是 λ 的无偏估计量.

15. 设总体 X 有期望 μ，$X_1,X_2,\cdots,X_n$ 为一个样本，问下列统计量是否为 μ 的无偏估计量？
(1) $\frac{1}{2}(X_1+X_2)$；(2) $-X_1+2X_2$；(3) $\frac{1}{10}(2X_1+3X_2+3X_{n-1}+2X_n)$；(4) $X_{(1)}$；(5) $X_{(n)}$；(6) $\frac{1}{2}(X_{(1)}+X_{(n)})$.

16. 设 $\hat{\theta}$ 是参数 θ 的无偏估计量，且有 $D(\hat{\theta})>0$，试证 $\hat{\theta}^2=(\hat{\theta})^2$ 不是 θ^2 的无偏估计量.

17. 设总体 $X\sim N(\mu,\sigma^2)$，X_1,X_2,X_3 是来自 X 的样本，试证估计量

$$\hat{\mu}_1=\frac{1}{5}X_1+\frac{3}{10}X_2+\frac{1}{2}X_3$$

$$\hat{\mu}_2=\frac{1}{3}X_1+\frac{1}{4}X_2+\frac{5}{12}X_3$$

$$\hat{\mu}_3=\frac{1}{3}X_1+\frac{1}{6}X_2+\frac{1}{2}X_3$$

都是 μ 的无偏估计，并指出它们中哪一个最有效.

18. 设总体 X 服从区间 $[1,\theta]$ 上的均匀分布，$\theta>1$ 未知，$X_1,X_2,\cdots,X_n$ 是取自 X 的样本.

(1)求 θ 的矩估计和极大似然估计量；(2)上述两个估计量是否为无偏估计量，若不是请修正为无偏估计量；(3)问在(2)中的两个无偏估计量哪一个更有效？

19. 设总体 X 的数学期望 $\mu=EX$ 已知，试证统计量 $\frac{1}{n}\sum_{i=1}^{n}(X_i-\mu)^2$ 是总体方差 $\sigma^2=DX$ 的无偏估计.

20. 设总体 $X\sim N(\mu,\sigma^2)$，$X_1,X_2,\cdots,X_n$ 为来自 X 的样本，试证 $S^2=\frac{1}{n-1}\sum_{i=1}^{n}(X_i-\overline{X})^2$ 是 σ^2 的相合(一致)估计.

21. 设 $X_1,X_2,\cdots,X_n$ 是来自总体 $F(x;\theta)$ 的一个样本，$\hat{\theta}_n(X_1,X_2,\cdots,X_n)$ 是 θ 的一个估计量，若 $E\hat{\theta}_n=\theta+k$，$D\hat{\theta}_n=\sigma_n^2$，且

$$\lim_{n\to\infty}k_n=\lim_{n\to\infty}\sigma_n^2=0$$

试证 $\hat{\theta}_n$ 是 θ 的组合(一致)估计量.

22. 设 $X_1, X_2, \cdots, X_n$ 是取自均匀分布在 $(0,\theta)$ 上的一个样本，试证 $T_n = \max(X_1, X_2, \cdots, X_n)$ 是 θ 的相合（一致）估计.

23. 从一批钉子中抽取 16 枚，测得其长度（单位：cm）为 2.14，2.10，2.13，2.15，2.13，2.12，2.13，2.10，2.15，2.12，2.14，2.10，2.13，2.11，2.14，2.11. 设钉长分布为正态，试在下列情况下求总体期望 μ 的置信度为 0.90 的置信区间：(1) 已知 $\sigma = 0.01$ cm；(2) σ 为未知.

24. 生产一个零件所需时间（单位：秒）$X \sim N(\mu, \sigma^2)$，观察 25 个零件的生产时间得 $\overline{x} = 5.5$，$s = 1.73$，试以 0.95 的可靠性求 μ 和 σ^2 的置信区间.

25. 零件的尺寸与规定尺寸的偏差 $X \sim N(\mu, \sigma^2)$，今测得 10 个零件，得偏差值（单位：μm）为 2，1，−2，3，2，4，−2，5，3，4. 试求 μ 和 σ^2 的无偏估计值和置信度为 0.90 的置信区间.

26. 对某农作物两个品种计算了 8 个地区的单位面积产量如下：

品种 A　86，87，56，93，84，93，75，79；

品种 B　80，79，58，91，77，82，74，66.

假定两个品种的单位面积产量分别服从正态分布，且方差相等. 试求平均单位面积产量之差置信度为 0.95 的置信区间.

27. 设 A 和 B 两批导线是用不同工艺生产的，今随机地从每批导线中抽取 5 根测量电阻算得 $s_1^2 = s_A^2 = 1.07 \times 10^{-7}$，$s_2^2 = s_B^2 = 5.3 \times 10^{-6}$，若 A 批导线的电阻服从 $N(\mu_1, \sigma_1^2)$，B 批的服从 $N(\mu_2, \sigma_2^2)$，求 σ_1^2 / σ_2^2 的置信度为 0.90 的置信区间.

28. 两台机床加工同一种零件，分别抽取 6 个和 9 个零件，测零件长度计算得 $s_1^2 = 0.245$，$s_2^2 = 0.375$. 假定各台机床零件长度服从正态分布，试求两个总体方差比 σ_1^2 / σ_2^2 的置信区间（置信度为 0.95）.

29. 设 $X_1, X_2, \cdots, X_n$ 是来自参数为 λ 的指数分布总体的一个样本. 试求 λ 的置信度为 $1-\alpha$ 的置信区间.

30. 设总体 X 服从区间 $[0, \theta]$ 上均匀分布 $(\theta > 0)$，$X_1, X_2, \cdots, X_n$ 为来自 X 的一个样本，试利用 $X_{(n)} / \theta$ 的分布导出未知参数 θ 的置信度为 $1-\alpha$ 的置信区间.

31. 设 0.50，1.25，0.80，2.00 是来自总体 X 的一个样本值. 已知 $Y = \ln X$ 服从正态分布 $N(\mu, 1)$.

(1) 求 X 的数学期望 EX（记为 b）；

(2) 求 μ 的置信度为 0.95 的置信区间；

(3) 利用上述结果求 b 的置信度为 0.95 的置信区间.

32. 从一台机床加工的轴中随机取 200 根，测量其椭圆度. 由测量值（单位：mm）计算得平均值 $\overline{x} = 0.081$，标准差 $s = 0.025$. 求此机床加工的轴平均椭圆度的置信度为 0.95 的置信区间.

33. 在一批货物的容量为 100 的样本中，经检验发现 16 个次品，试求这批货次品率的置信区间（置信度近似为 0.95）.

34. 设 $x_1, x_2, \cdots, x_n$ 为来自参数为 λ 的泊松分布的样本，试求 λ 的置信度近似为 0.95 的置信区间.

第7章 假设检验

7.1 假设检验的基本概念

7.1.1 假设检验的问题

设总体 X 的分布类型已知，但包含未知参数 θ，比如 X 的分布函数为 $F(x;\theta)$ 其中 θ 为未知参数，根据资料或经验提出假设：$\theta=\theta_0$，(θ_0 为某已知数)，然后利用样本 $x_1,x_2,\cdots,x_n$ 对这个假设进行检验，做出接受还是拒绝所做假设的结论，这种假设检验称为**参数的假设检验**.

若总体 X 的分布类型未知，比如 X 的分布函数 $F(x)$ 的表达式未知，根据资料或经验提出假设：$F(x)=F_0(x)$，($F_0(x)$ 是已知的函数)，然后利用样本对这个假设进行检验，做出接受还是拒绝所做假设的结论，这种假设检验称为**非参数假设检验**.

7.1.2 假设检验的概念

(1) 统计假设：对总体的分布提出的任何假设，都称为**统计假设**，记为 H.

(2) 原假设和备择假设：对总体的分布提出假设 H_0，称为**原假设或零假设**.为了评价一个检验的好坏，还需要考虑另外一个备选的假设 H_1，称为**备择假设**.有两个假设的检验问题的一般提法是，在给定的备择假设 H_1 下对原假设 H_0 做出判断，若拒绝 H_0 就意味着接受 H_1，否则接受 H_0，即 H_0 和 H_1 必居其一.

(3) 显著性检验：如果只提出一个假设 H_0，且目的只是检验 H_0 是否成立，这类假设检验称为**显著性检验**，下面我们只讨论参数的显著性检验.

(4) 假设检验的依据——小概率原理：在概率统计的应用中，人们总是根据所研究的具体问题，规定一个界限 $\alpha(0<\alpha<1)$，把概率不超过 α 的事件看作**小概率事件**，小概率事件在一次试验中，实际上不可能发生，如果小概率事件在一次试验中发生了，则认为是不合理的，这就是**小概率原理**.

(5) 假设检验的方法——**概率反证法**：欲检验假设 H_0，先假定 H_0 是正确的，在此假定下构造一个小概率事件 A，如果由一组样本值(一次试验)，事件 A 发生了，这是不合理的，因而拒绝 H_0.如果 A 没有发生，则表明 H_0 与试验结果不矛盾，不能拒绝 H_0，当然也没有充分理由接受 H_0，这时需要通过再次试验或用其他方法做进一步研究.但是做出假设 H_0 是经过周密的调查和研究的，是有根据的，所以对 H_0 需加以保护，就是说拒绝它要慎重，当不能拒绝它时，实际上就接受了.

(6) 两类错误：因为做出拒绝 H_0 和接受 H_0 的推断，依据的是小概率事件 A 在一次试验中是否发生，这就不可避免的要犯错误.

第一类错误：**弃真的错误**，即本来 H_0 是正确的，但 A 却发生了，从而拒绝 H_0.犯第一类错误的概率为 $\alpha=P(A|H_0)$.

第二类错误:**取伪的错误**,即本来 H_0 是不正确的,A 没有发生,从而接受 H_0,犯第二类错误的概率为 $\beta=P$(接受 $H_0 \mid H_0$ 不正确).

7.1.3 参数假设检验的一般步骤

(1) 提出假设 H_0(即假定 H_0 正确);

(2) 选择一个统计量 $T=T(X_1,X_2,\cdots,X_n)$,在 H_0 下其分布已知;

(3) 构造小概率事件:对于给定的显著性水平 α,按照 T 的分布查表,求出临界值 c,d,使 $P\{T(X_1,X_2,\cdots,X_n)\in W\}=\alpha$,即

$$\{T(X_1,X_2,\cdots,X_n)\in W\}$$

为小概率事件.

(4) 判断:将样本值 $x_1,x_2,\cdots,x_n$ 代入 T 中算出其值 $T(x_1,x_2,\cdots,x_n)$(可以在(2)中进行),如果 $T(x_1,x_2,\cdots,x_n)\in W$,则拒绝 H_0;否则可接受 H_0.

7.2 单个正态总体参数的显著性检验

设 $X_1,X_2,\cdots,X_n$ 为取自正态总体 $N(\mu,\sigma^2)$的一个容量为 n 的样本,$\overline{X}$为样本均值,S^2 为样本方差.μ_0,σ_0 为已知常数,现在来讨论关于未知参数 μ,σ^2 的各种假设检验法.

7.2.1 u 检验

1. 已知 $\sigma^2=\sigma_0^2$,检验假设 $H_0:\mu=\mu_0$

选统计量

$$u=\frac{\overline{X}-\mu_0}{\sigma_0}\sqrt{n}\sim N(0,1) \tag{7.1}$$

构造小概率事件:直观的想法是,$\overline{X}$是 μ 的很好的估计量,因此$\overline{X}$与 μ 不应有很大的差别,在 H_0 下,$\overline{X}$与 μ_0 也不应有较大的差别,于是$|u|$大于某一个正数不太可能,也就是说$|u|$大于某一个正数是小概率事件.

对于给定的显著性水平 α,查正态分布表,求出临界值 $u_{\alpha/2}$,使得

$$P(|u|\geqslant u_{\alpha/2})=\alpha \tag{7.2}$$

即 $A=\{|u|\geqslant u_{\alpha/2}\}$为小概率事件.

判断:将样本值代入 u 中算出其值 u,如果$|u|\geqslant u_{\alpha/2}$,则表明在一次试验中小概率事件就发生了,因而拒绝 H_0,即 H_0 的拒绝域为$|u|\geqslant u_{\alpha/2}$.

在上面的假设检验问题中,构造小概率事件时利用了统计量 u 的概率密度曲线两侧的尾部面积(图 7.1),这样的检验称为双侧检验.

2. 已知 $\sigma^2=\sigma_0^2$ 检验假设 $H_0:\mu\leqslant\mu_0$

选统计量

$$u=\frac{\overline{X}-\mu_0}{\sigma^0}\sqrt{n}$$

此时 u 的分布未知，不能直接用它构造小概率事件，于是令

$$\tilde{u}=\frac{\overline{X}-\mu}{\sigma_0}\sqrt{n}\sim N(0,1) \tag{7.3}$$

我们通过 $\tilde{u}$ 来构造小概率事件.直观的想法是，$\overline{X}$是 μ 的很好的估计量，在 H_0 下，$\overline{X}$不应比 μ_0 大，因此对固定的 n，如果 u 太大是不大可能的，即 u 大于某一个正数应是小概率事件.

对给定的显著性水平，查正态分布表求出临界值 u_α，使得

$$P|\tilde{u}\geqslant u_\alpha|=\alpha \tag{7.4}$$

即$\{\tilde{u}\geqslant u_\alpha\}$是小概率事件.若 H_0 成立，有

$$u\leqslant\tilde{u},(u\geqslant u_\alpha)\subset(\tilde{u}\geqslant u_\alpha)$$

于是

$$P(u\geqslant u_\alpha)\leqslant P(\tilde{u}\geqslant u_\alpha)=\alpha$$

从而$(u\geqslant u_\alpha)$更是小概率事件.

将样本值代入 u 中算出其值 u，若 $u\geqslant u_\alpha$，则拒绝 H_0，否则接受 H_0，即 H_0 的**拒绝域**为$u\geqslant u_\alpha$.

这里在构造小概率事件时，利用了 $N(0,1)$分布概率密度曲线的单侧尾部的面积(图 7.2)，这样的检验称为单侧检验.今后拒绝域在双侧的称为双侧检验，拒绝域在一侧的称为单侧检验.

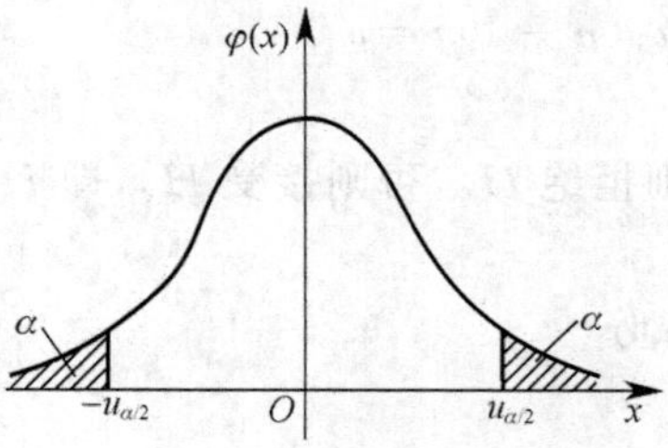

图 7.1

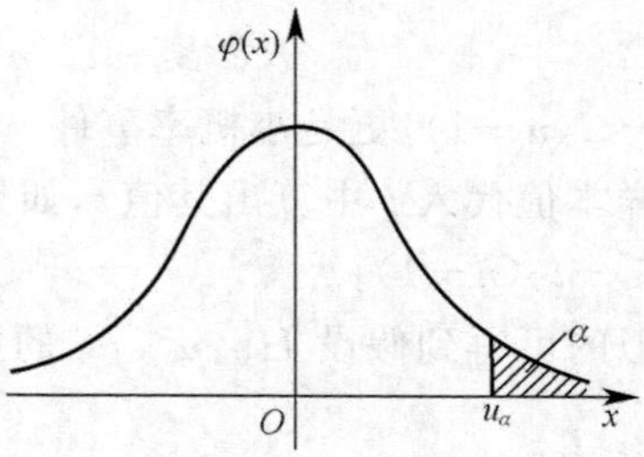

图 7.2

3. 已知 $\sigma^2=\sigma_0^2$ 检验假设 $H_0:\mu\geqslant\mu_0$

用与 2 类似的方法可得 H_0 的拒绝域为 $u\leqslant -u_\alpha$.

在上述的检验问题中我们用的检验统计量是

$$u=\frac{\overline{X}-\mu_0}{\sigma_0}\sqrt{n}$$

或

$$Z=\frac{\overline{X}-\mu_0}{\sigma_0}\sqrt{n}$$

故这种检验法称为 ***u* 检验**(或 ***Z* 检验**).

7.2.2 t 检验

1. 未知 σ^2，检验假设 $H_0:\mu=\mu_0$

选统计量

$$t=\frac{\overline{X}-\mu_0}{S}\sqrt{n}\sim t(n-1) \tag{7.5}$$

对于给定的显著性水平 α，查 t 分布表，求出临界值 $t_{\alpha/2}(n-1)$，使

$$P\{|t| \geqslant t_{\alpha/2}(n-1)\}=\alpha \tag{7.6}$$

即$\{|t| \geqslant t_{\alpha/2}(n-1)\}$为小概率事件.

将样本值代入 t 中算出其值 t，如果 $|t| \geqslant t_{\alpha/2}(n-1)$，则拒绝 H_0，否则接受 H_0，即 H_0 的**拒绝域**为 $|t| \geqslant t_{\alpha/2}(n-1)$.

2.未知 σ^2，检验 $H_0:\mu \geqslant \mu_0$

选统计量

$$t=\frac{\overline{X}-\mu_0}{S}\sqrt{n} \tag{7.7}$$

在 H_0 下，t 的分布未知，不能直接用它构造小概率事件，为此令

$$\tilde{t}=\frac{\overline{X}-\mu}{S}\sqrt{n} \sim t(n-1) \tag{7.8}$$

对于给定的水平 α，查 t 分布表求出临界值 $t_\alpha(n-1)$，使

$$P\{\tilde{t} \leqslant -t_\alpha(n-1)\}=\alpha \tag{7.9}$$

即$\{\tilde{t} \leqslant -t_\alpha(n-1)\}$是小概率事件.在 H_0 下

$$\tilde{t} \leqslant t,\{t \leqslant -t_\alpha(n-1)\} \subset \{\tilde{t} \leqslant -t_\alpha(n-1)\} \tag{7.10}$$

故

$$P\{t \leqslant -t_\alpha(n-1)\} \leqslant P\{t \leqslant -t_\alpha(n-1)\}=\alpha \tag{7.11}$$

即$\{t \leqslant -t_\alpha(n-1)\}$更是小概率事件.

将样本值代入 t 中算出其值 t，如果 $t \leqslant -t_\alpha(n-1)$，则拒绝 H_0，否则接受 H_0，即 H_0 的拒绝域为$\{t \leqslant -t_\alpha(n-1)\}$.

类似的可得到假设 $H_0:\mu \leqslant \mu_0$ 的拒绝域为 $t \geqslant t_\alpha(n-1)$.

7.2.3 χ^2 检验

1. 未知 μ 检验 $H_0:\sigma^2=\sigma_0^2$

选统计量

$$\chi=\frac{(n-1)S^2}{\sigma_0^2} \sim \chi^2(n-1)$$

我们利用 χ^2 统计量来构造小概率事件，直观的想法是，S^2 是 σ^2 的无偏估计，在 H_0 下，S^2/σ_0^2 与 1 相差不应太大，对于固定的 n，$\chi^2=(n-1)S^2/\sigma_0^2$ 不应太大，也不应太小.

对于给定的水平 $\alpha(0<\alpha<1)$，查 χ^2 分布表，求出临界值 $\chi^2_{1-\alpha/2}(n-1)$ 和 $\chi^2_{\alpha/2}(n-1)$，使得

$$P(\chi^2 \leqslant \chi^2_{1-\alpha/2}(n-1))=\alpha/2 \tag{7.12}$$

$$P(\chi^2 \geqslant \chi^2_{\alpha/2}(n-1))=\alpha/2 \tag{7.13}$$

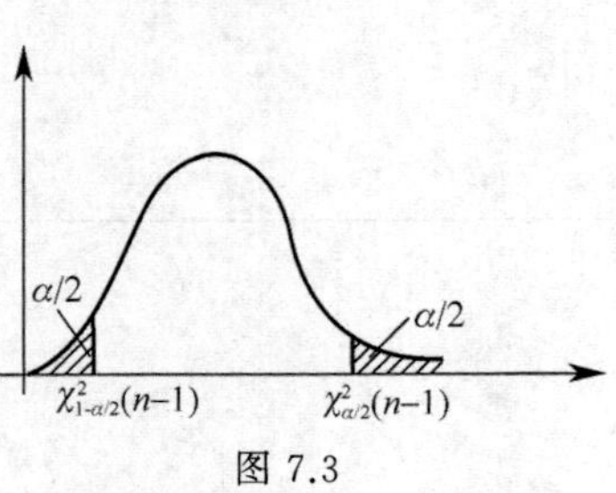

图 7.3

即$\{\chi^2 \leqslant \chi^2_{1-\alpha/2}(n-1)\}$和$\{\chi^2 \geqslant \chi^2_{\alpha/2}(n-1)\}$都是小概率事件(图 7.3).

将样本值代入 χ^2 中算出其值 χ^2，如果 $\chi^2 \leqslant \chi^2_{1-\alpha/2}(n-1)$ 或 $\chi^2_{\alpha/2}(n-1) \leqslant \chi^2$，则拒绝 H_0，否则接受 H_0.即 H_0 的**拒绝域**为

$$\chi^2 \leqslant \chi^2_{1-\alpha/2}(n-1) \text{ 或 } \chi^2 \geqslant \chi^2_{\alpha/2}(n-1).$$

2. 未知 μ，检验 $H_0: \sigma^2 \leqslant \sigma_0^2$

选统计量

$$\chi^2 = \frac{(n-1)S^2}{\sigma_0^2} \tag{7.14}$$

在 H_0 下，χ^2 的分布未知，不能直接用它构造小概率事件，于是令

$$\widetilde{\chi^2} = \frac{(n-1)S^2}{\sigma^2} \sim \chi^2(n-1) \tag{7.15}$$

我们通过$\widetilde{\chi^2}$构造小概率事件.直观想法是，S^2 是 σ^2 的无偏估计，在 H_0 下 S^2/σ_0^2 不应太大，对于固定的 n，χ^2 不应太大，即 χ^2 大于某一个正数是小概率事件.由$\widetilde{\chi^2} \sim \chi^2(n-1)$对给定的 α，查 χ^2 分布表，求出临界值 $\chi_\alpha^2(n-1)$，使

$$P\{\widetilde{\chi^2} \geqslant \chi_\alpha^2(n-1)\} = \alpha \tag{7.16}$$

即$\{\widetilde{\chi^2} \geqslant \chi_\alpha^2\}$是小概率事件，在 H_0 下 $\chi^2 \geqslant \widetilde{\chi^2}$，于是

$$\{\chi^2 \geqslant \chi_\alpha^2(n-1)\} \subset \{\widetilde{\chi^2} \geqslant \chi_\alpha^2(n-1)\} \tag{7.17}$$

故

$$P\{\chi^2 \geqslant \chi_\alpha^2(n-1)\} \leqslant P\{\widetilde{\chi^2} \geqslant \chi_\alpha^2(n-1)\} = \alpha \tag{7.18}$$

于是$\{\chi^2 \geqslant \chi_\alpha^2(n-1)\}$更是小概率事件.

将样本值代入 χ^2 中算出 χ^2 的值的 χ^2，如果 $\chi^2 \geqslant \chi_\alpha^2(n-1)$，则拒绝 H_0，否则接受 H_0，即 H_0 的**拒绝域**为 $\chi^2 \geqslant \chi_\alpha(n-1)$.

用类似的方法可求出假设 $H_0: \sigma^2 \geqslant \sigma_0^2$ 的拒绝域为

$$\chi^2 \leqslant \chi_{1-\alpha}^2(n-1)$$

7.3 两个正态总体参数的显著性检验

设总体 $X \sim N(\mu_1, \sigma_1^2)$，总体 $Y \sim N(\mu_2, \sigma_2^2)$，$X_1, X_2, \cdots, X_{n_1}$ 为来自总体 X 的样本，$\overline{X}$和 S_1^2 分别是它的样本均值和样本方差；$Y_1, Y_2, \cdots, Y_{n_2}$ 为来自总体 Y 的样本，$\overline{Y}$和 S_2^2 分别是它的样本均值和样本方差，又设这两个样本相互独立.考虑以下参数的假设检验问题.

7.3.1 t 检验

1. σ_1^2, σ_2^2 未知，但已知 $\sigma_1^2 = \sigma_2^2$，检验假设 $H_0: \mu_1 = \mu_2$

选统计量

$$t = \frac{\overline{X} - \overline{Y}}{S_W \sqrt{\frac{1}{n_1} + \frac{1}{n_2}}}$$

其中

$$S_W = \sqrt{\frac{(n_1-1)S_1^2 + (n_2-1)S_2^2}{n_1+n_2-2}} \tag{7.19}$$

在 H_0 成立的条件下 $t\sim t(n_1+n_2-2)$，对于给定的显著性水平 α，查 t 分布表，求出临界值 $t_{\alpha/2}(n_1+n_2-2)$，不难求出 H_0 的**拒绝域**为 $|t|\geqslant t_{\alpha/2}(n_1+n_2-2)$.

2. σ_1^2,σ_2^2 未知，但已知 $\sigma_1^2=\sigma_2^2$，检验假设 $H_0:\mu_1<\mu_2$

利用前面的方法，不难求出 H_0 的**拒绝域**为 $t\geqslant t_\alpha(n_2+n_1-2)$；

同理可求出 $H_0:\mu_1>\mu_2$ 的**拒绝域**为 $t\leqslant -t_\alpha(n_1+n_2-2)$.

7.3.2 F 检验

1. 未知 μ_1,μ_2，检验假设 $H_0:\sigma_1^2=\sigma_2^2$

选统计量

$$F=S_1^2/S_2^2 \tag{7.20}$$

在 H_0 成立的条件下，$F\sim F(n_1-1,n_2-1)$，对于给定的水平 α，查 F 分布表，求出临界值 $F_{1-\alpha/2}(n_1-1,n_2-1)$，$F_{\alpha/2}(n_1-1,n_2-1)$，即求出 H_0 的**拒绝域**为

$$F\leqslant F_{1-\alpha/2}(n_1-1,n_2-1)\text{ 或 }F\geqslant F_{\alpha/2}(n_1-1,n_2-1) \tag{7.21}$$

2. 未知 μ_1,μ_2 检验 $H_0:\sigma_1^2\leqslant\sigma_2^2$

选统计量

$$F=S_1^2/S_2^2 \tag{7.22}$$

可以求出 H_0 的拒绝域为 $F\geqslant F_\alpha(n_1-1,n_2-1)$，同理 $H_0:\sigma_1^2\geqslant\sigma_2^2$ 的**拒绝域**为 $F\leqslant F_{1-\alpha}(n_1-1,n_2-1)$，

检验一个假设，如果不要求写出过程，只须写出拒绝域，求出统计量的值，查相关表格求出临界值，验证统计量的值是否落入拒绝域.

例 7.1 设某次考试中，学生的成绩服从正态分布，从中随机地抽取 36 位考生的成绩，算得平均分数为 66.5，标准差为 15 分.

(1)在显著性水平 $\alpha=0.05$ 下，可否认为全体考生的平均成绩为 70 分？

(2)在显著性水平 $\alpha=0.05$ 下，可否认为这次考试成绩的方差为 16^2？

解 总体 $X\sim N(\mu,\sigma^2)$，样本容量 $n=36$，样本均值 $\overline{X}=66.5$，样本标准差 $S^2=15^2$.

(1) 问题是在 σ^2 未知的条件下检验假设 $H_0:\mu=70$.

H_0 的拒绝域为

$$|t|\geqslant t_{\alpha/2}(n-1)$$

其中

$$t=\frac{\overline{X}-\mu_0}{S}\sqrt{n}=\frac{66.5-70}{15}\times 6=-1.4$$

$$\alpha=0.05,t_{\alpha/2}(35)=t_{0.025}(35)=2.0301$$

因为 $|t|=1.4<2.0301=t_{0.025}(35)$，故接受 H_0，即可认为这次考试全体考生的平均成绩为 70 分.

(2) 问题是检验假设 $H_0:\sigma^2=16^2$.

H_0 的拒绝域为

$$\chi^2=\chi^2_{1-\alpha/2}(n-1)\text{或 }\chi^2\leqslant\chi^2_{\alpha/2}(n-1)$$

其中

$$\chi^2=\frac{(n-1)S^2}{\sigma^2}=\frac{35\times 15^2}{16^2}=30.7617$$

$\alpha=0.05$，由 χ^2 分布表查得 $\chi^2_{0.975}(35)=20.06$，$\chi^2_{0.025}(35)=53.15$，因为

$$\chi^2_{0.975}(35)=20.06\leqslant\chi^2=30.7617<53.15=\chi^2_{0.025}(35)$$

所以接受 H_0，即可以认为这次考试成绩的方差为 16^2.

例 7.2 从某锌矿的东西两支矿脉中各抽取容量为 9 和 8 的样本，分析后算得样本含锌重(%)的平均值和方差分别为

东支：$\overline{X}=0.230$，$S_1^2=0.1337$

西支：$\overline{Y}=0.269$，$S_2^2=0.1736$

假定两支矿脉含锌量都服从正态分布，在显著性水平 $\alpha=0.05$ 下能否认为两支矿脉的含锌量相同？

解 设东支矿脉含锌量为 X，$X\sim N(\mu_1,\sigma_1^2)$，西支矿脉含锌量为 Y，$Y\sim N(\mu_2,\sigma_2^2)$，$\mu_1,\mu_2,\sigma_1^2,\sigma_2^2$ 均为未知参数.

(1) 首先检验假设 $H_0:\sigma_1^2=\sigma_2^2$.

H_0 的拒绝域为

$$F\leqslant F_{1-\alpha/2}(n_1-1,n_2-1) \text{ 或 } F\geqslant F_{\alpha/2}(n_1-1,n_2-1)$$

其中

$$F=\frac{S_1^2}{S_2^2}=\frac{0.1337}{0.1736}=0.7702$$

$n_1=9$，$n_2=8$，$\alpha=0.05$，查 F 分布表得 $F_{0.975}(8,7)=\dfrac{1}{F_{0.025}(7,8)}=\dfrac{1}{4.35}=0.23$，$F_{0.025}(8.7)=4.90$，因为

$$F_{0.975}(8,7)=0.23<F=0.7702<4.90=F_{0.025}(8,7)$$

故接受 H_0，即可以认为 $\sigma_1^2=\sigma_2^2$.

(2) 检验假设 $H_0:\mu_1=\mu_2$.

H_0 的拒绝域为

$$|t|\geqslant t_{\alpha/2}(n_1+n_2-2)$$

其中

$$t=\frac{\overline{X}-\overline{Y}}{S_W\sqrt{\dfrac{1}{n_1}+\dfrac{1}{n_2}}}=\frac{0.230-0.269}{\sqrt{\dfrac{8\times0.1337+7\times0.1736}{9+8-2}}\sqrt{\dfrac{1}{8}+\dfrac{1}{7}}}=-0.2180$$

$\alpha=0.05$，查 t 分布表，求出临界值 $t_{\alpha/2}(n_1+n_2-2)=t_{0.025}(15)=2.1315$，因为

$$|t|=0.2180<2.1315=t_{0.025}(15)$$

所以接受 H_0，即可认为两支矿脉含锌量相同.

以上导出的正态总体显著性检验表见表 7.1.

表 7.1

名称	条件	假设 H_0	否定域	统计量
u 检验	$X\sim N(\mu,\sigma^2)$ σ^2 已知	$\mu=\mu_0$	$\lvert u\rvert\geqslant u_{\alpha/2}$	$u=\dfrac{\overline{X}-\mu_0}{\sigma}\sqrt{n}$
		$\mu\leqslant\mu_0$	$u\geqslant u_\alpha$	
		$\mu\geqslant\mu_0$	$u\leqslant-u_\alpha$	

续表

名称	条件	假设 H_0	否定域	统计量
t 检验	$X\sim N(\mu,\sigma^2)$ σ^2 已知	$\mu=\mu_0$	$\|t\|\geqslant t_{\alpha/2}(n-1)$	$t=\frac{\overline{X}-\mu_0}{S}\sqrt{n}$
		$\mu\leqslant\mu_0$	$t\geqslant t_\alpha(n-1)$	
		$\mu\geqslant\mu_0$	$t\leqslant -t_\alpha(n-1)$	
	$X\sim N(\mu_1,\sigma^2)$ $Y\sim N(\mu_2,\sigma^2)$ σ^2 已知	$\mu_1=\mu_2$	$\|t\|\geqslant t_{\alpha/2}(n_1+n_2-2)$	$t=\frac{\overline{X}-\overline{Y}}{S_W\sqrt{\frac{1}{n_1}+\frac{1}{n_2}}}$
		$\mu_1\leqslant\mu_2$	$t\geqslant t_\alpha(n_1+n_2-2)$	
		$\mu_1\geqslant\mu_2$	$t\leqslant -t_\alpha(n_1+n_2-2)$	
χ^2 检验	$X\sim N(\mu,\sigma^2)$ μ 未知	$\sigma^2=\sigma_0^2$	$\chi^2\leqslant\chi^2_{1-\alpha}(n-1)$ 或 $\chi^2\geqslant\chi^2_{\alpha/2}(n-1)$	$\chi^2=\frac{(n-1)S^2}{\sigma_0^2}$
		$\sigma^2\leqslant\sigma_0^2$	$\chi^2\geqslant\chi^2_\alpha(n-1)$	
		$\sigma^2\geqslant\sigma_0^2$	$\chi^2\leqslant\chi^2_{1-\alpha}(n-1)$	
F 检验	$X\sim N(\mu_1,\sigma_1^2)$ $Y\sim N(\mu_2,\sigma_2^2)$ μ_1,μ_2 未知	$\sigma_1^2=\sigma_2^2$	$F\leqslant F_{1-\alpha/2}(n_1-1,n_2-1)$ 或 $F\geqslant F_{\alpha/2}(n_1-1,n_2-1)$	$F=\frac{S_1^2}{S_2^2}$
		$\sigma_1^2\leqslant\sigma_2^2$	$F\geqslant F_\alpha(n_1-1,n_2-1)$	
		$\sigma_1^2\geqslant\sigma_2^2$	$F\leqslant F_{1-\alpha}(n_1-1,n_2-1)$	

7.4 非参数假设检验

前两节讨论了总体分布类型已知(为正态总体)时,参数的假设检验问题.一般在进行参数估计或参数假设检验之前,需要对总体的分布类型进行正确的判断.但在实际问题中往往不能确知总体分布,这时就需要利用样本来检验关于总体分布的各种假设,这就是非参数假设检验.

本节介绍 χ^2 拟合优度检验,它是一种重要的非参数假设检验.拟合优度检验是检验得到的观测数据,是否与某种类型的理论分布相吻合.因为 χ^2 拟合优度检验采用的检验统计量的极限分布是 χ^2 分布,所以称为 χ^2 拟合,它属于大样本检验.一般要求样本容量 $n\geqslant 50$,最好是 100 以上.

非参数假设的提出,一般是先根据实际问题的各种条件进行分析,或由样本观测数据,作出直方图或经验分布函数,依此作为依据提出假设 H_0,然后用本节介绍的方法对 H_0 进行检验.

下面介绍 χ^2 拟合优度检验.

7.4.1 χ^2 统计量

设总体 X 仅在 k 个互不相交的实数集 $A_1,A_2,\cdots,A_k$ 中取值,并令

$$p_i=P(X\in A_i)\ (i=1,2,\cdots,k) \tag{7.23}$$

这里,不妨设 $p_i>0,i=1,2,\cdots,k$,显然,$\sum\limits_{i=1}^{k}p_i=1$.现在要检验假设

$$H_0:p_i=p_{i0}(i=1,2,\cdots,k) \tag{7.24}$$

其中 p_{i0} 均为已知常数.

设 X 的观察值为 $x_1, x_2, \cdots, x_n$，用 n_i 表示 $x_1, x_2, \cdots, x_n$ 落入 A_i 中的个数 $(i=1,2,\cdots,k)$，即事件 $(X\in A_i)$ 的频数，n_i/n 是 $(X\in A_i)$ 的频率.由大数定律，在 H_0 成立的条件下，当 n 充分大时，应用 $n_i/n\approx p_{i0}$，即

$$(n_i/n)/p_{i0}=\frac{n_i}{np_{i0}}\approx 1$$

从而

$$\sum_{i=1}^{k}\frac{n_i\cdot n_i}{np_{i0}}\approx\sum_{i=1}^{k}n_i=n$$

即

$$\sum_{i=1}^{k}\frac{n_i^2}{np_{i0}}-n=\sum_{i=1}^{k}\frac{n_i^2}{np_{i0}}-2\sum_{i=1}^{k}n_i+\sum_{i=1}^{k}np_{i0}=\sum_{i=1}^{k}\frac{(n_i-np_{i0})^2}{np_{i0}}\approx 0$$

这就是说，在 H_0 成立的条件下，当 n 充分大时，统计量 $\sum\limits_{i=1}^{k}\frac{(n_i-np_{i0})^2}{np_{i0}}$ 不应太大，当它的取值大于临界值时，应拒绝 H_0.这就是选 $\sum\limits_{i=1}^{k}\frac{(n_i-np_{i0})^2}{np_{i0}}$ 作检验统计量的直观想法.这个统计量是由英国数理统计学家卡尔·皮尔逊(K.Pearson) 提出的，所以称为**皮尔逊统计量**.理论上已经证明，当 $n\to\infty$ 时，$\sum\limits_{i=1}^{k}\frac{(n_i-np_{i0})^2}{np_{i0}}$ 的极限分布是自由度为 $k-1$ 的 χ^2 分布，因此皮尔逊统计量也称为 **χ^2 统计量**，记为 χ^2，即

$$\chi^2=\sum_{i=1}^{k}\frac{(n_i-np_{i0})^2}{np_{i0}} \tag{7.25}$$

于是检验式(7.24)的假设 H_0 时对给定的 α，从附表 3 查出临界值 $\chi^2_\alpha(k-1)$，当 n 充分大时，有近似等式

$$P\{\chi^2\geqslant\chi^2_\alpha(k-1)\}\approx\alpha$$

故 H_0 的拒绝域为 $\chi^2\geqslant\chi^2_\alpha(k-1)$.

利用 χ^2 统计量，我们可以对离散型总体的分布进行检验.

例 7.3 某市开办有奖储蓄以来，13 期对奖号码中诸号码的频数汇总如表 7.2 所示.

表 7.2

号码 i	0	1	2	3	4	5	6	7	8	9	总数
频数 n_i	21	28	37	36	31	45	30	37	33	52	350

试检验器械或操作方法是否有问题($\alpha=0.05$).

解 每抽一个号码，其值用 X 表示，它的可能取值为 $0,1,\cdots,9$.这里要检验假设

$$H_0: p_i=P(X=i)=\frac{1}{10}\ (i=0,1,\cdots,9)$$

现在 $k=10$，$p_{i0}=\frac{1}{10}$，$n=350$，$np_{i0}=35$，$A_i=\{i\}$，故

$$\chi^2=\sum_{i=0}^{9}\frac{(n_i-35)^2}{35}=\frac{688}{35}=19.657$$

查附表 3 得临界值

$$\chi_{\alpha}^{2}(k-1)=\chi_{0.05}^{2}(9)=16.9$$

由于 19.657>16.9,故拒绝 H_0,即认为器械或操作方法有问题.

7.4.2 分布函数的拟合优度检验

设总体分布函数为 $F(x)$,$F_0(x)$为一完全已知的分布函数(不含未知参数).要检验假设

$$H_0:F(x)=F_0(x)$$

设 $x_1,\cdots,x_n$ 是取自总体 $F(x)$的样本,n 足够大.用 $k-1$ 个实数 y_i,即

$$-\infty<y_1<y_2<\cdots<y_{k-1}<+\infty$$

将实轴分为 k 个互不相交的区间,记为

$$A_i=(y_{i-1},y_1)\ (i=2,3,\cdots,k-1)$$
$$A_1=(-\infty,y_1)\ A_k=(y_{k-1},+\infty)$$

并设

$$\begin{cases}p_1=P(X\in A_1)=F(y_1)\\ p_i=P(X\in A_i)=F(y_i)-F(y_{i-1})(i=2,3,\cdots,k-1)\\ p_k=P(X\in A_x)=1-F(y_{k-1})\end{cases} \tag{7.26}$$

如果 H_0 成立,则

$$p_i=p_{i0}(i=1,2,\cdots,k)$$

其中 p_{i0} 为将式(7.26)中的 $F(x)$用 $F_0(x)$代替算出的 p_i 值.由前部分的结果,我们可以先数出样本 $x_1,\cdots,x_n$ 落入 A_i 中的个数 n_i 然后计算皮尔逊统计量之值

$$\chi^2=\sum_{i=1}^{k}\frac{(n_i-np_{i0})^2}{np_{i0}} \tag{7.27}$$

如果 $\chi^2\geqslant\chi_{\alpha}^{2}(k-1)$,则拒绝 H_0,否则可接受 H_0.

在上面的假设检验问题中,$F_0(x)$不仅类型已知,而且参数也已知.但在实际问题中,常常是只知道 $F_0(x)$的函数类型,而不知道其中的参数,因而假设 H_0 只给出分布函数的类型,其中含有未知参数.例如,要检验"总体分布为正态分布",这里是 $H_0:F(x)=\Phi\left(\frac{x-\mu}{\sigma}\right)$,$\mu,\sigma^2$ 未知.这就不能从这一假设成立出发计算式(7.26)中诸 p_i 的值,因而也无法计算式(7.27)中皮尔逊统计量之值.对于这种情况,自然考虑用未知参数估计值去代替它们.现在我们给出一般情况下分布函数的 χ^2 拟合优度检验.

设总体分布函数为 $F(x)$,考虑假设检验问题

$$H_0:F(x)=F_0(x_i;\theta_1,\theta_2,\cdots,\theta_m)$$

其中,$F_0(x_i;\theta_1,\theta_2,\cdots,\theta_m)$类型已知,但含有 m 个未知参数 $\theta_1,\theta_2,\cdots,\theta_m$.

设 $\hat{\theta}_1,\hat{\theta}_2,\cdots,\hat{\theta}_m$ 为未知参数 $\theta_1,\cdots,\theta_m$ 点估计,将式(7.26)中 $F(x)$用 $F_0(x;\hat{\theta}_1,\hat{\theta}_2,\cdots,\hat{\theta}_m)$代替,得

$$\begin{cases}\hat{p}=F_0(y_1,\hat{\theta}_1,\hat{\theta}_2,\cdots,\hat{\theta}_m)\\ \hat{p}_i=F_0(y_i,\hat{\theta}_1,\hat{\theta}_2,\cdots,\hat{\theta}_m)-F_0(y_{i-1},\hat{\theta}_1,\hat{\theta}_2,\cdots,\hat{\theta}_m)\ (i=2,3,\cdots,k-1)\\ \hat{p}_k=1-F_0(y_{k-1},\hat{\theta}_1,\hat{\theta}_2,\cdots,\hat{\theta}_m)\end{cases} \tag{7.28}$$

用 $\hat{p}_i$ 代替式(7.25)中的 p_{i0} 而得皮尔逊统计量

$$\chi^2=\sum_{i=1}^{k}\frac{(n_i-n\hat{p}_i)^2}{n\hat{p}_i} \tag{7.29}$$

费歇耳证明了对满足一定条件的点估计 $\hat{\theta}_1,\cdots,\hat{\theta}_m$，上述统计量的分布当 $n\to\infty$ 时趋向于 $\chi^2(k-m-1)$ 分布.由于按照费歇耳的条件去求点估计 $\hat{\theta}_1,\cdots,\hat{\theta}_m$ 是很麻烦的，所以常改用极大似然估计去代替它们，这时当 $n\to\infty$ 时，χ^2 还是渐近服从 χ^2 分布，于是得到 H_0 拒绝域为 $\chi^2\geqslant\chi^2_\alpha(k-m-1)$.

从上面的讨论，我们可以总结出，利用 χ^2 拟合检验来检验关于总体分布的假设的步骤如下：

(1) 将总体 X 的值域划分为 k 个互不相交的区间 $A_i(i=1,2,\cdots,k)$，k 取多大？和作直方图时一致，注意使每个区间中至少含有 5 个样本值，否则可将区间适当调整.

(2) 在 H_0 成立之下，求出未知参数的极大似然估计值；

(3) 在 H_0 成立之下，计算式(7.28)中各 $\hat{p}_i$ 的值；

(4) 数出 A_i 中含样本值个数 n_i，并计算式(7.28)中皮尔逊统计量之值 χ^2；

(5) 对显著水平 α，查 χ^2 分布表，找出临界值 $\chi^2_\alpha(k-m-1)$；

(6) 若 $\chi^2\geqslant\chi^2_\alpha(k-m-1)$，则拒绝 H_0，否则可接受 H_0.

例 7.4 由 5.2 例 5.3 提供的数据用 χ^2 拟合检验来检验假设 H_0：X 服从正态分布($\alpha=0.05$).

解 先取 $y_1=9.5$，$y_2=11.5$，$y_3=13.5$，$y_4=15.5$，$y_5=17.5$，$y_6=19.5$，$y_7=21.5$，$y_8=23.5$，$y_9=25.5$，$y_{10}=27.5$，$y_{11}=31.5$.

它们将实轴分成 12 个互不相交的区间，从而将样本分成 12 组.

在 H_0 成立之下，参数 μ,σ^2 的极大似然估计为 $\hat{\mu}=18.69$，$\hat{\sigma}^2=29.5758$，$\hat{\sigma}=5.44$.计算式(7.27)中各 $\hat{p}_i$ 值

$$\hat{p}_1=\Phi\left(\frac{9.5-18.69}{5.44}\right)=\Phi(-1.69)=0.0455$$

$$\hat{p}_2=\Phi\left(\frac{11.5-18.69}{5.44}\right)-0.0455=\Phi(-1.32)-0.0455=0.0479$$

$$\vdots$$

$$\hat{p}_{12}=1-\Phi\left(\frac{31.5-18.69}{5.44}\right)=0.0094$$

数出各区间中含样本值个数 n_i 并列表 7.3.

表 7.3

i	$y_{i-1}\sim y_i$	n_i	$\hat{p}_i$	$200\hat{p}_i$	$\frac{(n_i-200\hat{p}_i)^2}{200\hat{p}_i}$
1	$-\infty\sim9.5$	5	0.0455	9.10	1.817
2	$9.5\sim11.5$	15	0.0479	9.58	3.066
3	$11.5\sim13.5$	18	0.0777	15.54	0.389
4	$13.5\sim15.5$	19	0.1065	21.30	0.248
5	$15.5\sim17.5$	24	0.1353	27.06	0.346
6	$17.5\sim19.5$	33	0.1467	29.34	0.457
7	$19.5\sim21.5$	30	0.1389	27.78	0.177
8	$21.5\sim23.5$	17	0.1121	22.42	1.310

续表

i	$y_{i-1}\sim y_i$	n_i	$\hat{p}_i$	$200\hat{p}_i$	$\frac{(n_i-200\hat{p}_i)^2}{200\hat{p}_i}$
9	23.5～25.5	17	0.0838	16.76	0.003
10	25.5～27.5	9	0.0530	10.60	0.242
11	27.5～31.5	8	0.0432	8.64	0.047
12	31.5～$+\infty$	5	0.0094	1.88	5.178
		$\sum$			13.310

从表 7.3 中可见，$\chi^2=13.31$，又 $k=12, m=2, \alpha=0.05$.

查附表 3 得 $\chi_\alpha^2(k-m-1)=\chi_{0.05}^2(9)=16.92$.

由于 $13.31<16.92$，故接受 H_0，即认为 X 服从正态分布.

习题 7

1. 设 $X_1, X_2, \cdots, X_n$ 是从总体 X 中抽出的样本，假设 X 服从参数为 λ 的指数分布，λ 未知，给定$\lambda_0>0$和显著性水平 $\alpha(0<\alpha<1)$，试求假设 $H_0: \lambda \geqslant \lambda_0$ 的 χ^2 检验统计量及否定域.

2. 某种零件的尺寸方差为 $\sigma^2=1.21$，对一批这类零件检查 6 件得尺寸数据(单位：mm)：

$$32.56 \quad 29.66 \quad 31.64 \quad 30.00 \quad 21.87 \quad 31.03$$

设零件尺寸服从正态分布，问这批零件的平均尺寸能否认为是 32.50 mm($\alpha=0.05$)？

3. 设某产品的指标服从正态分布，它的标准差为 $\sigma=100$，今抽了一个容量为 26 的样本，计算得平均值为 1580. 问在显著性水平 $\alpha=0.05$ 下，能否认为这批产品的指标的期望值 μ 不低于 1600？

4. 一种元件，要求其使用寿命不得低于 1000 小时，现在从一批这种元件中任取 25 件，测得其寿命平均值为 950 小时. 已知该种元件寿命服从标准差 $\sigma=100$ 小时的正态分布，问这批元件是否合格($\alpha=0.05$)？

5. 某批矿砂的 5 个样品中镍含量经测定为 x(%)：

$$3.25 \quad 3.27 \quad 3.24 \quad 3.26 \quad 3.24$$

设测定值服从正态分布，问能否认为这批矿砂的镍的含量为 3.25($\alpha=0.01$)？

6. 糖厂用自动打包机打包. 每包标准重为 100 kg. 每天开工后需要检验一次打包机工作是否正常. 某日开工后测得 9 包重(单位：kg)如下：

$$99.3 \quad 98.7 \quad 100.5 \quad 101.2 \quad 98.3 \quad 99.7 \quad 99.5 \quad 102.1 \quad 100.5$$

问该日打包机工作是否正常($\alpha=0.05$；已知包重服从正态分布)？

7. 按照规定，每 100 克的罐头番茄汁，维生素 C 的含量不得少于 21 mg，现从某厂生产的一批罐头中抽取 17 个，测得维生素 C 的含量(单位：mg)如下：

$$16 \quad 22 \quad 21 \quad 20 \quad 23 \quad 21 \quad 19 \quad 15 \quad 13 \quad 23 \quad 17 \quad 20 \quad 29 \quad 18 \quad 22 \quad 16 \quad 25$$

已知维生素 C 的含量服从正态分布？试检验这种罐头的维生素含量是否合格($\alpha=0.025$).

8. 某种合金弦的抗拉强度 $X\sim N(\mu, \sigma^2)$，过去经验 $\mu \leqslant 10560(\mathrm{kg/cm^2})$，今用新工艺生产了

一批弦线,随机取10根作抗拉试验,测得数据如下:

10512 10633 10668 10554 10766 10707 10557 10581 10666 10670

问这批弦线的抗拉强度是否提高了($\alpha=0.05$)?

9. 从一批轴料中取15件测量其椭圆度,计处得 $s=0.025$,问该批轴料椭圆度的总体方差与规定的 $\sigma^2=0.0004$ 有无显著差别($\alpha=0.05$,椭圆度服从正态分布)?

10. 从一批保险丝中抽取10根试验其熔化时间.结果为

42 65 75 78 71 59 57 68 54 55

问是否可认为这批保险丝的熔化时间的方差小于等于80($\alpha=0.05$,熔化时间服从正态分布)?

11. 对两种羊毛织品的强度进行试验,所得结果为:

第一种 138,127,134,125

第二种 134,137,135,140,130,134

问是否一种羊毛较另一种好($\alpha=0.05$,设两种羊毛织品的强度都服从方差相同的正态分布)?

12. 在20块条件相同的土地上,同时试种新旧两种品种的作物各10块地,其产量(kg)分别为:

旧品种 78.1,72.4,76.2,74.3,77.4,78.4,76.0,75.5,76.7,77.3

新品种 79.1,81.0,77.3,79.1,80.0,79.1,79.1,77.3,80.2,82.1

设这两个样本相互独立,并都来自正态总体(方差相等),问新品种的产量是否高于旧品种($\alpha=0.01$)?

13. 两台机床加工同一种零件,分别取6个和9个零件,量其长度得蚯 $s_1^2=0.345$,$s_2^2=0.357$,假定零件长度服从正态分布,问是否可认为两台机床加工的零件尺度的方差无显著差异($\alpha=0.05$)?

14. 一骰子掷子120次,得下列结果:

点数	1	2	3	4	5	6
出现次数	23	26	21	20	15	15

问骰子是否匀称($\alpha=0.05$)?

15.从一批滚珠中随机抽取了50个,测得它们的直径为(单位:mm)

15.0 15.8 15.2 15.1 15.9 14.7 14.8 15.5 15.6 15.3
15.1 15.3 15.0 15.6 15.7 14.8 14.5 14.2 14.9 14.9
15.2 15.0 15.3 15.6 15.1 14.9 14.2 14.6 15.8 15.2
15.9 15.2 15.0 14.9 14.8 14.5 15.1 15.5 15.5 15.1
15.1 15.0 15.3 14.7 14.5 15.5 15.0 14.7 14.6 14.2

是否可认为这批滚珠直径服从正态分布($\alpha=0.05$)?

16.设 $A_i=\left(\frac{i-1}{2},\frac{i}{2}\right)$,$i=1,2,3$,$A_4=\left(\frac{3}{2},2\right)$假设随机变量在(0,2)上是均匀分布的,令对 X 进行100次的独立观察,发现其值落入 $A_i(i=1,2,3,4)$的频数分别为30,20,36,14.问均匀分布的假设在显著性水平为0.05下是否可信?

第8章 单因素试验的方差分析及一元正态线性回归

8.1 单因素试验的方差分析

8.1.1 问题的提出

在7.3节中,我们讨论了两个正态总体在方差相同的条件下,数学期望是否相等的假设检验问题.由于实际的需要,必须考虑多个正态总体在方差相同的条件下,数学期望是否相等的假设检验问题.让我们先看一个例子.

例8.1 考察温度对某化工产品得率的影响,选定五种不同的温度进行试验,同一温度试验三次,测提结果见表8.1.

表8.1

温度/℃	60	65	70	75	80
得率/%	90 92 88	97 93 92	96 96 93	84 83 88	84 86 82
平均得率/%	90	94	95	85	84

从平均得率可见,温度对得率是有影响的,但我们还看到,在同一温度下得率也不完全一样.这是因为在试验中还有许多不可控制的随机因素在起作用.因此应把每种温度下的试验结果(得率)看作随机变量,记为 $X_i(i=1,2,3,4,5)$,而把 i 种温度下的试验结果看作样本值,记为 X_{ij},$j=1,2,3$,如 $X_{11}=90,X_{12}=92,X_{13}=88,X_{21}=97,\cdots$ 因为 $X_{ij}(i=1,2,3,4,5;j=1,2,3)$ 在试验之前是不确定的,所以它们都是随机变量,于是 X_{i1},X_{i2},X_{i3} 就是总体 X_i 的样本.

假设总体 $X_i\sim N(\mu_i,\sigma^2)(i=1,2,3,4,5)$ 并且相互独立,其中 μ_i 表示在无干扰的理想状态下第 i 种温度的得率.那么,考察温度对得率的影响是否显著,就是看 $\mu_1,\mu_2,\cdots,\mu_5$ 是否相等,这就需要检验假设

$$H_0:\mu_1=\mu_2=\cdots=\mu_5 \tag{8.1}$$

检验这个假设的有效方法,是通过把样本的某些偏差平方和进行分解而得到的.称为**方差分析法**.

我们把在试验中要考察的那些(可以控制)条件称为**试验的因素**,用 $A,B,\cdots$ 表示.

为了考察一个因素对试验结果的影响,一般把它控制在几个不同的状态或等级上,在因素 A 的每一个状态(或等级)**称为它的一个水平**,用 $A_1,A_2,\cdots$ 表示.

我们把要考察的因素只有一个的试验,称为**单因素试验**,相应的方差分析称为**单因素方差分析**.

8.1.2 数学模型

我们要考察因素 A 对试验结果的影响，控制 A 在 m 个水平 $A_1,A_2,\cdots,A_m$ 上，在水平 A_i 下做 n_i 次重复试验，结果见表 8.2.

表 8.2

A_1	…	A_i	…	A_m
X_{11} X_{12} $\vdots$ X_{1n_1}	…	X_{i1} X_{i2} $\vdots$ X_{in_i}	…	X_{m1} X_{m2} $\vdots$ X_{mn_m}

因为试验中有随机因素的影响，所以 A_i 下的试验结果是随机变量，记为 X_i，它是一个总体，而 $X_{ij}(i=1,2,\cdots,m;j=1,2,\cdots,n_i)$是 X_i 的样本.

假定 $X_i\sim N(\mu_i,\sigma^2)(i=1,2,\cdots)$并且相互独立，我们的问题是检验假设

$$H_0:\mu_1=\mu_2=\cdots=\mu_m \tag{8.2}$$

由于 $X_i\sim N(\mu_i,\sigma^2)$，$X_{i1},\cdots,X_{in_i}$，是它的样本，所以 $X_{ij}\sim N(\mu_i,\sigma^2)(j=1,2,\cdots,n_i)$，其中 μ_i 是理想状态下总体的均值.X_{ij} 与 μ_i 之差可以看成随机误差 δ_{ij}，$\delta_{ij}\sim N(0,\sigma^2)$.这样，可以假定 X_{ij} 具有下面的形式

$$X_{ij}=\mu_i+\delta_{ij},\delta_{ij}\sim N(0,\sigma^2)$$
$$(i=1,2,\cdots,m;j=1,2,\cdots,n_i) \tag{8.3}$$

其中 δ_{ij} 独立，$\mu_1,\mu_2,\cdots,\mu_m,\sigma^2$ 都是未知参数，称式(8.3)为**单因素试验方差分析的数学模型**.

为了导出检验假设式(8.2)的统计量，我们首先分析引起 X_{ij} 波动的原因.这里原因有两个：一个是当 H_0 为真时，X_{ij} 的波动完全由随机因素引起；另一个是当 H_0 不真时，X_{ij} 的波动除随机因素外还由于 μ_i 不同而引起.因此，我们想用一个量来描述 X_{ij} 之间的总的波动，并能将上述两个原因引起的波动分解开来.这就是方差分析中所用的偏差平方和分解的方法，下面来叙述它.

8.1.3 平方和分解

我们作一统计量

$$S=\sum_{i=1}^{m}\sum_{j=1}^{ni}(X_{ij}-\overline{X})^2 \tag{8.4}$$

其中

$$\overline{X}=\frac{1}{n}\sum_{i=1}^{m}\sum_{j=1}^{ni}X_{ij},\ n=\sum_{i=1}^{m}n_i$$

这个统计量是 X_{ij} 与样本总平均$\overline{X}$的偏差平方和，反映了 X_{ij} 之间的总的波动，我们称为**总平方和**.一般说来，如果 H_0 不成立，那么 $X_{ij}(j=1,\cdots,n_i,i=1,2,\cdots,m)$取值的差别就要大些，这时 S 值要变大，但是我们不能只从 S 值比较大就断定 H_0 不成立.因为即使 H_0 为真，由于抽样的随

机性,S 也可能取较大的值.为了区别这两种情况,将 S 做一分解,为此记

$$\overline{X}_{i.}=\frac{1}{n_i}\sum_{j=1}^{n_i}X_{ij}\quad(i=1,2,\cdots,m)$$

并注意

$$\sum_{i=1}^{m}\sum_{j=1}^{n_i}(X_{ij}-\overline{X}_{i.})(\overline{X}_{i.}-\overline{X})=\sum_{i=1}^{m}(\overline{X}_{i.}-\overline{X})\sum_{j=1}^{n_i}(X_{ij}-\overline{X}_{i.})=0$$

$$\begin{aligned}S&=\sum_{i=1}^{m}\sum_{j=1}^{n_i}(X_{ij}-\overline{X})^2\\&=\sum_{i=1}^{m}\sum_{j=1}^{n_i}(X_{ij}-\overline{X}_{i.}+\overline{X}_{i.}-\overline{X})^2\\&=\sum_{i=1}^{m}\sum_{j=1}^{n_i}(X_{ij}-\overline{X}_{i.})^2+\sum_{i=1}^{m}\sum_{j=1}^{n_i}(\overline{X}_{i.}-\overline{X})^2\end{aligned}$$

于是有

$$S=S_e+S_A\tag{8.5}$$

其中

$$S_e=\sum_{i=1}^{m}\sum_{j=1}^{n_i}(X_{ij}-\overline{X}_{i.})^2\tag{8.6}$$

$$S_A=\sum_{i=1}^{m}\sum_{j=1}^{n_i}(\overline{X}_{i.}-\overline{X})^2=\sum_{i=1}^{m}n_i(\overline{X}_{i.}-\overline{X})^2\tag{8.7}$$

由式(8.6)可见,S_e 是各个总体的样本 $X_{i1},X_{i2},\cdots,X_{im}$ 与样本均值 $\overline{X}_{i.}(i=1,2,\cdots,m)$ 的偏差平方和的总和,它反映了抽样的随机性引起的波动.今后称 S_e 为**组内平方和或误差平方和**,简称为**组内差**.由式(8.7)可见,S_A 是各总体的样本均值 $\overline{X}_{i.}$ 与样本总平均 $\overline{X}$ 的偏差的平方构成的平方和,它在一定程度上反映了各总体的均值 μ_i 之间的差导所引起的波动,称为**组间平方和或简称组间差**.为了更清楚地说明以上事实,分别计算它们的数学期望.

$$\begin{aligned}ES_e&=\sum_{i=1}^{m}E\sum_{j=1}^{n_i}(X_{ij}-\overline{X}_i)^2=\sum_{i=1}^{m}(n_i-1)E\left[\frac{1}{n_i-1}\sum_{j=1}^{n_i}(X_{ij}-\overline{X}_{i.})^2\right]\\&=\sum_{i=1}^{m}(n_i-1)\sigma^2=(n-m)\sigma^2\end{aligned}\tag{8.8}$$

$$\begin{aligned}ES_A&=E\sum_{i=1}^{m}n_i(\overline{X}_{i.}-\overline{X})^2=E=\{\sum_{i=1}^{m}n_i\,\overline{X}_{i.}^2-n\,\overline{X}^2\}\\&=\sum_{i=1}^{m}n_iE\,\overline{X}_{i.}^2-nE\,\overline{X}^2\end{aligned}$$

由于 $\overline{X}_{i.}\sim N\left(\mu_i,\dfrac{\sigma^2}{n_i}\right)$,$\overline{X}\sim N\left(\mu,\dfrac{\sigma^2}{n}\right)$,其中 $\mu=\dfrac{1}{n}\sum\limits_{i=1}^{m}n_i\mu_i$ 故得

$$\begin{aligned}ES_A&=\sum_{i=1}^{m}n_i\left(\frac{\sigma^2}{n_i}+\mu_i^2\right)-n\left(\frac{\sigma^2}{n}+\mu^2\right)\\&=(m-1)\sigma^2+\sum_{i=1}^{m}n_i\mu_i^2-n\mu^2\qquad(8.9)\\&=(m-1)\sigma^2+\sum_{i=1}^{m}n_i(\mu_i-\mu)^2\end{aligned}$$

我们知道σ^2是表示试验误差的数字特征，而

$$a_i=\mu_i-\mu(i=1,2,\cdots,m)$$

表示第i个总体的均值与各总体的总平均值之差，我们称它为第i个水平A_i的效应，因此$\sum_{i=1}^{m}n_i(\mu_i-\mu)^2=\sum_{i=1}^{m}n_i\alpha_i^2$反映了各个总体之间的差异程度.由此可见，我们已将$S$分成了两个部分$S_e$和$S_A$，$S_e$只反映了随机因素所引起的波动，而$S_A$既反映了各个总体之间的差异引起的波动，也包含了随机因素所引起的波动.

由式(8.8)和式(8.9)可得

$$E\left(\frac{S_e}{n-m}\right)=\sigma^2 \tag{8.10}$$

$$E\left(\frac{S_A}{m-1}\right)=\sigma^2+\frac{\sum_{i=1}^{m}n_i(\mu_i-\mu)^2}{m-1} \tag{8.11}$$

这表明，不管对$\mu_i(i=1,\cdots,m)$的假设如何，$S_e/(n-m)$总是σ^2的无偏估计，而$S_A/(m-1)$仅当假设式(8.2)成立时，才是σ^2的一个无偏估计；否则它的期望都要大于σ^2.这说明比值

$$F=\frac{S_A/(m-1)}{S_e/(n-m)}=\frac{(n-m)S_A}{(m-1)S_e} \tag{8.12}$$

太大时，则可以认为μ_i之间的差异是显著的，从而拒绝H_0，故用F作为检验H_0的统计量.但是F服从什么分布是个重要问题，下面我们就来讨论这个问题.

定理8.1 在模型(8.3)中：

(1) $S_e/\sigma^2\sim\chi^2(n-m)$； (8.13)

(2) S_A与S_e相互独立；

(3) 当式(8.2)H_0成立时，$S_A/\sigma^2\sim\chi^2(m-1)$. (8.14)

证 (1) $\frac{S_e}{\sigma^2}=\frac{1}{\sigma^2}\sum_{i=1}^{m}\sum_{j=1}^{n_i}(X_{ij}-\overline{X}_{i.})^2$

记

$$S_i^2=\frac{1}{n_i-1}\sum_{j=1}^{n_i}(X_{ij}-\overline{X}_{i.})^2\quad(i=1,2,\cdots,m)$$

由单个正态总体统计量的分布中的结论(3)

$$\chi_i^2=\frac{n_i-1}{\sigma^2}S_i^2=\frac{1}{\sigma^2}\sum_{j=1}^{n_i}(X_{ij}-\overline{X}_{i.})^2\sim\chi^2(n_i-1)\quad(i=1,2,\cdots,m)$$

又由$X_{ij}(j=1,2,\cdots,n;i=1,2,\cdots,m)$的独立性知，$S_1^2,\cdots,S_m^2$相互独立，即$\chi_1^2,\chi_2^2\cdots,\chi_m^2$独立，故根据$\chi^2$分布的可加性得

$$\frac{S_e}{\sigma^2}=\sum_{i=1}^{m}\chi_i^2\sim\chi^2(n-m)$$

(2) 由单个正态总体统计量的分布中的结论(2)，S_i^2与$\overline{X}_{i.}$独立，又由$X_{ij}(j=1,2,\cdots,n;i=1,2,\cdots,m)$独立知，$S_i^2$与$\overline{X}_1,\overline{X}_2,\cdots,\overline{X}_m$独立，故$S_i^2$与$S_A$独立$(i=1,2,\cdots,m)$，从而$S_e=\sum_{i=1}^{m}(n_i-1)S_i^2$与$S_A$独立.

(3) 证略.

利用本定理及定义 5.4,在 H_0 成立的条件下,统计量

$$F=\frac{(n-m)S_A}{(m-1)S_e}=\frac{\dfrac{S_A}{\sigma^2}/(m-1)}{\dfrac{S_e}{\sigma^2}/(n-m)}\sim F(m-1,n-m) \tag{8.15}$$

因此,对模型(8.3)可利用统计量 F 来检验假定 H_0,即对给定的显著性水平 α,从附表 5 查出临界值 $F_\alpha(m-1,n-m)$.当 $F\geqslant F_\alpha(m-1,n-m)$时,拒绝 H_0,否则可接受 H_0.

上述分析结果常排成表 8.3 的形式,称为**单因素方差分析表**.

表 8.3

方差来源	平方和	自由度	均方	F 值
因素 A	S_A	$m-1$	$\overline{S}_A=\dfrac{S_A}{m-1}$	$\overline{S}_A/\overline{S}_e$
误差	S_e	$n-m$	$\overline{S}_e=\dfrac{S_e}{n-m}$	—
总和	$S=S_A+S_e$	$n-1$	—	—

为计算方便,令

$$\begin{cases} P=\dfrac{1}{n}\Big(\sum\limits_{i=1}^{m}\sum\limits_{j=1}^{n_i}X_{ij}\Big)^2 \\ Q=\sum\limits_{i=1}^{m}\dfrac{1}{n_i}\Big(\sum\limits_{j=1}^{n_i}X_{ij}\Big)^2 \\ R=\sum\limits_{i=1}^{m}\sum\limits_{j=1}^{n_i}X_{ij}^2 \end{cases} \tag{8.16}$$

不难验证

$$S_e=R-Q,\ S_A=Q-P,\ S=R-P \tag{8.17}$$

事实上

$$\begin{aligned} S_e-\sum_{i=1}^{m}\sum_{j=1}^{n_i}(X_{ij}-\overline{X}_{i.})^2&=\sum_{i=1}^{m}\Big(\sum_{j=1}^{n_i}X_{ij}^2-n_i\overline{X}_{i.}^2\Big) \\ &=\sum_{i=1}^{m}\sum_{j=1}^{n_i}X_{ij}^2-\sum_{i=1}^{m}\frac{1}{n_i}\Big(\sum_{j=1}^{n_i}X_{ij}\Big)^2=R-Q \end{aligned}$$

$$\begin{aligned} S_A&=\sum_{i=1}^{m}n_i(\overline{X}_{i.}-\overline{X})^2=\sum_{i=1}^{m}n_i\overline{X}_{i.}^2-n\overline{X}^2 \\ &=\sum_{i=1}^{m}\frac{1}{n_i}\Big(\sum_{j=1}^{n_i}X_{ij}\Big)^2-\frac{1}{n}\Big(\sum_{i=1}^{m}\sum_{j=1}^{n_i}X_{ij}\Big)^2=Q-P \end{aligned}$$

由式(8.5)得

$$S=R-P$$

根据上面的讨论,单因素试验的方差分析可用表 8.4 进行计算.

表 8.4

测量值 序号 \ 因素	$A_1 \quad A_2 \quad \cdots \quad A_m$	
1 2 ⋮ n_i	$X_{11} \quad X_{21} \quad \cdots \quad X_{m1}$ $X_{12} \quad X_{22} \quad \cdots \quad X_{m2}$ ⋮ ⋮ ⋮ $X_{1n1} \quad X_{2n2} \quad \cdots \quad X_{mn3}$	
$\sum_{j=1}^{n_i} X_{ij}$		$\frac{1}{n}\left(\sum_{i=1}^{m}\sum_{j=1}^{n_i} X_{ij}\right)^2 = P$
$\frac{1}{n_i}\left(\sum_{j=1}^{n_i} X_{ij}\right)^2$		$\sum_{i=1}^{m}\frac{1}{n_I}\left(\sum_{j=1}^{n_i} X_{ij}\right)^2 = Q$
$\sum_{j=1}^{n_i} X_{ij}^2$		$\sum_{i=1}^{m}\sum_{j=1}^{n_i} X_{ij}^2 = R$

在实际计算中,为了简便,对 X_{ij} 作如下变换

$$y_{ij} = b(X_{ij} - c) \tag{8.18}$$

b,c 是适当的常数,使 y_{ij} 变得简单些,由式(8.18)易得

$$\overline{X}_{i.} = c + \frac{1}{b}\overline{y}_{i.}$$

$$\overline{X} = c + \frac{1}{b}\overline{y}$$

于是

$$S_e = \sum_{i=1}^{m}\sum_{j=1}^{n_i}(X_{ij} - \overline{X}_{i.})^2 = \frac{1}{b^2}\sum_{i=1}^{m}\sum_{j=1}^{n_i}(y_{ij} - \overline{y}_{i.})^2$$

$$= \frac{1}{b^2}\left[\sum_{i=1}^{m}\sum_{j=1}^{n_i} y_{ij}^2\right] - \sum_{i=1}^{m}\frac{1}{n_i}\left(\sum_{j=1}^{n_i} y_{ij}\right)$$

$$S_A = \sum_{i=1}^{m} n_i(\overline{X}_{i.} - \overline{X})^2 = \frac{1}{b^2}\sum_{j=1}^{n_i} n_i(\overline{y}_{i.} - \overline{y})^2$$

$$= \frac{1}{b^2}\left[\sum_{i=1}^{m}\frac{1}{n_i}\left(\sum_{j=1}^{n_i} y_{ij}\right)^2 - \frac{1}{n}\left(\sum_{i=1}^{m}\sum_{j=1}^{n_i} y_{ij}\right)^2\right]$$

记

$$\left.\begin{aligned} P' &= \frac{1}{n}\left(\sum_{i=1}^{m}\sum_{j=1}^{n_i} y_{ij}\right)^2 \\ Q' &= \sum_{i=1}^{m}\frac{1}{n_i}\left(\sum_{j=1}^{n_i} y_{ij}\right)^2 \\ R' &= \sum_{i=1}^{m}\sum_{j=1}^{n_i} y_{ij}^2 \end{aligned}\right\} \tag{8.19}$$

从而

$$F = \frac{(n-m)S_A}{(m-1)S_e} = \frac{(n-m)(Q'-P')}{(m-1)(R'-Q')} \tag{8.20}$$

例 8.2 对 6 种不同的农药在相同条件下，分别进行杀虫试验，试验结果见表 8.5.问杀虫率是否因不同的农药而有显著的差异($\alpha=0.01$)?

表 8.5

	A_1 X_1	A_2 X_2	A_3 X_3	A_4 X_4	A_5 X_5	A_6 X_6
1	87	90	56	55	92	75
2	85	88	62	48	99	72
3	80	87			95	81
4		94			91	

解 $m=6, n_1=3, n_2=4, n_3=2, n_4=2, n_5=4, n_6=3, n=\sum_{i=1}^{b} n_i=18$.查附表 5 得 $F_{0.01}(m-1, n-m)=F_{0.01}(5,12)=5.06$.

为了简化计算，从表 8.5 的试验结果中都减去 80 得到表 8.6[这里变换式(8.18)中 $b=1, c=80$].

表 8.6

	A_1 y_1	A_2 y_2	A_3 y_3	A_4 y_4	A_5 y_5	A_6 y_6	
	7 5 0	10 8 7 14	−24 −18	−25 −32	12 19 15 11	−5 −8 1	
$\sum_{j=1}^{n_i} y_{ij}$	12	39	−42	−57	57	−12	$P'=\frac{(-3)^2}{18}=0.5$
$\frac{1}{n_i}(\sum y_{ij})^2$	48	380.25	882	1634.5	821.25	48	$Q'=3795$
$\sum_{j=1}^{n_i} y_{ij}^2$	74	409	900	1649	851	90	$R'=3973$

代入式(8.17)，得

$$S_A=3794.5 \quad S_e=178$$

从而

$$\overline{S}_e=S_e/(n-m)=178/12=14.83$$

$$\overline{S}_A=S_A/(m-1)=3794.5/5=758.9$$

$$F=\overline{S}_A/\overline{S}_e=51.17$$

因 $F>F_{0.01}(5,12)$，故拒绝 H_0，即不同农药的杀虫率有明显差异.

比较表 8.5 各种农药杀虫率的平均值 $\overline{X}_i=\overline{y}_i+80(i=1,2,\cdots,6)$，可得

$$\overline{X}_{1.}=84, \overline{X}_{2.}=89.75, \overline{X}_{3.}=59$$

$$\overline{X}_{4.}=51.5, \overline{X}_{5.}=94.25, \overline{X}_{6.}=76$$

由此可知，第五种农药杀虫率最高，平均达到 94.25%，方差分析表见表 8.7.

表 8.7

方差来源	平方和	自由度	均方	F 值
农药	3794.5	5	758.9	51.17**
误差	178	12	14.83	
总和	3972.5	17		

注：一般在 F 值栏内，对 $\alpha=0.05$ 显著的，用"*标出"，表示检验结果是显著的；对 $\alpha=0.01$ 显著的，用"* *"标出，意指特别显著；不做记号的表示不显著.

8.2 一元正态线性回归

8.2.1 一元正态线性回归的数学模型

1. 问题的提出

在生产实践和科学研究中，经常遇到一些同处于一个统一体中的变量，这些变量是相互联系和相互制约的，它们之间存在着一定的关系. 这种关系一般可分为两大类：一类是确定性的函数关系，这是人们所熟知的，诸如圆的面积 S 和半径 r 之间有关系 $S=\pi r^2$ 等.另一类是非确定性的关系称为相关关系.例如：

家庭支出 Y 和收入 x 间的关系，一般说来收入高的家庭支出也大，但同等收入的家庭其开支不一定一样，就是说收入确定以后，支出并不随之而定.

小麦单位面积的产量 Y 与施肥量 x 间的关系.一般说来，在一定范围内，施肥越多，单位面积产量越高.因而 Y 依赖于 x，但 x 一定，Y 并不能完全确定.

在上面的两个例子中，都有两个变量 x 与 Y.其中 x 是一般变量，它的值可以精确测量或严格控制.Y 是依赖于 x 的一个随机变量，Y 与 x 之间的关系就是相关关系.还可以举出许多具有相关关系的变量的例子.例如人的身高 x 与裤长 Y；汽车的行驶速度 x 与耗油量 Y 等.

反映 Y 与 x 之间关系的最重要的数字特征当然是 Y 的数学期望与 x 之间的关系.我们称 $\mu(x)=EY$为 Y 对 x 的**回归函数**.回归分析的一个重要内容就是估计 $\mu(x)$，然后利用估计结果做预测和控制.为估计 $\mu(x)$，通常是指定 n 个 x 的值 $x_1,x_2,\cdots,x_n$，做 n 次独立试验，取得 Y 的相应观察值 $y_1,y_2,\cdots,y_n$；再由 n 对数据 $(x_1,y_1),(x_2,y_2)\cdots,(x_n,y_n)$来估计 $\mu(x)$.

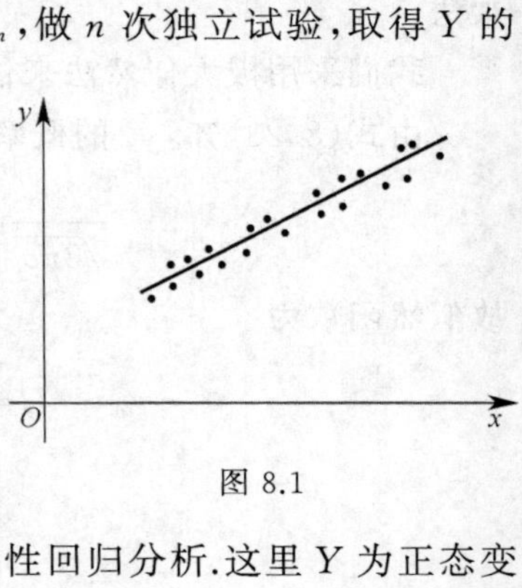

图 8.1

在实际应用中，通常是先用近似作图法描述 $\mu(x)$的图形；将 n 对观察数据 $(x_i,y_i)(i=1,\cdots,n)$看成 n 个点，并把它们点在坐标平面 xOy 上，这种图称**为散点图**；然后在平面上引一条直线或曲线，使它最好地与这些散点的分布相符号(图 8.1).这一直线或曲线就近似地描绘了 $y=\mu(x)$的图形.当然，这是很粗糙的描述方法，回归分析为我们提供了研究回归函数 $y=\mu(x)$的精确的统计推断方法.本小节将讨论最简单的也是经常遇到的一元正态线性回归分析.这里 Y 为正态变量，回归函数 $\mu(x)=a+bx$ 为 x 的线性函数.

2. 数学模型

设 Y 是可观测的随机变量，x 是一般变量，它们之间存在着如下的关系

$$\begin{cases}Y=a+bx+\varepsilon\\ \varepsilon\sim N(0,\sigma^2)\end{cases}\tag{8.21}$$

其中未知参数 a,b,σ^2 不依赖于 x，称线性函数

$$y=\mu(x)=a+bx\tag{8.22}$$

为随机变量 Y 对 x 的线性回归，称变量 x 为回归变量，a、b 为回归系数. 由模型式(8.21)可知，随机变量 Y 服从正态分布 $N(a+bx,\sigma^2)$，它依赖于 x 的值.假定 $x_1,\cdots,x_n$ 是 x 的任意 n 个值(可以有相同的，但假定不完全相同)，而 $y_1,y_2,\cdots,y_n$ 分别是 $x_1,\cdots,x_n$ 处对 Y 独立观测的结果；那么，$y_i\sim N(a+bx_i,\sigma^2)(i=1,2,\cdots,n)$ 且相互独立.由此可得

$$\begin{cases}y_i=a+bx_i+\varepsilon_i\\ \varepsilon_i\sim N(0,\sigma^2)\\ i=1,2,\cdots,n\end{cases}\tag{8.23}$$

且 $\varepsilon_1,\varepsilon_2,\cdots,\varepsilon_n$ 相互独立.

式(8.21)和式(8.23)都称为**一元正态线性回归模型**，今后也称 $y_1,y_2,\cdots,y_n$ 为来自随机变量 Y 的独立随机样本，但需注意，它不是简单随机样本，因为 $y_1,y_2,\cdots,y_n$ 不是同分布的.

8.2.2 未知参数的估计

在模型(8.23)中，a,b 和 σ^2 是未知参数，ε_i 是误差项，由式(8.23)得

$$\varepsilon_i=y_i-a-bx_i(i=1,2,\cdots,n)$$

全部误差的平方和是

$$\sum_{i=1}^{n}\varepsilon_i^2=\sum_{i=1}^{n}(y_i-a-bx_i)^2$$

记它为 Q，显然 Q 是 a,b 的函数.我们的任务是给出 a,b 的估计，使 Q 达到最小，从而使式(8.23)"符合得最好".

利用多元函数求极值的办法，求出 a,b，使 $Q=\sum\limits_{i=1}^{n}(y_i-a-bx_i)^2$ 达到最小值，这要用最小乘法.

我们采用极大似然法来估计未知参数 a,b,σ^2.

由式(8.23)知，y_i 的概率密谋为

$$\frac{1}{\sqrt{2\pi}\sigma}\exp\left\{-\frac{1}{2\sigma^2}(y_i-a-bx_i)^2\right\}(i=1,2,\cdots,n)$$

故似然函数为

$$\begin{aligned}L&=\prod_{i=1}^{N}\frac{1}{\sqrt{2\pi}\sigma}\exp\left\{-\frac{1}{2\sigma^2}(y_i-a-bx_i)^2\right\}\\&=\left(\frac{1}{2\pi\sigma^2}\right)^{\frac{n}{2}}\exp\left\{-\frac{1}{2\sigma^2}\sum_{i=1}(y_i-a-bx_i)^2\right\}\end{aligned}$$

于是

$$\ln L=-\frac{n}{2}\ln(2\pi\sigma^2)-\frac{1}{2\sigma^2}\sum_{i=1}^{n}(y_i-a-bx_i)^2$$

回归系数 a 和 b 的极大似然估计是下列似然方程组的解

$$\begin{cases}\dfrac{\partial \ln L}{\partial a}=\dfrac{1}{\sigma^2}\sum\limits_{i=1}^{n}(y_i-a-bx_i)=0\\ \dfrac{\partial \ln L}{\partial b}=\dfrac{1}{\sigma^2}\sum\limits_{i=1}^{n}(y_i-a-bx_i)x_i=0\end{cases}\tag{8.24}$$

由此得方程组

$$\begin{cases}na+n\,\overline{x}b=n\,\overline{y}\\ n\,\overline{x}a+\sum\limits_{i=1}^{n}x_i^2b=\sum\limits_{i=1}^{n}x_iy_i\end{cases}\tag{8.25}$$

称式(8.25)为**正规方程组**,其中

$$\overline{x}=\frac{1}{n}\sum_{i=1}^{n}x_i,\overline{y}=\frac{1}{n}\sum_{i=1}^{n}y_i$$

由式(8.25)解得 a,b 的极大似然估计为

$$\begin{cases}\hat{a}=\overline{y}-\hat{b}\,\overline{x}\\ \hat{b}=\dfrac{\sum\limits_{i=1}^{n}(x_i-\overline{x})y_i}{\sum\limits_{i=1}^{n}(x_i-\overline{x})^2}=\dfrac{\sum\limits_{i=1}^{n}(x_i-\overline{x})(y_i-\overline{y})}{\sum\limits_{i=1}^{n}(x_i-\overline{x})^2}\end{cases}\tag{8.26}$$

由于 $x_1,x_2,\cdots,x_n$ 不全相同,式(8.25)的解式(8.26)总是存在的.未知参数 σ^2 的极大似然估计可由似然方程

$$\frac{\partial \ln L}{\partial \sigma^2}=-\frac{n}{2\sigma^2}+\frac{1}{2\sigma^4}\sum_{i=1}^{n}(y_i-a-bx_i)^2=0$$

与式(8.24)联立解出

$$\hat{\sigma}^2=\frac{1}{n}\sum_{i=1}^{n}(y_i-\hat{a}-\hat{b}x_i)^2\tag{8.27}$$

其中 $\hat{a},\hat{b}$ 由式(8.26)确定.如果把线性回归函数式(8.22)中的系数 a,b 换成相应的估计 $\hat{a},\hat{b}$,则得

$$\hat{y}-\hat{a}+\hat{b}x\tag{8.28}$$

我们称此方程为 Y 为 x 的**经验回归方程**,简称**回归方程**.其图形称为**回归直线**.回归方程式(8.28)是回归函数 $y=a+bx$ 的估计.在实际应用中,回归方程就是 Y 与 x 之间相依关系的经验公式.

为今后记忆和计算方便,引入记号

$$\begin{cases}L_{xx}=\sum\limits_{i=1}^{n}(x_i-\overline{x})^2=\sum\limits_{i=1}^{n}x_i^2-n\,\overline{x}^2\\ L_{yy}=\sum\limits_{i=1}^{n}(y_i-\overline{y})^2=\sum\limits_{i=1}^{n}y_i^2-n\,\overline{y}^2\\ L_{xy}=\sum\limits_{i=1}^{n}(x_i-\overline{x})(y_i-\overline{y})=\sum\limits_{i=1}^{n}x_iy_i-n\,\overline{x}\,\overline{y}\end{cases}\tag{8.29}$$

利用这些记号，由式(8.26)和式(8.27)可得

$$\begin{cases}\hat{b}=\dfrac{L_{xy}}{L_{xx}}\\ \hat{\sigma}^2=\dfrac{1}{n}(L_{yy}-\hat{b}L_{xy})\end{cases} \tag{8.30}$$

后一式是由于

$$\begin{aligned}\sum_{i=1}^{n}(y_i-\hat{a}-\hat{b}x_i)^2&=\sum_{i=1}^{n}[(y_i-\overline{y})-\hat{b}(x_i-\overline{x})]^2\\&=\sum_{i=1}^{n}(y_i-\overline{y})^2-2\hat{b}\sum_{i=1}^{n}(x_i-\overline{x})(y_i-\overline{y})+\hat{b}^2\sum_{i=1}^{n}(x_i-\overline{x})^2\\&=L_{yy}-2\hat{b}L_{xy}+\hat{b}L_{yy}=L_{yy}-\hat{b}L_{xy}\end{aligned} \tag{8.31}$$

由上面的讨论，求回归方程的具体计算可列表8.8进行.

表 8.8

序　号	x_i	y_i	x_i^2	y_i^2	x_iy_i
1 2 ⋮ n	x_1 x_2 ⋮ x_n	y_1 y_2 ⋮ y_n	x_1^2 x_2^2 ⋮ x_n^2	y_1^2 y_2^2 ⋮ y_n^2	x_1y_1 x_2y_2 ⋮ x_ny_n
$\sum$	$\sum_{i=1}^{n}x_i$	$\sum_{i=1}^{n}y_i$	$\sum_{i=1}^{n}x_i^2$	$\sum_{i=1}^{n}y_i^2$	$\sum_{i=1}^{n}x_iy_i$
$\frac{1}{n}\sum$	$\overline{x}$	$\overline{y}$	$L_{xx}=\sum_{i=1}^{n}x_i^2-n\overline{x}^2,\hat{b}=L_{xy}/L_{xx}$ $L_{xy}=\sum_{i=1}^{n}x_iy_i-n\overline{x}\,\overline{y},\hat{a}=\overline{y}-\hat{b}\overline{x}$ $L_{yy}=\sum_{i=1}^{n}y_i^2-n\overline{y}^2,\hat{y}=\hat{a}+\hat{b}x$		
$\left(\frac{1}{n}\sum\right)^2$	$\overline{x}^2$	$\overline{y}^2$			
$\frac{1}{n}\left(\sum\right)^2$	$n\overline{x}^2$	$n\overline{y}^2$			

这里 L_{yy} 在求回归方程时用不上，为了下面应用我们一并算了出来.

例 8.3　为考察某地区婴幼儿的年龄 x(岁)和身高 Y(cm)的相关关系，进行抽样调查，得资料见表8.9.

表 8.9

x_i	1.7	3.2	3.1	0.3	1.2	1.8	3.8
y_i	72	88	85	63	77	84	100

试求 x 与 Y 间的回归方程 $\hat{y}=\hat{a}+\hat{b}x$.

解　列计算表8.10.

表 8.10

<table>
<tr><th>序　号</th><th>x_i</th><th>y_i</th><th>x_i^2</th><th>y_i^2</th><th>x_iy_i</th></tr>
<tr><td>1</td><td>1.7</td><td>72</td><td>2.89</td><td>5184</td><td>122.4</td></tr>
<tr><td>2</td><td>3.2</td><td>88</td><td>10.24</td><td>7744</td><td>281.6</td></tr>
<tr><td>3</td><td>3.1</td><td>85</td><td>9.61</td><td>7225</td><td>263.5</td></tr>
<tr><td>4</td><td>0.3</td><td>63</td><td>0.09</td><td>3969</td><td>18.9</td></tr>
<tr><td>5</td><td>1.2</td><td>77</td><td>1.44</td><td>5929</td><td>92.4</td></tr>
<tr><td>6</td><td>1.8</td><td>84</td><td>3.24</td><td>7056</td><td>151.2</td></tr>
<tr><td>7</td><td>3.8</td><td>100</td><td>14.44</td><td>10000</td><td>380.0</td></tr>
<tr><td>$\sum$</td><td>15.1</td><td>569</td><td>41.95</td><td>47107</td><td>1310</td></tr>
<tr><td>$\frac{1}{n}\sum$</td><td>2.157</td><td>81.285</td><td colspan="3" rowspan="3">$L_{xx}=41.95-32.56=9.39\quad \hat{b}=\frac{82.68}{9.39}=8.8$
$L_{xy}=1310-1227.32=82.68\quad \hat{a}=62.3$
$L_{yy}=47107-46251.5=855.48$</td></tr>
<tr><td>$\left(\frac{1}{n}\sum\right)^2$</td><td>4.652</td><td>6607.36</td></tr>
<tr><td>$\frac{1}{n}\left(\sum\right)^2$</td><td>32.56</td><td>46251.5</td></tr>
</table>

由此得 Y 对 x 的回归方程 $\hat{y}=62.3+8.8x$.

下面我们来讨论估计量 $\hat{a}$ 和 $\hat{b}$ 的性质.

8.2.3 估计量 $\hat{a}$ 和 $\hat{b}$ 的性质

1. $\hat{a}$, $\hat{b}$ 是 $y_1,\cdots,y_n$ 的线性函数

事实上,由式(8.26)知

$$\hat{b}=\frac{\sum_{i=1}^{n}(x_i-\overline{x})(y_i-\overline{y})}{\sum_{i=1}^{n}(x_i-\overline{x})^2}=\sum_{i=1}^{n}\frac{\overline{x}_j-\overline{x}}{L_{xx}}y_j-\frac{\sum_{i=1}^{n}(x_j-\overline{x})}{L_{xx}}\overline{y}=\sum_{i=1}^{n}\lambda_jy_j \tag{8.32}$$

$$\hat{a}=\overline{y}-\hat{b}\,\overline{x}$$

其中

$$\lambda_j=\frac{x_j-\overline{x}}{L_{xx}}\quad (j=1,2,\cdots,n) \tag{8.33}$$

在统计中,如果估计量是样本的线性函数,则称它为**线性估计**,所以 $\hat{b}$ 与 $\hat{a}$ 分别是参数 a 与 b 的线性估计.

2. $\hat{a}$, $\hat{b}$ 分别是 a, b 的无偏估计

由式(8.33)知

$$\begin{cases}\sum_{i=1}^{n}\lambda_i=0, & \sum_{i=1}^{n}\lambda_i^2=\dfrac{1}{L_{xx}}\\ \sum_{i=1}^{n}\lambda_ix_i=1 & \sum_{i=1}^{n}\lambda_iy_i=\hat{b}\end{cases} \tag{8.34}$$

于是

$$\begin{cases} E\hat{b}=\sum_{i=1}^{n}\lambda_i Ey_i=\sum_{i=1}^{n}\lambda_i(a+bx_i)=b \\ E\hat{a}=E\,\overline{y}-E\hat{b}\,\overline{x}=a+b\,\overline{x}-b\,\overline{x}=a \end{cases} \tag{8.35}$$

即 $\hat{a}$ 与 $\hat{b}$ 分别是参数 a 与 b 的无偏估计.对于 $\hat{a}$ 及 $\hat{b}$ 的方差,我们有

$$D\hat{b}=\sum_{i=1}^{n}\lambda_i^2 Dy_i=\sum_{i=1}^{n}\lambda_i^2\sigma^2=\frac{\sigma^2}{L_{xx}} \tag{8.36}$$

$$\begin{aligned} D\hat{a}&=D(\overline{y}-\hat{b}\,\overline{x})=D\left[\sum_{i=1}^{n}\left(\frac{1}{n}-\lambda_i\,\overline{x}\right)y_i\right] \\ &=\sum_{i=1}^{n}\left(\frac{1}{n}-\lambda_i\,\overline{x}\right)^2 Dy_i=\sigma^2\left(\frac{1}{n}+\sum_{i=1}^{n}\lambda_i^2\,\overline{x}^2\right) \\ &=\sigma^2\left(\frac{1}{n}+\frac{\overline{x}^2}{L_{xx}}\right) \end{aligned} \tag{8.37}$$

可见 $\hat{a},\hat{b}$ 的波动大小,不仅与随机变量 Y 的方差 σ^2 有关,而且还与回归变量 x 取值的分散程度有关,如果 x 取值的分散程度较大在,那么它们的波动就较小,也就是估计比较精确;反之,若 x 在一个比较小的范围内取值,那么对 a,b 的估计就不会精确.此外还可以看出,观测数据的个数 n 越大,$D\hat{a}$ 越小.这些对安排试验都有一定的指导意义.

上面证明了 $\hat{a},\hat{b}$ 分别是 a,b 的无偏估计,但是估计是$\hat{\sigma}^2$ 不是 σ^2 的无偏估计,而它的修正量

$$\begin{aligned} S^2&=\frac{n}{n-2}\hat{\sigma}^2=\frac{1}{n-2}\sum_{i=1}^{n}(y_i-\hat{a}-\hat{b}x_i)^2 \\ &=\frac{1}{n-2}(L_{yy}-\hat{b}L_{xy}) \end{aligned} \tag{8.38}$$

才是 σ^2 的无偏估计.因而在实际中常用 S^2 估 σ^2.关于 $ES^2=\sigma^2$ 的证明,将在后面讨论.

为了进一步研究,需要知道 $\hat{a},\hat{b}$ 和 S^2 的精确分布,我们给出下面的定理.

定理 8.2

(1) $\hat{b}\sim N\left(b,\dfrac{\sigma^2}{L_{xx}}\right)$;

(2) $\hat{a}\sim N\left(a,\sigma^2\left(\dfrac{1}{n}+\dfrac{\overline{x}^2}{L_{xx}}\right)\right)$;

(3) $\dfrac{(n-2)S^2}{\sigma^2}\sim\chi^2(n-2)$;

(4) $\overline{y},\hat{b}$ 和 S^2 三者独立.

证 由式(8.32),$\hat{b}$ 和 $\hat{a}$ 都是独立的正态变量 $y_1,\cdots,y_n$ 的线性函数,故 $\hat{b},\hat{a}$ 均为正态变量;再由式(8.35)、式(8.36)、式(8.37)知(1),(2)成立.

定理中的(3)、(4)证明比较复杂,从略.

从本定理不难看出 $\hat{a}$ 与 S^2,$\hat{y}=\hat{a}+\hat{b}x$ 与 S^2 也都独立.

现在来证明 S^2 是 σ^2 的无偏估计.事实中,从本定理的(3)及 χ^2 分布的性质(1)(见第 5 章),可知

$$E\,\frac{(n-2)S^2}{\sigma^2}=n-2$$

故

$$ES^2=\sigma^2$$

8.2.4 回归方程的显著性检验

利用表 8.10 我们求出了 Y 对 x 的回归方程，但是它是否基本上符合变量 Y 与 x 之间的客观规律呢？这首先需要考虑 Y 与 x 之间是否存在式(8.21)的线性关系.除了根据有关的专业知识来判断外，还要根据实测数据用统计方法来检验.

由式(8.21)可知，若 $b=0$，则 Y 就不依赖于 x，从而应该认为它们之间不存在线性关系；若 $b\neq 0$，则说 Y 与 x 之间有式(8.21)的线性关系.因此，问题归结于检验假设 $H_0: b=0$.

为了检验这个假设，和方差分析一样，我们来考虑独立随机样本，$y_1,y_2,\cdots,y_n$ 与总平均 $\overline{y}=\frac{1}{n}\sum_{i=1}^{n}y_i$ 的偏差平方和.这个和式就是式(8.29) 中第二式，即

$$L_{yy}\sum_{i=1}^{n}(y_i-\overline{y})^2$$

以后称它为**总平方和**.显然，L_{yy} 反映了 $y_1,y_2,\cdots,y_n$ 波动的大小.引起这个波动的原因有两个：一个是当 Y 与 x 之间有线性关系时，由于 x 的波动引起的 Y 的波动；另一个是其他因素引起的，包括 x 对 Y 的非线性影响，以及一切未加控制的因素的影响.为了把 L_{yy} 中这两种原因所引起的部分区分开来，我们将 L_{yy} 进行分解.

$$\begin{aligned}L_{yy}&=\sum_{i=1}^{n}(y_i-\overline{y})^2\\&=\sum_{i=1}^{n}(y_i-\hat{y}_i+\hat{y}_i-\overline{y})^2\\&=\sum_{i=1}^{n}(y_i-\hat{y})^2+\sum_{i=1}^{n}(\hat{y}_i-\overline{y})^2+2\sum_{i=1}^{n}(y_i-\hat{y}_i)(\hat{y}_i-\overline{y})\end{aligned}$$

由式(8.24) 可知，$\sum_{i=1}^{n}(y_i-\hat{y}_i)=0$，$\sum_{i=1}^{n}(y_i-\hat{y}_i)x_i=0$，从而可得 $\sum_{i=1}^{n}(y_1-\hat{y})(\hat{y}_i-\overline{y})=0$，故有

$$L_{xx}=\sum_{i=1}^{n}(y_i-\overline{y})^2=\sum_{i=1}^{n}(y_i-\hat{y}_i)^2+\sum_{i=1}^{n}(\hat{y}_i-\overline{y})^2 \tag{8.39}$$

式(8.39)就是总平方和 L_{yy} 的分解公式，常简记为

$$L_{yy}=Q+U$$

其中 $Q=\sum_{i=1}^{n}(y_i-\hat{y}_i)^2$ 称为**剩余平方和或残差平方和**，$U=\sum_{i=1}^{n}(\hat{y}_i-\overline{y})^2$ 称为**回归平方和**.

由式(8.38)可知，$Q/(n-2)=S^2$，再由 $ES^2=\sigma^2$ 知

$$E\left(\frac{Q}{n-2}\right)=\sigma^2$$

这表明剩余平方和 Q 反映了除 x 与 Y 的线性影响之外的一切随机因素对 Y 的作用.

比较式(8.31)与式(8.39)，容易得到

$$U=\sum_{i=1}^{n}(\hat{y}-\overline{y})^2=\hat{b}L_{xy}=\hat{b}^2L_{xx}. \tag{8.40}$$

由此，利用式(8.35)和式(8.36)有

$$EU=L_{xx}E\hat{b}^2=L_{xx}[D\hat{b}+(E\hat{b})^2]=\sigma^2+b^2L_{xx}$$

因而,U 只有当假设 $H_0:b=0$ 成立时,才是 σ^2 的无偏估计.由此可知,回归平方和 U 除反映随机因素对 Y 的作用而外,还反映了 $b\neq 0$ 时变量 x 与 Y 的作用.因而用它和 $Q/(n-2)$ 相比较可判断假设 H_0 是否成立.若 U 超出 $Q/(n-2)$ 太大,则可认为 $b\neq 0$,从而拒绝 H_0,相反则可接受 H_0,故可用

$$F=\frac{U}{Q/(n-2)} \tag{8.41}$$

作为检验 H_0 的统计量.下面研究它的分面.

根据定理 8.2

$$\hat{b}\sim N(b,\sigma^2/L_{xx})$$

于是

$$\frac{\hat{b}-b}{\sigma/\sqrt{L_{xx}}}\sim N(0,1)$$

当 H_0 成立时,有

$$\frac{\hat{b}\sqrt{L_{xx}}}{\sigma}\sim N(0,1)$$

从而,由式(8.40)得到

$$\frac{U}{\sigma^2}=\left(\frac{b\sqrt{L_{xx}}}{\sigma}\right)^2\sim\chi^2(1)$$

再根据定理(8.2),$Q/\sigma^2\sim\chi^2(n-2)$ 且 Q 与 $\hat{b}$ 相互独立,故

$$F=\frac{U}{Q/(n-2)}\sim F(1,n-2) \tag{8.42}$$

于是,对于给定的显著性水平 α,查附表 5,求出临界值 $F_\alpha(1,n-2)$,当 $F\geqslant F_\alpha(1,n-2)$ 时,则拒绝 H_0,即认为 Y 与 x 之间具有式(8.21)的线性关系.这时,我们称所得的回归方程式(8.28)是**显著的**;反之,则称回归方程**不显著**.回归方程不显著的原因可能有以下几种:一是影响 Y 的,除 x 而外还有其他重要的因素;二是 Y 与 x 不存在式(8.21)的线性关系;三是 Y 与 x 无关.因此,当回归方程不显著时,需进一步查明原因,分别处理.

关于显著性检验的计算,与 8.1 节方差分析所讲的一样,可排成方差分析表 8.11.

表 8.11

方差来源	平方和	自由度	均 方	F 值
回归	U	1	U	$\frac{U}{Q/(n-2)}$
剩余	Q	$n-2$	$Q/(n-2)$	
总和	L_{yy}	$n-1$		

L_{yy},U,Q 的值可利用表 8.8 直接算出来,L_{yy} 表中已有,而

$$\begin{cases}U=\hat{b}^2L_{xx}=\hat{b}L_{xy}\\Q=L_{yy}-\hat{b}L_{xy}\end{cases} \tag{8.43}$$

例 8.4(续例 8.3) 检验回归方程是否显著,取显著性水平 $\alpha=0.01$.

解 $U=\hat{b}L_{xy}=8.8\times 82.68=727.584$

$$Q=L_{yy}-U=855.48-727.548=127.896$$

列方差分析表 8.12.

表 8.12

方差来源	平方和	自由度	均方	F 值
回归	727.584	1	727.584	$\frac{727.584}{25.58}=28.44^{**}$
剩余	127.896	5	25.58	
总和	855.48	6		

查附表 5 得 $F_{0.01}(1,5)=16.26$，由于 $28.44>16.26$，故回归方程高度显著.

关于回归方程的显著性检验，在实际应用中，除 F 检验法外，还常采用 t 检验法和 r 检验法. 关于 t 检验法，我们放在习题中(题 8.6)，留给读者自己验证. 下面介绍 r 检验法.

从上面的讨论我们知道，回归平方和 U 主要反映了 x 对 Y 的影响，U 的值越大，也就是 Y 对 x 的线性关系越密切. 因此，在 L_{yy} 固定的条件下，比值

$$U/L_{yy}=U/(Q+U)$$

就是衡量 x 与 Y 之间线性相关程度的一个量. 由式(8.30)和式(8.43)可得

$$\frac{U}{L_{yy}}=\frac{\hat{b}^2L_{xx}}{L_{yy}}=\left(\frac{L_{xy}}{L_{xx}}\right)^2\frac{L_{xx}}{L_{yy}}=\left(\frac{L_{xy}}{\sqrt{L_{xx}L_{yy}}}\right)^2$$

$$=\left[\frac{\sum_{i=1}^{n}(x_i-\overline{x})(y_i-\overline{y})}{\sqrt{\sum_{i=1}^{n}(x_i-\overline{x})^2\sum_{i=1}^{n}(y_1-\overline{y})^2}}\right]^2$$

括号中的式子称为**样本相关系数**，简称**相关系数**，记为

$$r=\frac{\sum_{i=1}^{n}(x_i-\overline{x})(y_i-\overline{y})}{\sqrt{\sum_{i=1}^{n}(x_i-\overline{x})^2\sum_{i=1}^{n}(y_i-\overline{y})^2}} \tag{8.44}$$

比较式(8.26)和式(8.44)可知，r 的符号和回归系数 $\hat{b}$ 的符合是一致的. 又因

$$r^2=\frac{U}{L_{yy}}=\frac{L_{yy}-Q}{L_{yy}}$$

故

$$Q=L_{yy}(1-r^2)$$

这表明 $|r|\leqslant 1$，且当 L_{yy} 固定时，$|r|$ 越接近于 1，Q 越小. 特别当 $|r|=1$ 时，$Q=0$，$U=L_{yy}$，即 Y 的变化完全是由 Y 与 x 的线性关系所引起的.

由上可知，统计量 r 可用来表示 Y 与 x 之间线性相关的密切程度. 因此也可用统计量 r 来检验假设 $H_0:b=0$，但是，这个检验与统计量 F 所做的检验，只是形式上的不同，实际上是一回事. 这是因为

$$F=\frac{U}{Q/(n-2)}=\frac{U/(Q+U)}{[1-U/(Q+U)]/(n-2)}=\frac{(n-2)r^2}{1-r^2}$$

关于 r 的临力量值表，可利用上式根据 F 的临界值表反算过来. 因为对 F 的临界值 $F_\alpha(1,n-2)$ 有

$$P\left[\frac{(n-2)r^2}{1-r^2} \geqslant F_\alpha(1, n-2)\right]=\alpha$$

从而可得

$$P[r| \geqslant r_\alpha(n-2)]=\alpha$$

其中

$$r_\alpha(n-2)=\sqrt{\frac{F_\alpha(1, n-2)}{F_\alpha(1, n-2)+n-2}}$$

利用此式即可定出统计量 r 的临界值 $r_\alpha(n-2)$ 的数值表(附表 6).

对例 8.4 可采用 r 检验法.

计算统计量 r 的值

$$r=\frac{L_{xy}}{\sqrt{L_{xx}L_{yy}}}=\frac{82.68}{\sqrt{9.39\times 855.48}}=0.922$$

查附表 6,得 $r_\alpha(5)=r_{0.01}(5)=0.874$,由于 $0.922>0.874$,故拒绝假设 H_0. 这与用 F 检验所得的结论是一致的.

8.2.5 利用回归方程进行预测和控制

现在讨论如何利用求得的回归方程进行预测和控制的问题. 所谓预测问题,就是对固定的 x 值预测 Y 的值. 所谓控制问题是指通过控制 x 的值以便把 Y 的值控制在指定的范围内. 下面先考虑预测问题.

1. 预测

设 Y 与 x 满足线性模型式(8.21),根据观察值 $(x_1, y_1), (x_2, y_2), \cdots, (x_n, y_n)$ 求得的回归方程为 $\hat{y}=\hat{a}+\hat{b}x$,且 $y_0=a+bx_0+\varepsilon_0, \varepsilon_0 \sim N(0, \sigma^2)$. 假设 $y_0, y_1, \cdots, y_n$ 相互独立,求 y_0 的预测值及预测区间.

根据回归方程的意义,很自然我们用 $\hat{y}_0=\hat{a}+\hat{b}x_0$ 作为 y_0 的预测值. 因为 $E\hat{y}_0=E(\hat{a}+\hat{b}x_0)=a+bx_0=Ey_0$,故预测值 $\hat{y}_0$ 是 Ey_0 的无偏估计. 下面讨论 y_0 的预测区间问题,也就是 y_0 的区间估计问题.

可以证明,对于任意固定的 x_0,统计量

$$t=\frac{y_0=\hat{y}_0}{S\sqrt{1+\frac{1}{n}+\frac{(x_0-\overline{x})^2}{L_{xx}}}} \sim t(n-2) \tag{8.45}$$

其中,$S=\sqrt{Q/(n-2)}$ 常称为**剩余标信差**.

证 首先讨论 $y_0-\hat{y}_0$ 的分布. $\hat{y}=\overline{y}+\hat{b}(x_0-\overline{x})$,由定理 8.2 知,$\hat{b}$ 是正态变量,又 $\overline{y}$ 是独立正态变量的线性组合而且 $\hat{b}, \overline{y}$ 独立,故 $\hat{y}_0$ 是正态变量,而 $y_0 \sim N(a+bx_0, \sigma^2)$ 且 y_0 与 $\hat{y}_0$ 独立,故 $y_0-\hat{y}_0$ 是正态变量,且 $E(y_0-\hat{y}_0)=0$,下面求 $D(y_0-\hat{y}_0)=D[y_0-\overline{y}-\hat{b}(x_0-\overline{x})]$.

根据定理 8.2,$\overline{y}$ 与 $\hat{b}$ 相互独立,又因 $y_0, y_1, \cdots, y_n$ 相互独立,故得 $y_0, \overline{y}, \hat{b}$ 相互独立,从而

$$D(y_0-\hat{y}_0)=Dy_0+D\overline{y}+(x_0-\overline{x})^2D\hat{b}=\sigma^2\left[1+\frac{1}{n}+\frac{(x_0-\overline{x})^2}{L_{xx}}\right]$$

于是

$$y_0-\hat{y}_0-N\left\{0,\sigma^2\left[1+\frac{1}{n}+\frac{(x_0-\overline{x})^2}{L_{xx}}\right]\right\} \tag{8.46}$$

且

$$\frac{y_0-\overline{y}_0}{\sigma\sqrt{1+\frac{1}{n}+\frac{(x_0-\overline{x})^2}{L_{xx}}}}\sim N(0,1)$$

理由定理 8.2 知,$Q/\sigma^2-\chi^2(n-2)$,且 Q 与 $\hat{y}$ 相互独立,从而可得 $y_0-\hat{y}_0$ 与 Q 相互独立．由 t 分布的定义知

$$t=\frac{y_0-\hat{y}_0}{S\sqrt{1+\frac{1}{n}+\frac{(x_0-\overline{x})^2}{L_{xx}}}}$$

$$=\frac{y_0-\hat{y}_0}{\sigma\sqrt{1+\frac{1}{n}+\frac{(x_0-\overline{x})^2}{L_{xx}}}}\Big/\sqrt{\frac{0}{\sigma^2(n-2)}}\sim t(n-2)$$

利用式(8.45)很容易求 y_0 的预测区间．因为对任意的 $\alpha(0<\alpha<1)$,有

$$P\left\{-t_{\alpha/2}(n-2)<\frac{y_0-\hat{y}_0}{S\sqrt{1+\frac{1}{n}+\frac{(x_0-\overline{x})^2}{L_{xx}}}}<t_{\alpha/2}(n-2)\right\}=1-\alpha$$

若令

$$\delta(x_0)=t_{\alpha/2}(n-2)S\sqrt{1+\frac{1}{n}+\frac{(x_0-\overline{x})^2}{L_{xx}}} \tag{8.47}$$

则得

$$P[\hat{y}-\delta(x_0)<y_0<\hat{y}+\delta(x_0)]=1-\alpha$$

这样,对于任意 x_0,$y_0=a+bx_0+\varepsilon_0$ 的置信度为 $1-\alpha$ 的预测区间是

$$(\hat{y}-\delta(x_0),\hat{y}_0+\delta(x_0)) \tag{8.48}$$

其中,$\hat{y}_0=\hat{a}+\hat{b}x_0$,$\delta(x_0)$由式(8.47)决定．

由上可知,剩余标准差 S 越小,预测区间越窄,即预测越精确．另外,对于给定的样本观察值及置信度,当 x_0 越靠近 $\overline{x}$ 时,预测精度也越高．

若对给定的样本观测值作曲线

$$\begin{cases}y_1(x)=\hat{y}-\delta(x)\\ y_2(x)=\hat{y}+\delta(x)\end{cases} \tag{8.49}$$

则夹在这两条曲线之间的部分就是 $Y=a+bx+\varepsilon$ 的置信度为 $1-\alpha$ 的预测带,它以 $1-\alpha$ 的概率包含 Y 的值,且当 x 越靠近$\overline{x}$时,预测区间越窄,预测越精确(见图 8.2).

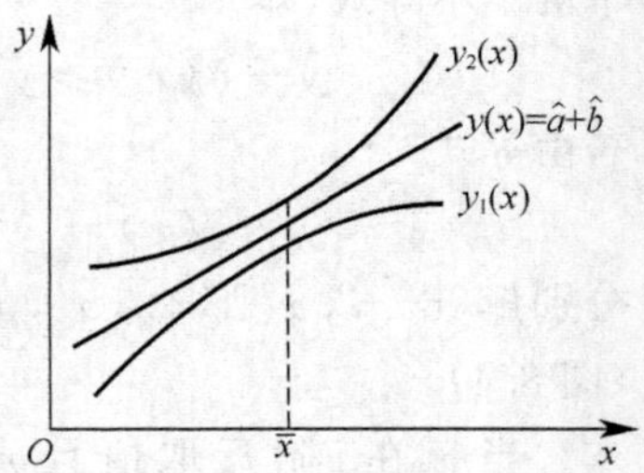

图 8.2

例 8.5 (续例 8.3) 设 $x=3$,求 Y 的置信度为 0.90 的预测区间.

解 由例 8.3 可知,$n=7$,$\overline{x}=2.157$,$L_{xx}=9.39$,$S^2=25.58$,$S=5.075$,回归方程为 $\hat{y}=62.3+8.8x$,从而

$$\hat{y}_0=62.3+8.8\times 3=88.7$$

查 t 分布表得：$t_\alpha(n-2)=t_{0.05}(5)=2.015$，于是由式(8.47)得

$$\delta(3)=2.015\times 5.057\times\sqrt{1+\frac{1}{7}+\frac{(3-2.157)^2}{9.39}}=11.25$$

故由式(8.48)，当 $x=3$ 时，Y 的预测区间为

$$(88.7-11.25,88.7+11.25)=(77,45,99.95)$$

置信度为 0.90.

由上面的例子可以看出，$\delta(x)$的计算是很烦的，但对下述情况，则可进行简化．

当 x_0 取值在$\overline{x}$附近而且 n 较大时，有

$$1+\frac{1}{n}+\frac{(x_0-\overline{x})^2}{L_{xx}}\approx 1$$

$$t_{\alpha/2}(n-2)\approx u_{\alpha/2}$$

于是 $\delta(x_0)\approx u_{\alpha/2}S$，此时式(8.48)变为

$$(\hat{y}_0-u_{\alpha/2}S,\hat{y}_0+u_{\alpha/2}S)$$

故可得 y_0 的置信度为 0.95 和 0.99 的预测区间为

$$(\hat{y}_0-1.96S,\hat{y}_\alpha+1.96S) \tag{8.50}$$

$$(\hat{y}_0-2.58S,\hat{y}_0+2.58S) \tag{8.51}$$

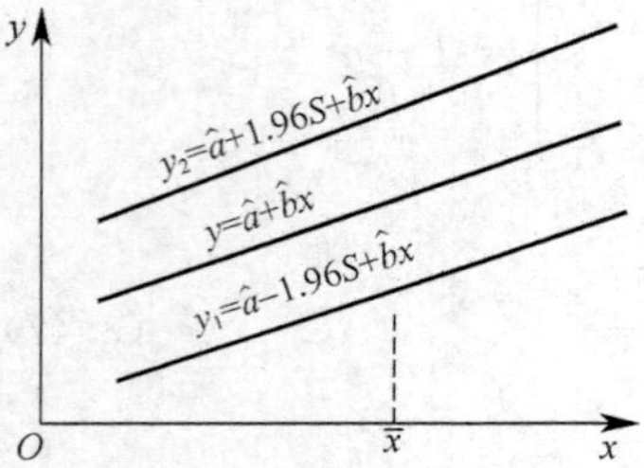

图 8.3

利用式(8.50)、式(8.51)进行预测是很方便的，因为只需要计算出 $\hat{y}_0$ 及剩余标准差 S 即可，若作直线

$$y_1=\hat{y}-1.96S=\hat{a}-1.96S+\hat{b}x$$

$$y_2=\hat{y}+1.96S=\hat{a}+1.96S+\hat{b}x$$

则当 x 在$\overline{x}$附近取值且 n 较大时，$Y=a+bx+\varepsilon$ 的值将有 95%落在这两条直线所夹的区域中(图 8.3)．这里剩余标准差 S 起了重要的作用，它决定了预测精度的大小．

2. 控制

控制问题是预测问题的反问题，即若要 $Y=a+bx+\varepsilon$ 的值以$1-\alpha$的概率落在指定区间(y',y'')之中，那么回归变量 x 应控制在什么范围内，也就是说，要求出区间(x',x'')，使当 $x'<x<x''$时，对应的 Y 值以 $1-\alpha$ 的概率落在(y',y'')之中．

在图 8.2 中，由于二曲线 $y_1(x)=\hat{y}-\delta(x)$及 $y_2(x)=\hat{y}+\delta(x)$所夹的部分就是 $Y=a+bx+\varepsilon$ 的置信度为 $1-\alpha$ 的预测带，故若要 Y 的观测值以 $1-\alpha$ 的概率落在(y',y'')中，只需控制 x 满足以下两个不等式，即

$$\hat{y}-\delta(x)\geqslant y',\quad \hat{y}+\delta(x)\leqslant y''$$

若由等式

$$\hat{y}-\delta(x)=y',\quad \hat{y}+\delta(x)=y''$$

分别解出 x',x''那么(x',x'')就是所求的 x 的控制区间(图 8.4)．

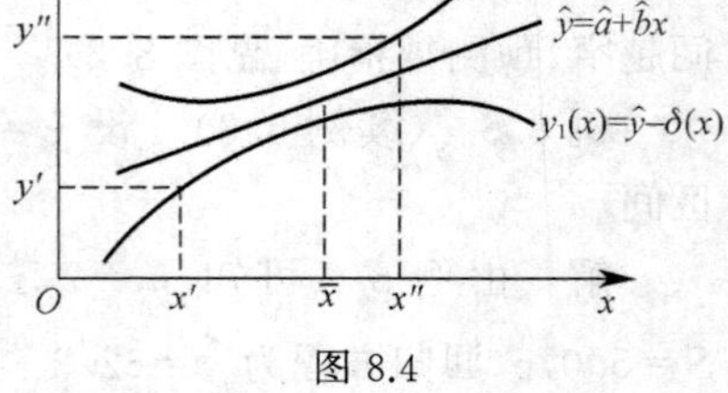

图 8.4

当 x 在$\overline{x}$附近取值且 n 较大，可以利用式(8.50)或式(8.51)进行控制．例如，若要控制$Y=a+bx+\varepsilon$ 在(y',y'')中，置信度为 0.95，那么就利用式(8.50)求回归变量 x 的控

制区间，为此，令

$$y'=\hat{y}-1.96S=\hat{a}-1.96S+\hat{b}x$$

$$y''=\hat{y}+1.96S=\hat{a}+1.96S+\hat{b}x$$

由上二方程分别解出 x' 和 x''，则当 $\hat{b}>0$ 时，x 的控制区间为(x',x'')(图 8.5)；当 $\hat{b}<0$ 时，x 的控制区间为(x',x'')(图 8.6).

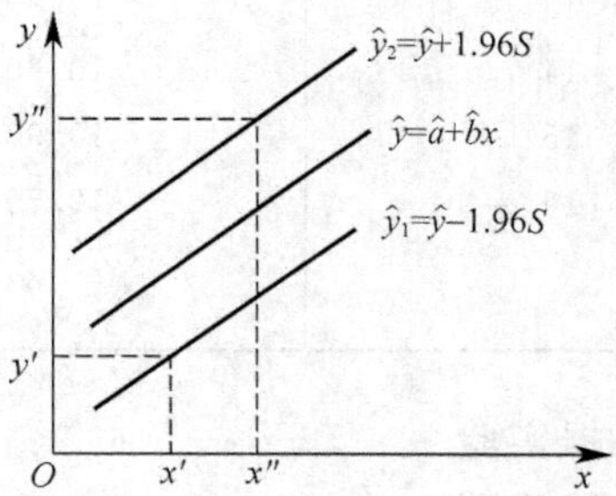

图 8.5

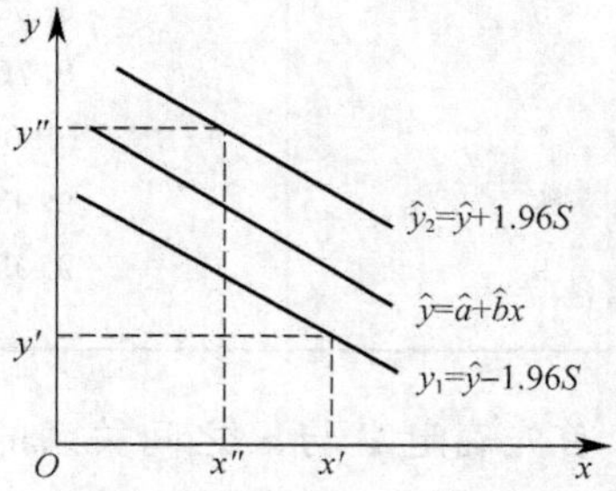

图 8.6

8.2.6 一元非线性回归

前面讨论了当回归函数为线性函数 $y=a+bx$ 时，求它的估计式——回归方程 $\hat{y}=\hat{a}+\hat{b}x$ 的问题. 但在实际问题中，y 与 x 的关系未必是线性的，这时就必须研究非线性回归的问题.

设 y 与 x 的关系不是线性的，但经过整理后可以化为如下的形式，即

$$g(y)=a+bh(x)$$

那么，通过变换 $z=g(y)$，$t=h(x)$，上式就变成线性关系

$$z=a+bt$$

如果利用一元线性回归的方法求出上式的估计

$$\hat{z}=\hat{a}+\hat{b}t$$

再将 x，y 代回，就可求得 y 与 x 非线性关系式的估计了.

例如，设 y 与 x 的关系

$$y=ax^b \quad (a>0)$$

两边取对数，上式变成

$$\ln y=\ln a+b\ln x$$

令

$$z=\ln y, A=\ln a, t=\ln x$$

则得线性关系

$$z=A+bt$$

若求得回归方程 $\hat{z}=\hat{A}+\hat{b}t$，则通过 $\hat{z}=\ln\hat{y}$，$\hat{A}=\ln\hat{a}$，$t=\ln x$，就可得到

$$\hat{y}=\hat{a}x^{\hat{b}}$$

下面看一个具体的例子.

例 8.6 出钢时所用的盛钢水的钢包，由于钢水对耐火材料的浸蚀，使钢包的容积不断增大. 我们希望找出使用次数与增大的容积之间的关系. 试验数据见表 8.13.

表 8.13

使用次数 x	容积 y	使用次数 x	容积 y
2	6.42	10	10.49
3	8.20	11	10.59
4	9.58	12	10.60
5	9.50	13	10.80
6	9.70	14	10.60
7	10.00	15	10.90
8	9.93	16	10.76
9	9.99		

解 首先确定 Y 与 x 之间关系的函数类型．为此根据实验数据作散点图(图 8.7)，从图中看出，最初容积增加很快，以后逐渐减慢趋于稳定．根据这个特点，我们选用双曲线

$$\frac{1}{y}=a+\frac{b}{x}$$

来表示容积 Y 与使用次数 x 之间的关系．令

$$Z=\frac{1}{y},t=\frac{1}{x}$$

则得线性关系

$$Z=a+bt$$

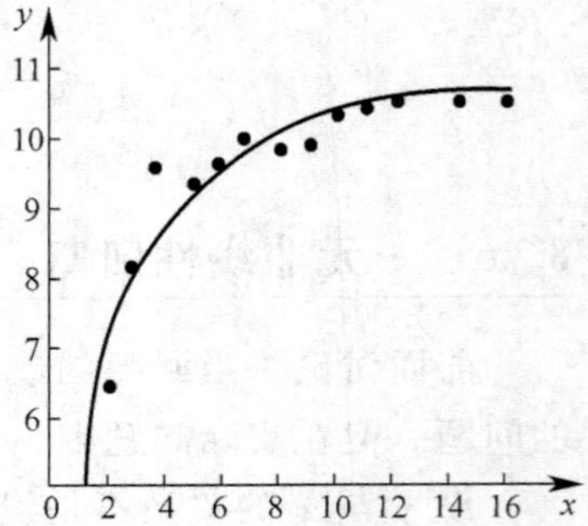

图 8.7

由 x,y 的数据分别取倒数，即可看到 t 和 z 的数据，见表 8.14.

表 8.14

t	0.5000	0.3333	0.2500	0.2000	0.1667	0.1429	0.1250	0.1111
z	0.1558	0.1220	0.1044	0.1053	0.1031	0.1000	0.1007	0.1001
t	0.1000	0.0909	0.0833	0.0769	0.0714	0.0667	0.0625	
z	0.0953	0.0944	0.0943	0.0926	0.0943	0.0917	0.0929	

利用上面的数据，按线性回归公式可算得

$$\overline{t}=0.1587,\quad \overline{z}=0.1031$$

$$L_{tt}=0.2065,\quad L_{zz}=0.00379,L_{tz}=0.02709$$

$$\hat{b}=\frac{L_{tz}}{L_{tt}}=0.1312,\quad \hat{a}=\overline{z}-\hat{b}\,\overline{t}=0.1031-0.1312\times 0.1597=0.0823$$

$$\hat{z}=\hat{a}+\hat{b}t=0.0823+0.1312t \tag{8.52}$$

$$r=\frac{L_{tz}}{\sqrt{L_{tt}L_{zz}}}=\frac{0.02709}{\sqrt{0.2065\times 0.00379}}=0.9682^{*}$$

将 $\hat{Z}=\frac{1}{y},t=\frac{1}{x}$ 代入式(8.52)，则得

$$\frac{1}{\hat{y}}=0.0823+\frac{0.1312}{x}$$

或

$$\hat{y}=\frac{x}{0.0823x+0.1312}$$

把这条曲线画在图 8.7 中，可见基本上反映了 y 与 x 之间的变化规律．

习题 8

1．一批由同样原料织成的布，用 5 种不同的染整工艺处理，然后进行缩水率试验．设每种工艺处理四块布样，测得缩水率的结果如表 8.15 所示．

表 8.15

缩水率/% 工艺 布样号	A_1	A_2	A_3	A_4	A_5
1	4.3	6.1	6.5	9.3	9.5
2	7.8	7.3	8.3	8.7	8.8
3	3.2	4.2	8.6	7.2	11.4
4	6.5	4.1	8.2	10.1	7.8

试问不同的工艺对布的缩水率是否有显著影响($\alpha=0.01$)？

2．灯泡厂用四种不同配料方案制成的灯丝生产了四批灯泡，今从中分别抽样进行使用寿命的试验，得到如表 8.16 所示的结果(单位：小时)．问这几种配料方案对使用寿命有无显著影响($\alpha=0.05$)？

表 8.16

寿命 灯泡 试验号	A_1	A_2	A_3	A_4
1	1600	1850	1460	1510
2	1610	1640	1350	1520
3	1650	1640	1600	1530
4	1680	1700	1620	1570
5	1700	1750	1640	1600
6	1720	—	1660	1680
7	1800	—	1740	—
8	—	—	1820	—

3．在单因素试验方差分析模型式(8.3)中，μ_i 是未知参数($i=1,2,\cdots,m$)，求 μ_i 的点

估计和区间估计．

4. 在单因素试验方差分析模型式(8.3)中，σ^2 是未知参数，试证 $\hat{\sigma}^2=\dfrac{S_e}{n-m}$ 是 σ^2 的无偏估计，且 σ^2 的 $1-\alpha$ 的置信区间为

$$(S_e/\chi^2_{\alpha/2})(n-m),\quad S_e^2/\chi^2_{1-\alpha/2}(n-m)$$

5. 验证式(8.25)的解 $\hat{a},\hat{b}$ 能使 $Q(a,b)=\sum_{i=1}^{n}(y_i-a-bx_i)^2$ 达到最小值．

6. 利用定理 8.2 证明在假设 $H_0:b=0$ 成立的条件下，统计量

$$t=\frac{\hat{b}}{S}\sqrt{l_{xx}}\sim t(n-2)$$

并利用它检验 8.2 节中例 8.3 所得回归方程的显著性($\alpha=0.01$)．

7. 利用定理 8.2 证明回归系数 b 置信度为 $1-\alpha$ 的置信区间为

$$(\hat{b}-t_{\alpha/2}(n-2)S/\sqrt{l_{xx}},\quad \hat{b}+t_{\alpha/2}(n-2)S/\sqrt{l_{xx}})$$

并利用这个公式求 8.2 节中例 8.3 的回归系数 b 的置信区间(置信度为 0.95)．

8. 在钢线碳含量 x(%)对于电阻 y(20 ℃时，微欧)的效应的研究中，得到以下的数据：

x	0.10	0.30	0.40	0.55	0.70	0.80	0.95
y	15	18	19	21	22.6	23.8	26

设对于给定的 x，y 为正态变量，且方差与 x 无关．(1)求线性回归方程 $\hat{y}=\hat{a}+\hat{b}x$；(2)检验回归方程的显著性；(3)求 b 的置信区间(置信度为 0.95)；(4)求 y 在 $x=0.50$ 处的置信度为 0.95 的预测区间．

9. 在硝酸钠($NaNO_3$)的溶解度试验中，对不同温度 t ℃测得溶解于 100 mL 的水中的硝酸钠质量 Y 的观测值如下：

t_i	0	4	10	15	21	29	36	51	68
y_i	66.7	71.0	76.3	80.6	85.7	92.9	99.9	113.6	125.1

从理论知 Y 与 t 满足线性回归模型式(8.20)．(1)求 Y 对 t 的回归方程；(2)检验回归方程的显著性($\alpha=0.01$)；(3)求 Y 在 $t=25$ ℃时的预测区间(置信度为 0.95)．

10. 某种合金的抗拉强度 Y 与钢中含碳量 x 满足线性回归模型式(8.20)，今实测了 92 组数据$(x_i,y_i)(i=1,2,\cdots,92)$，并算得 $\overline{x}=0.1255$，$\overline{y}=45.7989$，$l_{xx}=0.3018$，$l_{yy}=2941.0339$，$l_{xy}=26.5097$．(1)求 Y 对 x 的回归方程；(2)对回归方程作显著性检验($a=0.01$)；(3)当含碳量 $x=0.09$ 时，求 Y 置信度为 0.95 的预测区间；(4)若要控制抗拉强度以 0.95 的概率落在(38,52)之中，那么含碳量 x 应控制在什么范围内？

11. 电容器充电后，电压达到 100 V，然后开始放电，设在 t_i 时刻电压 U 的观测值为 u_i，具体数据如下：

t_i	0	1	2	3	4	5	6	7	8	9	10
u_i	100	75	55	40	30	20	15	10	10	5	5

(1) 画出散点图；

(2) 用指数曲线模型 $U=ae^{bt}$ 来拟合 U 与 t 的关系，求 a，b 的估计值．

参考答案

习题 1

1. $B=A_1A_2$;$C=\overline{A}_1\ \overline{A}_2$;$D=A_1\ \overline{A}_2+\overline{A}_1A_2$;$E=A_1+A_2$.

2. (1) $\overline{AB}+\overline{AC}+\overline{BC}$;(2) $\overline{A}+\overline{B}+\overline{C}$;(3) $AB+AC+BC$;(4) $(A+B)\overline{C}$;(5) $AB\,\overline{C}+A\,\overline{B}C+\overline{A}BC$.

3. (1) 设 A="三张卡片中最大号码为 5",则

$$P(A)=\frac{C_4^2C_1^1}{C_{10}^3}=\frac{1}{20}$$

(2) 设 B="三张中最小号码为 5",则

$$P(B)=\frac{C_5^2C_1^1}{C_{10}^3}=\frac{1}{12}$$

4. (1) 设 A="每组各分一个团员",则

$$\#(A)=3!\ \cdot C_{12}^4C_8^4C_4^4=\frac{3!\ \times 12!}{4!\ 4!\ 4!}$$

$$\#(S)=C_{15}^5C_{10}^5C_5^5$$

$$P(A)=\frac{\#(A)}{\#(S)}=\frac{3!\ \times 12!}{4!\ \times 4!\ \times 4!}\Big/\frac{15!}{5!\ 5!\ 5!}=\frac{25}{91}$$

(2) 设 B="三名团员分在同一组",则

$$\#(B)=3\times C_{12}^2C_{10}^5C_5^5=\frac{3!\ \times 12!}{2!\ 5!\ 5!}$$

$$\#(S)=C_{15}^5C_{10}^5C_5^5$$

$$P(B)=\frac{\#(B)}{\#(S)}=\frac{3\times 12!}{2!\ 5!\ 5!}\Big/\frac{15!}{5!\ 5!\ 5!}=\frac{6}{91}$$

5. 设 A="5 件产品至多有 1 件次品",B_i="5 件中恰有 i 件次品"($i=0,1,2,3,4,5$),则

$$A=B_0+B_1$$

$$P(A)=P(B_0)+P(B_1)=\frac{C_{90}^5}{C_{100}^5}+\frac{C_{90}^4C_{10}^1}{C_{100}^5}\approx 0.9231$$

6. 设 A="4 只鞋子中至少有两只鞋子配成一双",则

$$P(A)=\frac{C_5^1C_2^2\cdot C_4^2C_2^1C_2^1+C_5^2C_2^2C_2^2}{C_{10}^4}=\frac{13}{21}$$

7. 相等.设 A="小张抽到好跑道",B="小李抽到好跑道".

解法一:$P(A)=\dfrac{C_3^1}{C_7^1}=\dfrac{3}{7}$,$P(B)=\dfrac{C_3^1 6!}{7!}=\dfrac{3}{7}$,显然 $P(A)=P(B)$.

解法二:$P(A)=\dfrac{C_3^1}{C_7^1}=\dfrac{3}{7}$,$P(\overline{A})=1-\dfrac{3}{7}=\dfrac{4}{7}$

$$P(B)=P(A)P(B|A)+P(\overline{A})P(B|\overline{A})=\frac{3}{7}\cdot\frac{2}{6}+\frac{4}{7}\cdot\frac{3}{6}=\frac{3}{7}$$

故 $P(A)=P(B)$

8. 设 $A=$“没有两位及两位以上乘客在同一层离开”

$$P(A)=\frac{P_9^7}{9^7}\approx 0.0379$$

9. 设 $A=$“三段能够成三角形”，并设其中两段长为 x、y，则第三段长 $a-x-y$，x、y 应满足条件 $\begin{cases}x>0\\y>0\\x+y>a\end{cases}$，这就确定了平面域 S，A 发生 $\Leftrightarrow\begin{cases}x<\frac{a}{2}\\y<\frac{a}{2}\\x+y>\frac{a}{2}\end{cases}$ 确定了 S 的子区域 A，如题图 1.1 所示，于是

$$P(A)=\frac{L(A)}{L(S)}=\frac{1}{4}$$

10. 设 $A=$“x、y 之和不超过 1，面积不小于 0.09”，由题意知 $0\leqslant x\leqslant 1, 0\leqslant y\leqslant 1$，这就确定了平面域 S，A 发生 $\Leftrightarrow\begin{cases}x+y\leqslant 1\\xy\leqslant 0.09\end{cases}$，确定了 S 的子域 A，如题图 1.2 所示，于是

$$P(A)=\frac{L(A)}{L(S)}=\frac{\int_{0.1}^{0.9}\left[(1-x)-\frac{0.09}{x}\right]\mathrm{d}x}{1}\approx 0.2$$

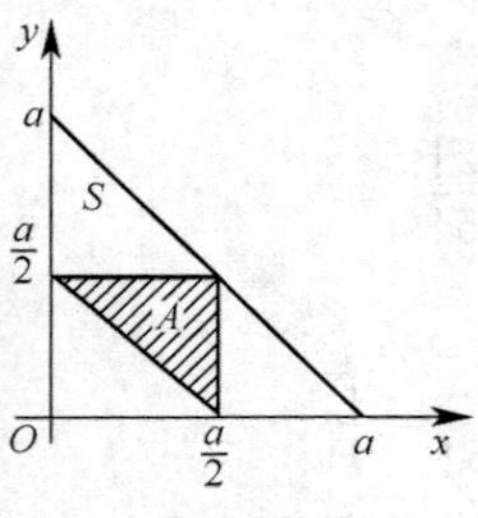

题图 1.1

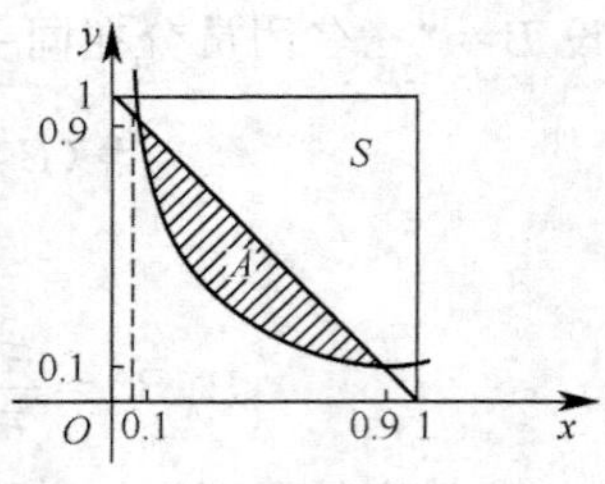

题图 1.2

11. 有明显效果的频率为 $\frac{368}{512}\approx 0.72$

由概率的统计定义，该患者服药后有明显疗效的可能性大约是 0.72.

12. 由 $ABC\subset AB$，且 $P(AB)=0$，有 $0\leqslant P(ABC)\leqslant P(AB)=0$，得 $P(ABC)=0$

$$P(\overline{ABC})=P(\overline{A+B+C})=1-P(A+B+C)=1-[P(A)+P(B)+P(C)-P(AB)-P(AC)-P(BC)+P(ABC)]=1-\frac{5}{8}=\frac{3}{8}$$

13. $P(AB)+P(AC)-P(BC)\leqslant P(AB)+P(AC)-P(ABC)=P(AB+AC)$
$=P\{A(B+C)\}\leqslant P(A)$

14. 设 $A=$“第 3 次才取到合格品”，$B_i=$“第 i 次取到合格品”$(i=1,2,3)$，则

$$A=\overline{B}_1\overline{B}_2B_3$$

$$P(A)=(P\overline{B}_1\overline{B}_2B_3)=P(\overline{B}_1)P(\overline{B}_2|\overline{B}_1)P(B_3|\overline{B}_1\overline{B}_2)$$

$$=\frac{10}{100}\times\frac{9}{99}\times\frac{90}{98}=0.0083$$

15. 设 A＝"恰好在第三次试开是打开锁"，C＝"三次内打开锁"，B_i＝"第 i 次试开时打开锁"$(i=1,2,3,4,5)$，则 $A=\overline{B}_1,\overline{B}_2B_3,C=B_1\cup\overline{B}_1B_2\cup\overline{B}_1\ \overline{B}_2B_3$.

(1) $P(A)=P(\overline{B}_1\ \overline{B}_2B_3)=P(\overline{B}_1)P(\overline{B}_2|\overline{B}_1)P(B_3|\overline{B}_1\ \overline{B}_2)=\frac{4}{5}\times\frac{3}{4}\times\frac{1}{3}=\frac{1}{5}$；

(2) $P(C)=P(B_1+\overline{B}_1B_2+\overline{B}_1\ \overline{B}_2B_5)=P(B_1)+P(\overline{B}_1B_2)+P(\overline{B}_1\ \overline{B}_2B_3)$

$$=P(B_1)+P(\overline{B}_1)P(B_2|\overline{B}_1)+P(\overline{B}_1)P(\overline{B}_2|\overline{B}_1)P(B_3|\overline{B}_1\ \overline{B}_2)$$

$$=\frac{1}{5}+\frac{4}{5}\times\frac{1}{4}+\frac{1}{5}=\frac{3}{5}.$$

或

$$\overline{C}=\overline{B}_1\ \overline{B}_2\ \overline{B}_3$$

$$P(C)=1-P(\overline{C})=1-P(\overline{B}_1\ \overline{B}_2\ \overline{B}_3)=1-P(\overline{B}_1)P(\overline{B}_2|\overline{B}_1)P(\overline{B}_3|\overline{B}_1\ \overline{B}_2)$$

$$=1-\frac{4}{5}\times\frac{3}{4}\times\frac{2}{3}=1-\frac{2}{5}=\frac{3}{5}$$

16. 样本空间 S＝{(男，男)，(男，女)，(女，男)，(女，女)}

A＝"有一个是男孩"＝{(男，男)，(男，女)，(女，男)}

B＝"有两个都是男孩"＝{(男，男)}

$$P(B|A)=\frac{P(AB)}{P(A)}=\frac{P(B)}{P(A)}=\frac{\#(B)/\#(S)}{\#(A)/\#(S)}=\frac{\frac{1}{4}}{\frac{3}{4}}=\frac{1}{3}$$

17. 解　设 A＝"发射端发射 0"，B＝"接收端接收到一个 1 的信号"，则

$$P(A|B)=\frac{P(B|A)P(A)}{P(B|A)P(A)+P(B|\overline{A})P(\overline{A})}$$

$$=\frac{0.05\times0.55}{0.05\times0.55+0.85\times0.45}$$

$$=0.067$$

18. 设 A＝"两颗骰子点数之和为 7"，B＝"两颗中有一颗为 1 点". 样本空间 $S=\{(v,j),i,j=1,2,3,4,5,6\}$中包含 36 个基本事件. 因为

$$A=\{(1,6),(2,5),(3,4),(4,3),(5,2),(6,1)\},B=\{(1,6),(6,1)\}$$

故

$$P(B|A)=\frac{P(AB)}{P(A)}=\frac{P(B)}{P(A)}=\frac{2/36}{6/36}=\frac{1}{3}$$

19. 设 A＝"该人被淋雨"，B_i＝"选择去 i 地野游"$(i=1、2、3)$，则 B_1,B_2,B_3 互斥，$B_1+B_2+B_3=S,A=B_1A+B_2A+B_3A$.

由全概率公式

$$P(A)=P(B_2)P(A|B_1)+P(B_2)P(A|B_2)+P(B_3)P(A|B_3)$$

$$=\frac{20}{52}\times0.4+\frac{20}{52}\times0.6+\frac{12}{52}\times0.2\approx0.431$$

20. 设 A_i＝"第 i 次取到正品"$(i=1,2)$，则

(1) $P(A_1|A_2)=\frac{8}{10}\times\frac{7}{9}=\frac{28}{45}$;

(2) $P(A_2|A_1)=\frac{7}{9}$;

(3) $P(A_2)=P(A_1)P(A_2|A_1)+P(\overline{A}_1)P(A_2|\overline{A}_1)=\frac{8}{10}\times\frac{7}{9}+\frac{2}{10}\times\frac{8}{9}=\frac{4}{5}$;

(4) $$\begin{aligned}P(\overline{A}_1A_2+A_1\overline{A}_2)&=P(\overline{A}_1A_2)+P(A_1\overline{A}_2)=P(A_2-A_1)+P(A_1-A_2)\\&=P(A_2)-P(A_1A_2)+P(A_1)-P(A_1A_2)\\&=P(A_1)+P(A_2)-2P(A_1A_2)\\&=\frac{8}{10}+\frac{4}{5}-2\times\frac{28}{45}=\frac{16}{45};\end{aligned}$$

(5) $P(A_1+A_2)=P(A_1)+P(A_2)-P(A_1A_2)=\frac{4}{5}+\frac{4}{5}-\frac{28}{45}=\frac{44}{45}$.

21. 设 B_i="箱中恰好有 i 件残次品"($i=0$、1、2),A="顾客买下所查看一箱",则

$$P(B_0)=0.8,P(B_1)=0.1,P(B_2)=0.1$$

$$P(A|B_0)=1,P(A|B_1)=\frac{C_{19}^4}{C_{20}^4}=\frac{4}{5},P(A|B_2)=\frac{C_{18}^4}{C_{20}^4}=\frac{12}{19}$$

(1) 由全概率公式

$$\alpha=P(A)=\sum_{i=0}^{2}P(B_i)P(A|B_i)=0.8+\frac{0.4}{5}+\frac{1.2}{19}\approx0.943$$

(2) 由贝叶斯公式

$$\beta=P(B_0|A)=\frac{P(B_0)P(A|B_0)}{P(A)}\approx\frac{0.8}{0.943}=0.848$$

22. 设 C="取到的产品为次品",A="产品由 A 厂生产",B="产品由 B 厂生产",则 $C=AC+BC$.

由全概率公式

$$P(C)=P(A)P(C|A)+P(B)P(C|B)=1\%\times0.6+2\%\times0.4=0.014$$

由贝叶斯公式知

$$P(A|C)=\frac{P(A)P(C|A)}{P(C)}=\frac{1\%\times0.6}{1.4\%}=\frac{3}{7}$$

23. 设 A="甲机被击落",B="乙机被击落",A_i="第 i 回合射击成功"($i=1,2,3$),则

$$A=\overline{A}_1A_2,B=A_1+\overline{A}_1\overline{A}_2A_3$$

(1) $P(A)=P(\overline{A}_1A_2)=P(\overline{A}_1)P(A_2|\overline{A}_1)=0.8\times0.3=0.24$;

(2) $$\begin{aligned}P(B)&=P(A_1+\overline{A}_1\overline{A}_2A_3)=P(A_1)+P(\overline{A}_1\overline{A}_2A_3)\\&=P(A_1)+P(\overline{A}_1)P(\overline{A}_2|\overline{A}_1)P(A_3|\overline{A}_1\overline{A}_2)\\&=0.2+0.8\times0.7\times0.4=0.424.\end{aligned}$$

24. 设 A="该建筑物使用寿命超过 50 年",B="该建筑物使用寿命超过 60 年",则

$$P(\overline{B}|A)=1-P(B|A)=1-\frac{P(AB)}{P(A)}=1-\frac{P(B)}{P(A)}=1-\frac{0.7}{0.8}=\frac{1}{8}$$

25. 设 A="3 件全是不合格品",B_i="第 i 次测试是不合格品"($i=1,2,3$),则$A=B_1B_2B_3$.

$$P(A)=P(B_1B_2B_3)=P(B_1)P(B_2|B_1)P(B_3|B_1B_2)$$
$$=\frac{4}{100}\times\frac{3}{99+10}\times\frac{2}{98+10+10}=0.00002$$

26. 设 A="甲译出密码",B="乙译出密码".由 A、B 独立得 $P(AB)=P(A)P(B)$.

(1) $P(A+B)=P(A)+P(B)-P(AB)=P(A)+P(B)-P(A)P(B)$
$=0.8+0.6-0.8\times0.6=0.92$;

(2) $P(\overline{A}+\overline{B})=P(\overline{A})+P(\overline{B})-P(\overline{AB})=P(\overline{A})+P(\overline{B})-P(\overline{A})P(\overline{B})$
$=0.2+0.4-0.2\times0.4=0.52$.

27. 设 A="电池 A 损坏",B="电池 B 损坏",C="电池 C 损坏"

$$\begin{aligned}P(A\cup BC)&=P(A)+P(BC)-P(ABC)\\&=P(A)+P(B)P(C)-P(A)P(B)P(C)\\&=0.3+0.2\times0.2-0.3\times0.2\times0.2=0.328\end{aligned}$$

28. 设 A_i="第 i 台机床在 1 小时内不需看管" $i=1,2,3$

(1) 则 $A_1A_2A_3$="3 台机床都不需要看管",由 A_1,A_2,A_3 相互独立,所以

$$P(A_1A_2A_3)=P(A_1)P(A_2)P(A_3)=0.9\times0.8\times0.85=0.612$$

(2) $\overline{A_1A_2A_3}$="至少有 1 台机床需要看管"

$$P(\overline{A_1A_2A_3})=1-P(A_1A_2A_3)=1-0.612=0.388$$

29. 设 A_i="4 只晶体管中恰有 i 只次品"($i=1,2$),则

$$P(A_1)=P_4(1)=C_4^1(0.01)(0.99)^3=0.039$$
$$P(A_2)=P_4(2)=C_4^2(0.01)^2(0.99)^2=0.006$$

30. $P=C_{n-1}^{r-1}P^{r-1}(1-P)^{(n-1)(r-1)}\times P=C_{n-1}^{r-1}P^r(1-P)^{n-r}$

31. $P(A|B)=\dfrac{P(AB)}{P(B)}$,$P(A|\overline{B})=\dfrac{P(A|\overline{B})}{P(\overline{B})}$,由 $P(A|B)=P(A|\overline{B})$ 得

$$\frac{P(AB)}{P(B)}=\frac{P(A\overline{B})}{P(\overline{B})}$$

即

$$P(AB)P(\overline{B})=P(A\overline{B})P(B)$$

得

$$P(AB)[1-P(B)]=[P(A)-P(AB)]P(B)$$
$$P(AB)-P(AB)P(B)=P(A)P(B)-P(AB)P(B)$$

即 $P(AB)=P(A)P(B)$,A、B 独立.

32. 设 A="仪器停止工作",则

$$P(A)=\sum_{k=1}^{2000}C_{2000}^k(0.0005)^k(0.9995)^{2000-k}\approx\sum_{k=1}^{2000}\frac{1}{k!}\mathrm{e}^{-1}=0.632$$

33. 假设发病频率为 0.0001,则 5000 人中至少有 4 个人患这种疾病的概率为

$$P=\sum_{k=4}^{500}C_{5000}^k(0.0001)^k(0.9999)^{5000-k}=\sum_{k=4}^{500}\frac{(0.5)^k}{k!}\mathrm{e}^{-0.5}=0.00175$$

这个概率很小,根据实际推断原理可知,如果发病率是 0.0001,则 5000 人中至少有 4 人患病是实际不可能的事件,那么,发病率不超过 0.0001,则 5000 人中恰有 4 人患病显然是实际不可能

的事件,而实际不可能事件在一次试验中,实际上是几乎不可能发生的,而题中的试验结果居然使实际不可能事件在一次试验中发生了,这与实际推断原理矛盾,故假设发病率不超过0.0001是不可信的.

34. 设以 $B_i(i=0,1,2,3)$ 表示第一次比赛时用了 i 个新球,A 表示第二项比赛时取出的球都是新球,则有

$$P(B_i)=\frac{C_9^i C_3^{3-i}}{C_2^3}$$

$$P(A\mid B_i)=\frac{C_{9-i}^2}{C_{12}^3}\quad(i=0,1,2,3)$$

由全概率公式知

$$P(A)=\sum_{i=0}^{3}P(B_i)\times P(A\mid B_i)=\sum_{i=0}^{3}=\frac{C_9^i C_3^{3-i} C_{9-i}^3}{(C_{12}^3)^2}$$

$$=\left(\frac{3\times2\times1}{12\times11\times10}\right)^2\times\frac{9\times8\times7}{3\times2\times1}+9.3\left(\frac{8\times7\times6}{3\times2\times1}+\frac{9\times8}{2\times1}\times3\times\frac{7\times6\times5}{3\times2\times1}+\frac{9\times8\times7}{3\times2\times1}\times\frac{6\times5\times4}{3\times2\times1}\right)$$

$$=\frac{441}{3025}=0.146.$$

35. 设 A_i 表示"第 i 次及格"$(i=1,2)$,则

$$P(A_1)=p,P(A_2|A_1)=p,P(A_2|\overline{A}_1)=\frac{p}{2}$$

(1) $P(A_1A_2\cup\overline{A}_1A_2\cup A_1\overline{A}_2)$

$$=P(A_1)P(A_2|A_1)+P(\overline{A}_1)P(A_2|\overline{A}_1)+P(A_1)P(\overline{A}_2|A_1)$$

$$=p\cdot p+(1-p)\cdot\frac{p}{2}+p(1-p)$$

$$=\frac{3}{2}p-\frac{1}{2}p^2$$

(2) 由贝叶斯公式

$$P(A_1|A_2)=\frac{P(A_1)P(A_2|A_1)}{P(A_1)P(A_2|A_1)+P(\overline{A}_1)\times P(A_2|\overline{A}_1)}$$

$$=\frac{p\times p}{p\times p+(1-p)\dfrac{p}{2}}=\frac{2p}{p+1}$$

习题 2

1. $P(X=k)=\dfrac{C_5^k\cdot C_{95}^{5-k}}{C_{100}^5}(k=0,1,2,3,4,5)$.

2. 抽签问题 $P(X=k)=\dfrac{1}{5}(k=1,2,3,4,5)$.

3.

X	1	2	3	4
P	p	$p(1-p)$	$p(1-p)^2$	$(1-p)^3\cdot p$

4. $P(X=0)=0.9\times0.8\times0.7=0.504$

$P(X=1)=0.1\times0.8\times0.7+0.9\times0.2\times0.7+0.9\times0.8\times0.3=0.398$

$P(X=2)=0.1\times0.2\times0.7+0.1\times0.8\times0.3+0.9\times0.2\times0.3=0.092$

$P(X=3)=0.1\times0.2\times0.3=0.006$

故

X	0	1	2	3
P	0.504	0.398	0.092	0.006

5. 当 $x<-1$ 时，$F(x)=P(X\leqslant x)=0$.

当 $-1\leqslant x<0$ 时，$F(x)=P(X\leqslant x)=P(X=-1)=0.2$.

当 $0\leqslant x<2$ 时，$F(x)=P(X\leqslant x)=P(X=-1)+P(X=0)$
$=0.2+0.1=0.3$.

当 $2\leqslant x<3$ 时，$F(x)=P(X\leqslant x)=P(X=-1)+P(X=0)+P(X=2)$
$=0.2+0.1+0.3=0.6$.

当 $x\geqslant3$ 时，$F(x)=P(X\leqslant x)=P(X=-1)+P(X=0)+P(X=2)+P(X=3)$
$=0.2+0.1+0.3+0.4=1$.

故

$$F(x)=\begin{cases}0, & x<-1\\ 0.2, & -1\leqslant x<0\\ 0.3, & 0\leqslant x<2\\ 0.6, & 2\leqslant x<3\\ 1, & x\geqslant3\end{cases}$$

6. 由 X 的概率密度写出 X 的分布函数

当 $x<0$ 时，$F(x)=0$.

当 $0\leqslant x<1$ 时，$F(x)=\int_{-\infty}^{x}p(x)\mathrm{d}x=\int_{0}^{x}\frac{1}{3}\mathrm{d}x=\frac{1}{3}x$.

当 $1\leqslant x<3$ 时，$F(x)=\int_{0}^{1}\frac{1}{3}\mathrm{d}x=\frac{1}{3}$.

当 $3\leqslant x<6$ 时，$F(x)=\int_{0}^{1}\frac{1}{3}\mathrm{d}x+\int_{3}^{x}\frac{2}{9}\mathrm{d}x=\frac{1}{3}+\frac{2}{9}(x-3)=\frac{2}{9}x-\frac{1}{3}$.

当 $x\geqslant6$ 时，$F(x)=1$.

故

$$F(x)=\begin{cases}0, & x<0\\ \frac{1}{3}x, & 0\leqslant x<1\\ \frac{1}{3}, & 1\leqslant x<3\\ \frac{2}{9}x-\frac{1}{3}, & 3\leqslant x<6\\ 1, & x\geqslant6\end{cases}$$

根据题意 $P(X\geqslant k)=1-P(X<k)=\frac{2}{3}$，有

$$P(X<k)=\frac{1}{3}$$

故

$$1\leqslant k\leqslant 3$$

7. 因为 $X\sim U(1,4)$，所以

$$p(x)=\begin{cases}\frac{1}{3}, & 1-x\leqslant 4\\ 0, & 其他\end{cases}$$

因此

$$P(X>2)=1-P(X\leqslant 2)=1-\int_1^2\frac{1}{3}\mathrm{d}x=\frac{2}{3}$$

故 3 次独立试验中至少有 2 次观察值大于 2 的概率为

$$C_3^2\times\left(\frac{2}{3}\right)^2\times\frac{1}{3}+\left(\frac{2}{3}\right)^3=\frac{20}{27}$$

8. 因为 $r.v.X\sim E\left(\frac{1}{1000}\right)$，所以

$$P(X<1000)=\int_0^{1000}\frac{1}{1000}\times\mathrm{e}^{-\frac{x}{1000}}\mathrm{d}x$$

$$=\mathrm{e}^{-\frac{x}{1000}}\Big|_0^{1000}=1-\mathrm{e}^{-1}$$

因此 5 个晶体管恰好损坏两个的概率为

$$P=C_5^2\times(1-\mathrm{e}^{-1})^2\times\mathrm{e}^{-3}=10\times\mathrm{e}^{-3}(1-\mathrm{e}^{-1})^2$$

9. (1) 因为 $F(-\infty)=0,F(+\infty)=1$，所以

$$F(-\infty)=\lim_{x\to\infty}(A+B\mathrm{ractan}x)=A-B\times\frac{\pi}{2}=0$$

$$F(+\infty)=\lim_{x\to+\infty}(A+B\mathrm{ractan}x)=A+B\times\frac{\pi}{2}=1$$

故 $A=\frac{1}{2},B\ \frac{1}{\pi}$.

(2) $P(-1<X<1)=F(1)-F(-1)$

$$=\frac{1}{2}+\frac{1}{\pi}\arctan/-\frac{1}{2}-\frac{1}{\pi}\arctan(-1)$$

$$=\frac{1}{\pi}\times\frac{\pi}{4}-\frac{1}{\pi}\times\left(-\frac{\pi}{4}\right)=\frac{1}{2}$$

(3) $p(x)=F'(x)=\left(\frac{1}{2}+\frac{1}{\pi}\arctan x\right)'=\frac{1}{\pi(1+x^2)}(-\infty<x<+\infty)$

10. $P(Y=2)=P(Y=2\mid X=1)\times P(X=1)+P(Y=2\mid X=2)P(X=2)$

$$+P(Y=2\mid X=3)P(X=3)+P(Y=2\mid X=4)P(X=4)$$

$$=\sum_{i=1}^4 P(Y=2\mid X=i)P(X=i)$$

$$=0\times\frac{1}{4}+\frac{1}{2}\times\frac{1}{4}+\frac{1}{3}\times\frac{1}{4}+\frac{1}{4}\times\frac{1}{4}$$

$=\frac{13}{48}$

11. 设 T_i ="第 i 个元件正常工作的时间"$(i=1,2,3)$,T_1,T_2,T_3,独立 $T_i\sim E(\lambda)$.

由 T_i 的密度 $p(t)=\begin{cases}\lambda e^{-\lambda t}, & t\geqslant 0\\ 0, & t<0\end{cases}$ 得 $F(t)=\begin{cases}1-e^{-\lambda t}, & t\geqslant 0\\ 0, & t<0\end{cases}$.

当 $t<0$ 时,$F(t)=P(T\leqslant t)=0$

当 $t\geqslant 0$ 时,$F(t)=P(T\leqslant t)=1-P(T>t)=1-P(T_1>t_1T_2>t_1T_3>T)$

$=1-P(T_1>t)P(T_2>t)P(T_3>t)$

$=1-[1-P(T_1\leqslant t)][1-P(T_2\leqslant t)][1-P(T_3\leqslant t)]$

$=1-(e^{-\lambda t})^3=1-e^{-3\lambda t}$

故 $F_T(t)=\begin{cases}1-e^{-3\lambda t}, & t\geqslant 0\\ 0, & t<0\end{cases}$,即 $T\sim E(3\lambda)$.

12. $P\left(X\leqslant\frac{1}{2}\right)=\int_0^{\frac{1}{2}}2x\,dx=x^2\Big|_0^{\frac{1}{2}}=\frac{1}{4}$

$P(Y=2)C_3^2\times\left(\frac{1}{4}\right)^2\times\frac{3}{4}=\frac{9}{64}$

13. (1) $7:00\sim 7:15$,$X_1\sim U(0,15)$

$P(X_1<5)=\frac{5}{15}\times\frac{1}{2}$

$7:15\sim 7:30$,$X_2\sim U(15,30)$

$P(X_2<5)=\frac{5}{15}\times\frac{1}{2}$

$P(X<5)=P(X_1<5)+P(X_2<5)=\frac{1}{3}$

(2) $P(X>10)=1-P(X\leqslant 10)$

$=1-\left(\frac{10}{15}\times\frac{1}{2}+\frac{10}{15}\times\frac{1}{2}\right)$

$=\frac{1}{3}$

14. 要想 $x^2+\xi x+1=0$ 有实根,只需 $\xi^2-4\geqslant 0$.亦即 $\xi\geqslant 2$ 或 $\xi\leqslant -2$.

$$P(\xi\geqslant 2)=1-P(\xi<2)=1-\int_1^2\frac{1}{5}dx=1-\frac{1}{5}=\frac{4}{5}$$

$$P(\xi\leqslant -2)=0$$

故方程有实根的概率为$\frac{4}{5}$.

15. 若 $x^2+Yx+2Y-3=0$ 无实根,则要求 $Y^2-8Y+12<0$ 即$(Y-2)(Y-6)<0$,亦即 $2<Y<6$,因此

$$P(2<Y<6)=F(6)-F(2)$$

$$=1-e^{-6\lambda}-(1-e^{-2\lambda})$$

$$=e^{-1}-e^{-3}$$

16. $P(2<X<4)=P(0<X<2)=0.3$

$P(X<0)=P(X<2)-P(0<X<2)=0.5-0.3=0.2$

17. $P(120<X\leqslant 200)=F(200)-F(120)=\Phi\left(\frac{200-160}{\sigma}\right)-\Phi\left(\frac{120-160}{\sigma}\right)$

$$=2\Phi\left(\frac{40}{\sigma}\right)-1=0.8$$

$$\Phi\left(\frac{40}{\sigma}\right)=0.9$$

经查表得$\frac{40}{\sigma}=1.28$,σ 最大为 31.25.

18. $P(9.95<X<10.05)=F(10.05)-F(9.95)$

$$=\Phi\left(\frac{10.05-10}{0.02}\right)-\Phi\left(\frac{9.95-10}{0.02}\right)$$

$$=2\Phi\left(\frac{5}{2}\right)-1=2\times 0.9938-1=0.9876$$

19. 因为

$$P(X>96)=1-P(X\leqslant 96)=1-F(96)=1-\Phi\left(\frac{96-72}{\sigma}\right)$$

$$=1-\Phi\left(\frac{24}{\sigma}\right)=0.023$$

所以

$$\Phi\left(\frac{24}{\sigma}\right)=0.977$$

经查表得$\frac{24}{\sigma}=2$,有 $\sigma=12$.故

$$P(60<X<84)=F(84)-F(160)$$

$$=\Phi\left(\frac{84-72}{12}\right)-\Phi\left(\frac{60-72}{12}\right)=2\Phi(1)-1$$

$$=2\times 0.841-1=0.682$$

20.

$Y=2X^2+1$	1	3	33
P	0.2	0.4	0.4

21. 设 X="一周五个工作日机器停用的天数",Y="机器一周所创利润",则 $X\sim B(5,0.2)$.
$P(Y=10)=P(X=0)=0.8^5=0.328$、$P(Y=7)=P(X=1)=C_5^1\times 0.2\times 0.8^4=0.410$
$P(Y=2)=P(X=2)=C_5^2\times 0.2^2\times 0.8^3=0.205$,$P(Y=-2)=P(X\geqslant 3)=0.057$

Y	-2	2	7	10
P	0.057	0.205	0.400	0.328

22. 由 $F'_Y(y)=p_Y(y)$ 得 $F_Y(y)=P(Y\leqslant y)=P(x^2\leqslant y)$,且
当 $y<0$ 时,$F_Y(y)=0$;
当 $y>0$ 时,$F_Y(y)=P(-\sqrt{y}\leqslant X\leqslant\sqrt{y})=F_X(\sqrt{y})-F_X(-\sqrt{y})$.

故

$$p_Y(y)=[F_Y(y)]'=[F_X(\sqrt{y})-F_X(-\sqrt{y})]'=\frac{1}{2\sqrt{y}}[P_X(\sqrt{y})+P_X(-\sqrt{y})]$$

$$=\frac{2}{2\sqrt{y}}\left(\frac{1}{2}+\frac{1}{2}\right)=\frac{1}{2\sqrt{y}}$$

即

$$p_Y(y)=\begin{cases}\dfrac{1}{2\sqrt{y}},0<y<1\\0,其他\end{cases}$$

23. 函数 $y=|x|$ 在 $x<0$ 内单调递减，其反函数为 $h_1(y)=-y$；在 $x>0$ 内单调递增，其反函数为 $h_2(y)=y$.

$$p_X(y)=\begin{cases}p_X[h_1(y)]|h'_1(y)|p_X[h_2(y)]|h'_2(y)|, & y>0\\0, & y\leqslant 0\end{cases}$$

$$=\begin{cases}\sqrt{\dfrac{2}{\pi}}\mathrm{e}^{-\frac{y2}{2}}, & y>0\\0, & y\leqslant 0\end{cases}$$

24. 设 r,ν,X 为圆的直径，则面积为 $Y=\pi\left(\dfrac{X}{2}\right)^2=\dfrac{\pi}{4}X^2$.由 $P_X(y)=F'_Y(y)$知：

当$\dfrac{\pi}{4}a^2\leqslant Y\leqslant\dfrac{\pi}{4}b^2$ 时

$$F_Y(y)=P(Y\leqslant y)=P\left(0<\frac{\pi}{4}X^2\leqslant y\right)=P\left(0<X\leqslant\frac{2}{\pi}\sqrt{y}\right)=F\left(\frac{2\sqrt{y}}{\pi}\right)-F(0)$$

$$P_Y(y)=F'_Y(y)=\left[F\left(\frac{2}{\pi}\sqrt{y}\right)-F(0)'\right]=\frac{1}{\sqrt{xy}}P_X\left(\frac{2\sqrt{y}}{\pi}\right)=\frac{1}{\sqrt{\pi y}}\frac{1}{b-a}$$

当 y 为其他值时，$P_X(y)=0$.

所以

$$P_Y(y)=\begin{cases}\dfrac{1}{(b-a)\sqrt{\pi y}},\dfrac{\pi}{4}a^2\leqslant y\leqslant\dfrac{\pi}{4}b^2\\0, \quad 其他\end{cases}$$

习题 3

1.

X \ Y	1	2	3
1	0	$\frac{1}{6}$	$\frac{1}{12}$
2	$\frac{1}{6}$	$\frac{1}{6}$	$\frac{1}{6}$
3	$\frac{1}{12}$	$\frac{1}{6}$	0

2. (1) 有放回抽取时

$$P(X=0,Y=0)=\frac{3\times3}{5\times5}=\frac{9}{25}$$

$$P(X=0,Y=1)=\frac{3\times2}{5\times5}=\frac{6}{25}$$

$$P(X=1,Y=0)=\frac{2\times3}{5\times5}=\frac{6}{25}$$

$$P(X=1,Y=1)=\frac{2\times1}{5\times5}=\frac{4}{25}$$

即

$X\backslash Y$	0	1
0	$\frac{9}{25}$	$\frac{6}{25}$
1	$\frac{6}{25}$	$\frac{4}{25}$

(2) 不放回抽取时

$$P(X=0,Y=0)=\frac{3\times2}{5\times4}=\frac{3}{10},$$

$$P(X=0,Y=1)=\frac{3\times2}{5\times4}=\frac{3}{10},$$

$$P(X=1,Y=0)=\frac{3\times2}{5\times4}=\frac{3}{10},$$

$$P(X=1,Y=1)=\frac{2\times1}{5\times4}=\frac{1}{10},$$

即

$X\backslash Y$	0	1
0	$\frac{3}{10}$	$\frac{3}{10}$
1	$\frac{3}{10}$	$\frac{1}{10}$

3. (1) 由 $\int_{-\infty}^{+\infty}\int_{-\infty}^{+\infty}p(x,y)\mathrm{d}x\mathrm{d}y=1$(题图 3.1)知

$$\int_0^1\int_0^1 Cxy\,\mathrm{d}x\mathrm{d}y=C\int_0^1\left(\frac{1}{2}y\right)\mathrm{d}y=\frac{1}{4}C=1$$

故 $C=4$.

(2) 由于 $x=y$ 为平面上一条直线,而二维连续型 r、v 在平面上 ∀ 一条直线上的概率值均为 0,故

$$P(X=Y)=0$$

(3) $P(X<Y)=\iint\limits_D 4xy\,\mathrm{d}x\mathrm{d}y=\int_0^1\mathrm{d}x\int_x^1 4xy\,\mathrm{d}y=\int_0^1 2xy^2\Big|_x^1\mathrm{d}x=2\int_0^1(x-x^3)\mathrm{d}x$

$$=x^2\Big|_0^1-\frac{1}{2}x^4\Big|_0^1=\frac{1}{2}$$

4. (1) 由 $\int_{-\infty}^{+\infty}\int_{-\infty}^{+\infty}p(x,y)\mathrm{d}x\mathrm{d}y=1$ 知

$$\int_0^{+\infty}\int_0^{+\infty}A\mathrm{e}^{-(x+2y)}\mathrm{d}x\mathrm{d}y=-A\int_0^{+\infty}\mathrm{e}^{-(x+2y)}\Big|_0^{+\infty}\mathrm{d}y=A\int_0^{+\infty}\mathrm{e}^{-2y}\mathrm{d}y=-\frac{1}{2}A\mathrm{e}^{-2y}\Big|_0^{+\infty}=\frac{1}{2}A=1$$

故 $A=2$.

(2) 结合题图 3.2.

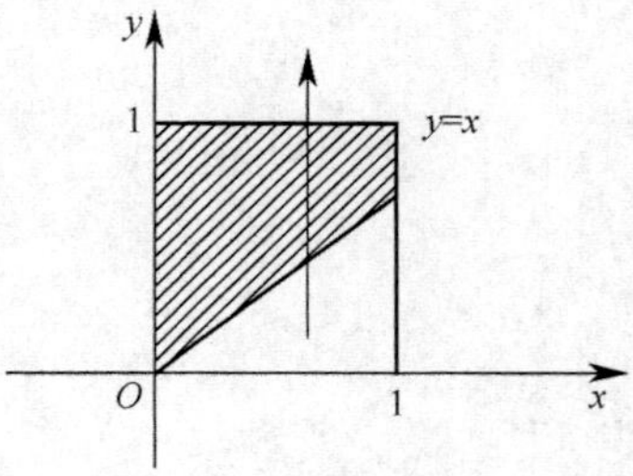

题图 3.1

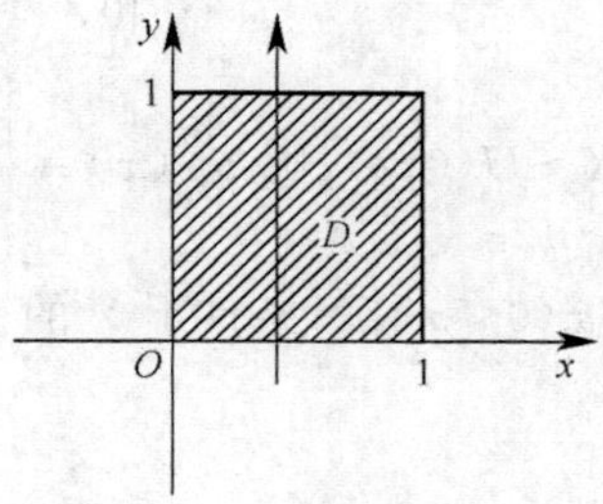

题图 3.2

$$\begin{aligned}P(X,Y)\in D&=\iint_D p(x,y)\mathrm{d}x\mathrm{d}y=\int_0^1\mathrm{d}x\int_0^1 2\mathrm{e}^{-(x+2y)}\mathrm{d}y\\&=\int_0^1\mathrm{e}^{-(x+2y)}\Big|_0^1\mathrm{d}x=-\int_0^1(\mathrm{e}^{-x-2}-\mathrm{e}^{-x})\mathrm{d}x\\&=\mathrm{e}^{-x-2}\Big|_0^1-\mathrm{e}^{-x}\Big|_0^1=\mathrm{e}^{-3}-\mathrm{e}^{-2}-\mathrm{e}^{-1}+1\\&=(1-\mathrm{e}^{-1})(1-\mathrm{e}^{-2})\end{aligned}$$

(3) $p_x(x)=\int_{-\infty}^{+\infty}p(x,y)\mathrm{d}y=\begin{cases}\int_0^1 2\mathrm{e}^{-(x+2y)}\mathrm{d}y=\mathrm{e}^{-x}(1-\mathrm{e}^{-2}),0<x<1\\0,\qquad\qquad\qquad\qquad\text{其他}\end{cases}$

$p_Y(y)=\int_{-\infty}^{+\infty}p(x,y)\mathrm{d}x=\begin{cases}\int_0^1 2\mathrm{e}^{-(x+2y)}\mathrm{d}x=2\mathrm{e}^{-2y}(1-\mathrm{e}^{-1}),0<y<1\\0,\qquad\qquad\qquad\qquad\text{其他}\end{cases}$

5. $P(x=0|y=1)=\dfrac{P(X=0,Y=1)}{P(Y=1)}=\dfrac{6/25}{6/25+4/25}=\dfrac{6}{10}=\dfrac{3}{5}$

$P(x=1,y=1)=\dfrac{P(X=1,Y=1)}{P(Y=1)}=\dfrac{4/25}{10/25}=\dfrac{2}{5}$

6. (1)由 $\int_{-\infty}^{+\infty}\int_{-\infty}^{+\infty}p(x,y)\mathrm{d}x\mathrm{d}y=1$ 知

$$\int_0^2\mathrm{d}x\int_0^{x^2}Axy\mathrm{d}y=2A=1$$

故 $A=\dfrac{1}{2}$.

(2) $p_x(x)=\int_{-\infty}^{+\infty}p(x,y)\mathrm{d}y=\begin{cases}\int_0^{x^2}\frac{1}{2}xy\mathrm{d}x=\frac{1}{4}x^5,0\leqslant x\leqslant 2\\0,\qquad\qquad\qquad\text{其他}\end{cases}$

$$p_Y(y)=\int_{-\infty}^{+\infty}p(x,y)\mathrm{d}x=\begin{cases}\int_{\sqrt{y}}^{2}\frac{1}{2}xy\mathrm{d}x=\frac{1}{4}y^2,0\leqslant y\leqslant 4\\0, \quad\quad\quad 其他\end{cases}$$

(3) $p_{X|Y}(x|y)=\frac{p(x,y)}{P_Y(y)}\begin{cases}\frac{2xy}{4-y^2},\sqrt{y}\leqslant x\leqslant 2\\0,\quad 其他\end{cases}$

$p_{Y|X}(y|x)=\frac{p(x,y)}{P_X(x)}\begin{cases}\frac{2y}{x^4},0\leqslant y\leqslant x^2\\0,\ 其他\end{cases}$

7. (1)$X\sim U(0,2)$,则 $p_X(x)=\begin{cases}\frac{1}{2},0<x<2\\0,\ 其他\end{cases}$

在 $X=x(0<x<2)$条件下 Y 的密度为

$$p_{Y|X}(y|x)=\begin{cases}\frac{1}{2-x},x<y<2\\0,\quad 其他\end{cases}$$

所以 X、Y 的联合密度为

$$p(x,y)=p_{Y|X}(y|x)\cdot p_X(x)=\begin{cases}\frac{1}{2(2-x)},0<x<y<2\\0,\quad\quad 其他\end{cases}$$

(2) 参见题图 3.3,得

$$p_Y(y)=\int_{-\infty}^{+\infty}p(x,y)\mathrm{d}x=\begin{cases}\int_0^y\frac{1}{2(2-x)}\mathrm{d}x,0<y<2\\0,\quad\quad 其他\end{cases}$$

$$=\begin{cases}\frac{1}{2}\ln\frac{2}{2-y},0<y<2\\0,\quad\quad 其他\end{cases}$$

(3) 参见题图 3.4,得

$$P(X+Y>2)=\iint_D p(x,y)\mathrm{d}x\mathrm{d}y=\int_1^2\mathrm{d}y\int_{2-y}^{y}\frac{1}{2(2-x)}\mathrm{d}x=\ln 2$$

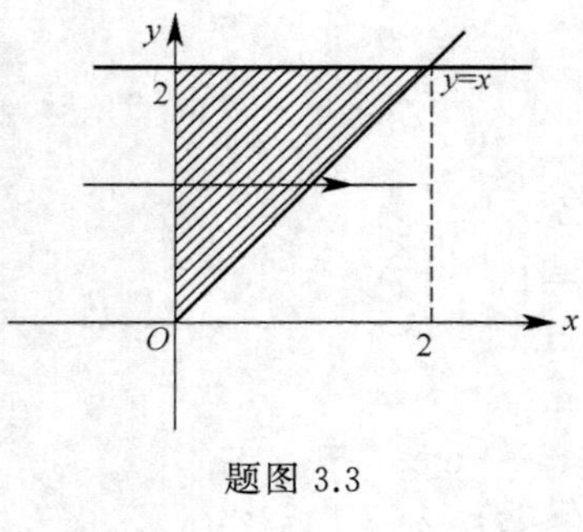

题图 3.3

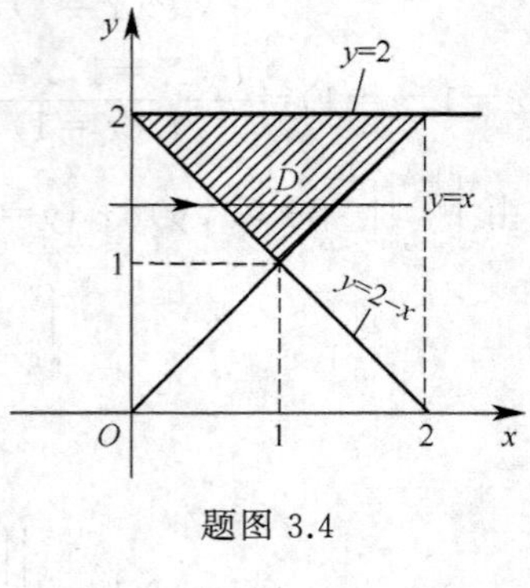

题图 3.4

8. 参见题图 3.5.

(1) $p_X(x)=\int_{-\infty}^{+\infty} p(x,y)\mathrm{d}y$

$$=\begin{cases}\int_0^{1-x} 6(1-x-y)\mathrm{d}y=3(1-x)^2, & 0\leqslant x\leqslant 1\\ 0, & \text{其他}\end{cases}$$

$p_Y(y)=\int_{-\infty}^{+\infty} p(x,y)\mathrm{d}x$

$$=\begin{cases}\int_0^{1-y} 6(1-x-y)\mathrm{d}x=3(1-y)^2, & 0\leqslant y\leqslant 1\\ 0, & \text{其他}\end{cases}$$

(2) $P\left(0\leqslant X\leqslant \frac{1}{2}\right)=\int_0^{\frac{1}{2}}\mathrm{d}x\int_0^{1-x} 6(1-x-y)\mathrm{d}y=\int_0^{\frac{1}{2}} 3(1-x)^2\mathrm{d}x=\frac{7}{8}$

(3) 由于 $p(x,y)\neq p_X(x)\cdot p_Y(y)$，所以 X,Y 不独立.

9. 参见题图 3.6.

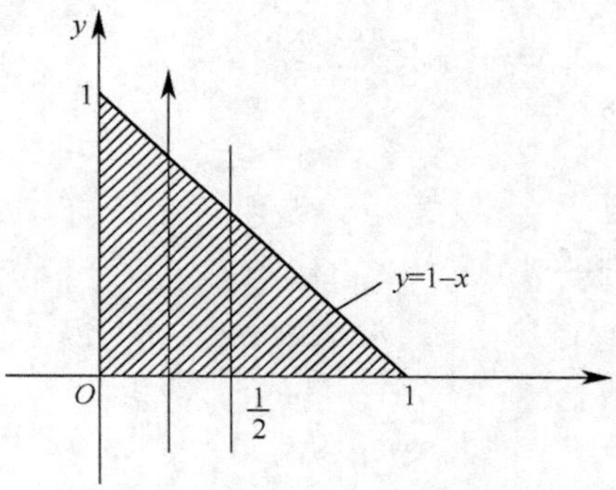

题图 3.5

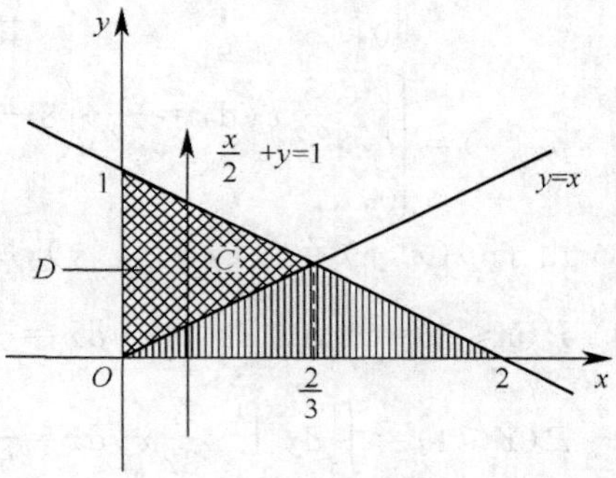

题图 3.6

(1) $S_G=\frac{1}{2}\times 2\times 1=1$，则

$$p(x,y)=\begin{cases}1, & (x,y)\in G\\ 0, & \text{其他}\end{cases}$$

(2) $p_X(x)=\int_{-\infty}^{+\infty} p(x,y)\mathrm{d}y=\begin{cases}\int_0^{1-\frac{x}{2}}\mathrm{d}y=1-\frac{x}{2}, & 0\leqslant x\leqslant 2\\ 0, & \text{其他}\end{cases}$

$p_Y(y)=\int_{-\infty}^{+\infty} p(x,y)\mathrm{d}x=\begin{cases}2(1-y), & 0\leqslant y\leqslant 1\\ 0, & \text{其他}\end{cases}$

由于 $p(x,y)\neq p_X(x)\cdot p_Y(y)$，所以 X、Y 不独立.

(3) $P(Y\geqslant X)=\iint\limits_D p(x,y)\mathrm{d}x\mathrm{d}y=\int_0^{\frac{2}{3}}\mathrm{d}x\int_x^{1-\frac{x}{2}}\mathrm{d}y=\frac{1}{3}$

10. 参见题图 3.7.

(1) 由 $\iint\limits_0 p(x,y)=1$ 知 $\int_0^{\sqrt{x}}\frac{A}{4}\mathrm{d}x=1$，故 $A=\frac{3}{8}$.

(2) $p(x,y)=\begin{cases}\frac{3}{32}xy, & 0\leqslant x\leqslant 4, 0\leqslant y\leqslant\sqrt{x}\\ 0, & \text{其他}\end{cases}$

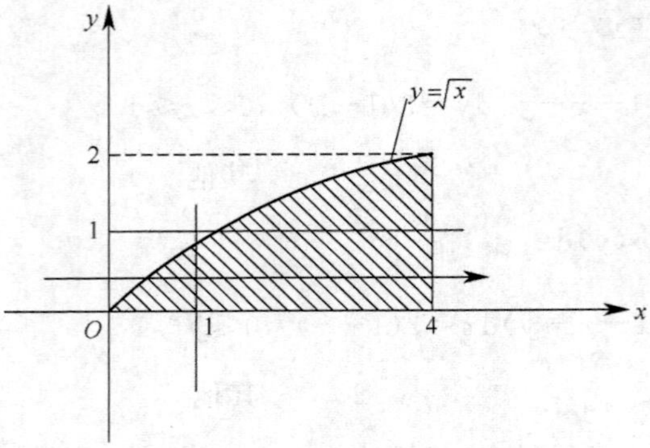

题图 3.7

$$p_X(x)=\begin{cases}\int_0^{\sqrt{x}}\frac{3}{32}xy\,\mathrm{d}x=\frac{3}{64}x^2,0\leqslant x\leqslant 4\\0,\qquad\qquad\qquad\qquad\text{其他}\end{cases}$$

$$p_Y(y)=\begin{cases}\int_{y^2}^{4}\frac{3}{32}xy\,\mathrm{d}x=\frac{3}{32}y\left(8-\frac{y^4}{2}\right),0\leqslant y\leqslant 2\\0,\qquad\qquad\qquad\qquad\qquad\text{其他}\end{cases}$$

(3) 由于 $p(x,y)\neq p_X(x)$、$p_Y(y)$，所以 X、Y 不独立.

(4) $P(Y\leqslant 1)=\int_0^1\mathrm{d}y\int_{y^2}^{4}\frac{3}{32}xy\,\mathrm{d}x=\frac{47}{128}$

$P(Y\leqslant 1)=\int_0^1\mathrm{d}y\int_{y^2}^{1}\frac{3}{32}xy\,\mathrm{d}x=\frac{1}{64}$

11. X 的可能值为 0,1,2;Y 的可能值为 0,1,2,3.

$$P(X=i,Y=j)=C_2^iC_7^jC_{10}^{3-i-j}/C_{10}^3$$

(1) (X,Y)的联合分布列

(2) 及边缘分布列为

Y \ X	0	1	2	3	p_i
0	0	0	$\frac{21}{120}$	$\frac{35}{120}$	$\frac{7}{15}$
1	0	$\frac{14}{120}$	$\frac{42}{120}$	0	$\frac{7}{15}$
2	$\frac{1}{120}$	$\frac{7}{120}$	0	0	$\frac{1}{15}$
$p_{\cdot j}$	$\frac{1}{120}$	$\frac{7}{40}$	$\frac{21}{40}$	$\frac{7}{24}$	

(3) $P(x=1)=\frac{7}{15}$，$P(Y=0)=\frac{1}{120}$但 $P(X=1,Y=0)=0$，故 $P(X=1,Y=0)\neq P(X=1)P(Y=0)$，即 X,Y 不相互独立.

(4) $P(Y=j|X=i)=p_{1j}/p_1=p_{1j}\cdot\frac{15}{7}(j=0,1,2,3)$，而 $p_{10}=0$，$p_{11}=\frac{14}{120}=\frac{7}{60}$，$p_{12}=\frac{42}{120}=\frac{7}{20}$，

$p_{13}=0$.

故在 $X=1$ 的条件下 Y 的条件分布为

$Y=j,X=1$	1	2
P	$\frac{1}{4}$	$\frac{3}{4}$

12. $P(X=-1,Y=-1)=P(U\leqslant-1,U\leqslant1)=P(U\leqslant-1)=\frac{1}{4}$

$P(X=-1,Y=1)=P(U\leqslant-1,U>1)=0$

$P(X=1,Y=-1)=P(U>-1,U\leqslant1)=P(-1<U\leqslant1)=\frac{1}{2}$

$P(X=1,Y=1)=P(U>-1,U>1)=P(U>1)=\frac{1}{4}$

(1) (X,Y)联合分布为

$X \backslash Y$	-1	1	$p_{i\cdot}$
-1	$\frac{1}{4}$	0	$\frac{1}{4}$
1	$\frac{1}{2}$	$\frac{1}{4}$	$\frac{3}{4}$
$p_{\cdot j}$	$\frac{3}{4}$	$\frac{1}{4}$	0

(2) $P(X=-1,Y=1)=0$，但 $P(X=-1)=\frac{1}{4}$，$P(Y=1)=\frac{1}{4}$.故

$$P(X=-1,Y=1)\neq P(X=-1)P(Y=1)$$

即 X,Y 不独立.

13.(1)由独立性易求得联合密度为

$$p(x,y)=p_X(x)p_Y(y)=\begin{cases}\frac{1}{2}e^{-\frac{y}{2}},0<x<1,y>0\\0,\quad 其他\end{cases}$$

(2) a 没有实根，即

$$\Delta=4X^2-4Y<0 \text{ 即 } X^2<Y$$

从而

$$\begin{aligned}P(X^2<Y)&=\iint\limits_{x<y}P(x,y)\mathrm{d}x\mathrm{d}y=\int_0^1\left(\int_{x^2}^{-\infty}\frac{1}{2}e^{-\frac{y}{2}}\mathrm{d}y\right)\mathrm{d}x\\&=\int_0^1 e^{-\frac{x2}{2}}\mathrm{d}x=\sqrt{2\pi}[\Phi(1)-\Phi(0)]\\&\approx0.1445\end{aligned}$$

14. $$\begin{aligned}P(X>2,Y>-2)&=1-P[(x\leqslant2)-P\cup(Y\leqslant-2)]\\&=1-P(X\leqslant2)-P(Y\leqslant-2)+P(X\leqslant2,Y\leqslant-2)\\&=1-\Phi\left(\frac{2}{\sigma}\right)-\Phi\left(-\frac{2}{\sigma}\right)+P(X\leqslant2,Y\leqslant-2)\end{aligned}$$

$$=P(X\leqslant 2,Y\leqslant -2)$$

$$=\frac{1}{4}$$

15. 若设 D 的面积为 S，则 $S=\int_1^{e^2}\frac{1}{x}dx=\ln x\Big|_1^{e^2}=2$，于是随机变量 (X,Y) 的概率密度函数

$$p(x,y)=\begin{cases}\frac{1}{2},(x,y)\in D\\0,其他\end{cases}$$

因而 (X,Y) 关于 X 的边缘概率密度为

$$p_X(x)=\int_{-\infty}^{+\infty}p(x,y)dy$$

当 $1<x<e^2$ 时

$$p_X(x)=\int_0^{\frac{1}{x}}\frac{1}{2}dy=\frac{1}{2x}$$

由此推出 $p_X(x)=\begin{cases}\frac{1}{2x},1<x<e^2\\0,\quad 其他\end{cases}$，故有 $p_X(x)|_{x=2}=\frac{1}{4}$.

16. 若以 $X_k(k=1,2,3)$ 表示第 k 个电气元件无故障工作的时间，则 X_1,X_2,X_3 相互独立且同分布，其概率密度为

$$p(x)=\begin{cases}\lambda e^{-\lambda x},x>0\\0,\qquad x\leqslant 0\end{cases}$$

分布函数为

$$F(x)=\begin{cases}1-e^{-\lambda x},x>0\\0,\qquad\qquad x\leqslant 0\end{cases}$$

设 $G(t)$ 是 T 的分布函数，当 $t\leqslant 0$ 时，$G(t)=0$.

当 $t>0$ 时，有

$$\begin{aligned}G(t)&=P\{T\leqslant t\}=1-P\{T>t\}\\&=1-P\{X_1>t,X_2>t,X_3>t\}\\&=1-P\{X_1>t\}P\{X_2>t\}P\{X_3>t\}\\&=1-[1-F(t)]^3=1-e^{-3\lambda t}\end{aligned}$$

于是有

$$G(t)=\begin{cases}e^{-3\lambda t},t>0\\0,\qquad t\leqslant 0\end{cases}$$

其概率密度为

$$g(t)=\begin{cases}3\lambda e^{-3\lambda t},t>0\\0,\qquad\quad t\leqslant 0\end{cases}$$

故 T 服从参数为 3λ 的指数分布.

17. 结合题图 3.8.

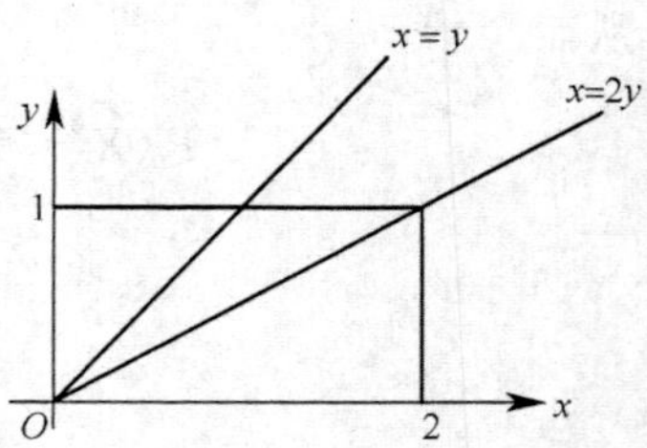

题图 3.8

$$P(U=0,V=0)=P(X\leqslant Y,X\leqslant 2Y)=P(X\leqslant Y)=\frac{1}{4}$$

$P(U=0,V=1)=P(X\leqslant Y,X>2Y)=0$

$P(U=1,V=0)=P(X>Y,X\leqslant 2Y)=P(Y<X\leqslant 2Y)=\frac{1}{4}$

$P(U=1,V=1)=P(X>Y,X>2Y)=P(X>2Y)=\frac{1}{2}$

(1)

U \ V	0	1	
0	$\frac{1}{4}$	0	$\frac{1}{4}$
1	$\frac{1}{4}$	$\frac{1}{2}$	$\frac{3}{4}$
	$\frac{1}{2}$	$\frac{1}{2}$	

(2)

UV	0	1
P	$\frac{1}{2}$	$\frac{1}{2}$

18. (1)结合题图 3.9 可得

$$p_X(x)=\int_{-\infty}^{+\infty}p(x,y)\mathrm{d}y=\begin{cases}\int_0^{+\infty}\mathrm{e}^{-y}\mathrm{d}y=1, & 0<x<1\\ 0, & \text{其他}\end{cases}$$

$$p_Y(y)=\int_{-\infty}^{+\infty}p(x,y)\mathrm{d}x=\begin{cases}\int_0^{1}\mathrm{e}^{-y}\mathrm{d}x=\mathrm{e}^{-y}, & y>0\\ 0, & y\leqslant 0.\end{cases}$$

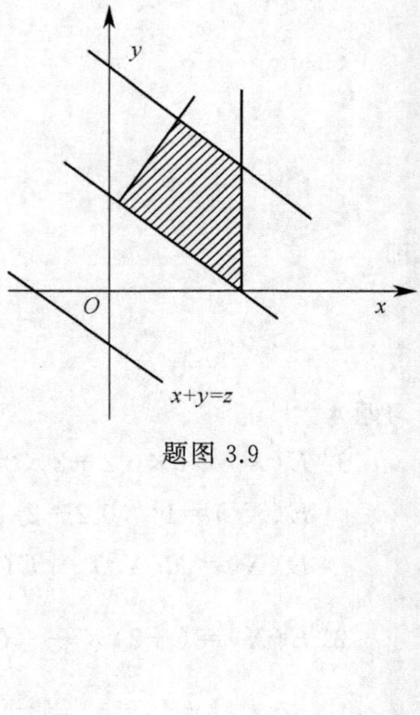

题图 3.9

故 $p(x,y)=p_X(x)p_Y(y)$，即 X,Y 相互独立.

(2) $F_Z(z)=P(Z\leqslant z)=P(X+Y\leqslant z)=\iint\limits_{X+Y\leqslant z}p(x,y)\mathrm{d}\sigma$

$$=\begin{cases}0, & z<0\\ \int_0^z\mathrm{d}x\int_0^{z-x}\mathrm{e}^{-y}\mathrm{d}y=\mathrm{e}^{-z}+z-1, & 0\leqslant z<1\\ \int_0^1\mathrm{d}x\int_0^{z-x}\mathrm{e}^{-y}\mathrm{d}y=1+(1-\mathrm{e})\mathrm{e}^{-z}, & z\geqslant 1\end{cases}$$

故

$$p_Z(z)=F'_z(z)=\begin{cases}0, & z<0\\ 1-\mathrm{e}^{-z}, & 0\leqslant z<1\\ (\mathrm{e}-1)\mathrm{e}^{-z}, & z\geqslant 1\end{cases}$$

19. 因 X 与 Y 独立，于是(X,Y)的联合密度函数为

$$p(x,y)=p_X(x)p_Y(y)=\begin{cases}\mathrm{e}^{-y}, & 0<x<1,y>0\\ 0, & \text{其他}\end{cases}$$

由分布函数的定义有

$$F_Z(z)=P(Z\leqslant z)=P(2X+Y\leqslant z)=\iiint\limits_{2x+y\leqslant z}p(x,y)\mathrm{d}x\mathrm{d}y$$

于是当 $z<0$ 时，$F_Z(z)=0$.

当 $0\leqslant z<2$ 时，如题图 3.10 所示，有

$$F_Z(z)=\iint\limits_{D_1}\mathrm{e}^{-y}\mathrm{d}x\mathrm{d}y=\int_0^{\frac{z}{2}}\mathrm{d}x\int_0^{x-2y}\mathrm{e}^{-y}\mathrm{d}y=\frac{1}{2}z+\frac{1}{2}\mathrm{e}^{-z}-\frac{1}{2}$$

当 $z\geqslant 2$ 时，有

$$F_Z(z)=\iint\limits_{D_2}\mathrm{e}^{-y}\mathrm{d}x\mathrm{d}y=\int_0^{1}\mathrm{d}x\int_0^{x-2y}\mathrm{e}^{-y}\mathrm{d}x=1-\frac{1}{2}(\mathrm{e}^2-1)\mathrm{e}^{-2}$$

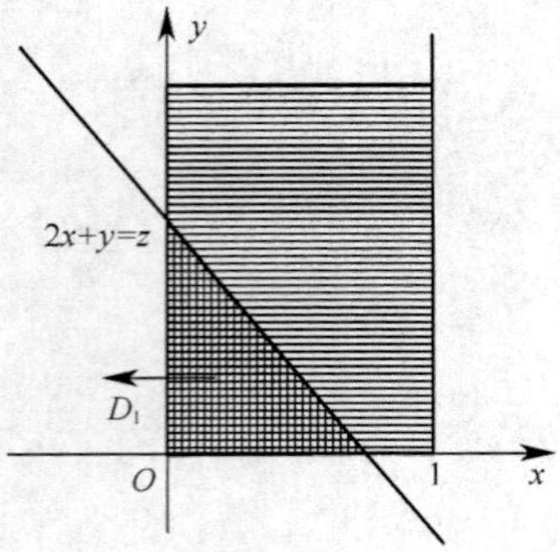

题图 3.10

于是通过求导可得 Z 的概率密度为

$$p_Z(z)=\begin{cases}\frac{1}{2}(1-\mathrm{e}^{-z}), & 0\leqslant z<2\\ \frac{1}{2}(\mathrm{e}^2-1)\mathrm{e}^{-2}, & z\geqslant 2\\ 0, & \text{其他}\end{cases}$$

20. 利用卷积公式，有 $Z=\xi+\eta$ 的分布密度

$$\varphi_Z(z)=\int_{-\infty}^{+\infty}\varphi_\varepsilon(x)\varphi_\eta(z-x)\mathrm{d}x$$

考虑到 φ_ε 仅在 $x\geqslant 0$ 时有非零值；$\varphi_\eta(z-x)\geqslant 0$ 即 $x\leqslant z$ 时有非零值，故当 $z>0$ 时

$$\begin{aligned}\varphi_z(z)&=\int_0^z\frac{1}{2}\mathrm{e}^{-\frac{x}{2}}\cdot\frac{1}{3}\mathrm{e}^{-\frac{z-x}{3}}\mathrm{d}x\\&=\mathrm{e}^{-\frac{z}{3}}\int_0^z\mathrm{e}^{-\frac{x}{6}}\mathrm{d}\left(\frac{x}{6}\right)=\mathrm{e}^{-\frac{z}{3}}\left[-\mathrm{e}^{-\frac{z}{6}}\right]\Big|_0^z\\&=\mathrm{e}^{-\frac{z}{3}}(1-\mathrm{e}^{-\frac{z}{6}})\end{aligned}$$

即

$$\varphi_Z(z)=\begin{cases}\mathrm{e}^{-\frac{z}{3}}(1-\mathrm{e}^{-\frac{z}{6}}), & z\geqslant 0\\ 0, & z<0\end{cases}$$

习题 4

1. $E(X)=1\times 0.2+2\times 0.3+3\times 0.5=2.3$

$E(X^2)=1^2\times 0.2+2^2\times 0.3+3^2\times 0.5=5.9$

$D(X)=E(X^2)-[E(X)]^2=5.9-2.3^2=0.61$

2. $E(X)=(-2)\times\frac{3}{8}+(-1)\times\frac{1}{4}+0\times\left(\frac{1}{8}\right)+2\times\frac{1}{4}=-\frac{1}{2}$

$E(X^2)=(-2)^2\times\frac{3}{8}+(-1)^2\times\frac{1}{4}+0^2\times\frac{1}{8}+2^2\times\frac{1}{4}=\frac{11}{4}$

$E(-3X+1)=(6+1)\times\frac{3}{8}+(3+1)\times\frac{1}{4}+\frac{1}{8}+(-6+1)\times\frac{1}{4}=\frac{5}{2}$

3. 由 $\begin{cases}a+b\arcsin(-1)=0\\ a+b\arcsin 1=1\end{cases}$ 得 $\begin{cases}a=\frac{1}{2}\\ b=\frac{1}{\pi}\end{cases}$

故

$$p(x)=\begin{cases}\dfrac{1}{\pi}\dfrac{1}{\sqrt{1-x^2}}, & -1<x<1\\ 0, & \text{其他}\end{cases}$$

$$E(X)=\int_{-\infty}^{+\infty} xp(x)\mathrm{d}x=\int_{-1}^{1}\frac{x}{\pi}\frac{1}{\sqrt{1-x^2}}\mathrm{d}x=0$$

4. 已知 X_1,X_2 的概率密度，可由定义直接求 $E(X_1),E(X_2),E(X_2^2)$，然后由数学期望的性质计算；另外从 X_1,X_2 的概率密度知，X_1,X_2 均服从指数分布，于是可利用数学期望的性质和指数分布期望、方差得到.

解一 (1)由已知得

$$\begin{aligned}E(X_1)&=\int_{-\infty}^{+\infty} xp_1(x)\mathrm{d}x=2\int_0^{+\infty} x\mathrm{e}^{-2x}\mathrm{d}x=-\int_0^{+\infty} x\mathrm{d}\mathrm{e}^{-2x}\\&=-x\mathrm{e}^{-2x}\Big|_0^{+\infty}+\int_0^{+\infty}\mathrm{e}^{-2x}\mathrm{d}x\\&=-\frac{1}{2}\mathrm{e}^{-2x}\Big|_0^{+\infty}=\frac{1}{2}\\E(X_2)&=\int_{-\infty}^{+\infty} xp_2(x)\mathrm{d}x=4\int_0^{+\infty} x\mathrm{e}^{-4x}\mathrm{d}x=-\int_0^{+\infty} x\mathrm{d}\mathrm{e}^{-4x}\\&=-x\mathrm{e}^{-4x}|_0^{+\infty}+\int_0^{+\infty}\mathrm{e}^{-4x}\mathrm{d}x\\&=-\frac{1}{4}\mathrm{e}^{-2x}\Big|_0^{+\infty}=\frac{1}{4}\\E(X_2^2)&=\int_{-\infty}^{+\infty} x^2p_2(x)\mathrm{d}x=4\int_0^{+\infty} x^2\mathrm{e}^{-4x}\mathrm{d}x=-\int_0^{+\infty} x^2\mathrm{d}\mathrm{e}^{-4x}\\&=-x^2\mathrm{e}^{-4x}\Big|_0^{-\infty}+2\int_0^{+\infty} x\mathrm{e}^{-4x}\mathrm{d}x=\frac{1}{8}\end{aligned}$$

故

$$E(X_1+X_2)=E(X_1)+E(X_2)=\frac{3}{4}$$

$$\begin{aligned}E(2X_1-3X_2^2)&=2E(X_1)-3E(X_2^2)\\&=2\times\frac{1}{2}-3\times\frac{1}{8}=\frac{5}{8}\end{aligned}$$

(1) 因为 X_1,X_2 相互独立，所以

$$E(X_1X_2)=E(X_1)E(X_2)=\frac{1}{2}\times\frac{1}{4}=\frac{1}{8}$$

解二 (1)由题设知 $X_1\sim E(2),X_2\sim E(4)$，所以

$$E(X_1)=\frac{1}{2},E(X_2)=\frac{1}{4},D(X_2)=\frac{1}{16}$$

又

$$E(X_2^2)=D(X_2)+E(X_2)^2=\frac{1}{16}+\frac{1}{4^2}=\frac{1}{8}$$

故

$$E(X_1+E_2)=E(X_1)+E(X_2)=\frac{3}{4}$$

$$E(2X_1-3X_2^2)=2E(X_1)-3E(X_2^2)=2\times\frac{1}{2}-3\times\frac{1}{8}=\frac{5}{8}$$

(2) 因为 X_1,X_2 相互独立,所以

$$E(X_1,X_2)=E(X_1)E(X_2)=\frac{1}{2}\times\frac{1}{4}=\frac{1}{8}$$

5. 因 $X\sim U(0,60)$,故其密度为 $f_X(x)=\begin{cases}\frac{1}{60},0\leqslant x\leqslant 60\\0,\text{其他}\end{cases}$

由题设有

$$Y=g(X)=\begin{cases}5-X, & 0\leqslant X\leqslant 5\\25-X, & 5<X\leqslant 25\\55-X, & 25<X\leqslant 55\\60-X+5, & 55<X\leqslant 60\end{cases}$$

所以

$$\begin{aligned}E(Y)=E[g(X)]&=\int_{-\infty}^{+\infty}g(x)p_X(x)\mathrm{d}x=\frac{1}{60}\int_0^{60}g(x)\mathrm{d}x\\&=\frac{1}{60}\Big[\int_0^5(5-x)\mathrm{d}x+\int_5^{25}(25-x)\mathrm{d}x\\&\quad+\int_{25}^{55}(55-x)\mathrm{d}x+\int_{55}^{60}(65-x)\mathrm{d}x\Big]\\&=11.67(\text{分钟})\end{aligned}$$

6. **解一** 由题意知 X 的所有可能取值为 $1,2,\cdots,n$,且有

$$P(X=i)=\frac{1}{n},i=1,2,\cdots,n$$

于是 X 的分布律为

X	1	2	…	n
p	$\frac{1}{n}$	$\frac{1}{n}$	…	$\frac{1}{n}$

因此

$$E(X)=1\times\frac{1}{n}+2\times\frac{1}{n}+\cdots+n\times\frac{1}{n}=\frac{n+1}{2}$$

解二 设随机变量

$$X_i=\begin{cases}i,\text{第 } i \text{ 次试开成功}\\0,\text{否则}\end{cases},i=1,2,\cdots,n$$

则 $X=X_1+X_2+\cdots+X_n$,且

$$P(X_i=i)=\frac{1}{n},P(X_i=0)=\frac{n-1}{n},i=1,2,\cdots,n$$

于是

$$E(X_i)=i\times\frac{1}{n}=\frac{i}{n},i=1,2,\cdots,n$$

故

$$E(X)=E(X_1)+E(X_2)+\cdots+E(X_n)=\sum_{i=1}^{n}\frac{i}{n}=\frac{n+1}{2}$$

7. 引进随机变量

$$X_i=\begin{cases}1,第\ i\ 只盒子中有球\\0,第\ i\ 只盒子中无球\end{cases}(i=1,2,\cdots,M)$$

显然，有 $X=\sum_{i=1}^{M}.$

对于第 i 只盒子而言，一个球不放入其中的概率是 $\left(1-\frac{1}{M}\right)$，$n$ 只球都不放入的概率是 $\left(1-\frac{1}{M}\right)^n$，所以得

$$P(X_i=0)=\left(1-\frac{1}{M}\right)^n,P(X_i=1)=1-\left(1-\frac{1}{M}\right)^n(i=1,2,\cdots,M)$$

从而有

$$\begin{aligned}E(X_i)&=1\times\left[1-\left(1-\frac{1}{M}\right)^n\right]+0\times\left(1-\frac{1}{M}\right)^n\\&=1-\left(1-\frac{1}{M}\right)^n(i=1,2,\cdots,M)\end{aligned}$$

这样

$$E(X)=E(\sum_{i=1}^{M}X_i)=\sum_{i=1}^{M}(EX_i)=M\left[1-\left(1-\frac{1}{M}\right)^n\right]$$

8. 由 $1=\int_{-\infty}^{+\infty}p(x)\mathrm{d}x=\int_0^2 Ax^2\mathrm{d}x=\frac{8A}{3}$ 得

$$A=\frac{3}{8}$$

于是

$$E(X)=\int_{-\infty}^{+\infty}xp(x)\mathrm{d}x=\int_0^2\frac{3}{8}x^3\mathrm{d}x=\frac{3}{2}$$

$$E(X^2)=\int_{-\infty}^{+\infty}x^2p(x)\mathrm{d}x=\int_0^2\frac{3}{8}x^4\mathrm{d}x=\frac{12}{5}$$

故

$$D(X)=E(X^2)-[E(X)]^2=\frac{12}{5}-\frac{9}{4}=\frac{3}{20}$$

9. $E(X)=\int_{-\infty}^{+\infty}xp(x)\mathrm{d}x=\int_0^{+\infty}31x(x+1)^4\mathrm{d}x$

10. 显然 $E(X)$ 存在，且

$$\begin{aligned}E(X)&=\int_{-\infty}^{+\infty}xp(x)\mathrm{d}x=\int_0^1x^2\mathrm{d}x+\int_1^2x(2-x)\mathrm{d}x\\&=\frac{x^3}{3}\bigg|_0^1+\left(x^2-\frac{x^3}{3}\right)\bigg|_1^2=1\end{aligned}$$

$$E(X^2)=\int_{-\infty}^{+\infty} x^2 p(x)\mathrm{d}x=\int_0^1 x^3\mathrm{d}x+\int_1^2 x^2(2-x)\mathrm{d}x$$
$$=\frac{x^4}{4}\Big|_0^1+\left(\frac{2x^3}{3}-\frac{x^4}{4}\right)\Big|_1^2=\frac{7}{6}$$

于是

$$D(X)=E(X^2)-E^2(X)=\frac{7}{6}-1=\frac{1}{6}$$

11. 由题设，直径 X 的概率密度为

$$p_X(x)=\begin{cases}\frac{1}{3},0\leqslant x\leqslant 3\\ 0,其他\end{cases}$$

则

$$EX=\frac{3}{2},DX=\frac{3}{4}$$

而横截面积 $Y=\pi\cdot\frac{X^2}{4}$，故

$$EY=\frac{\pi}{4}EX^2=\frac{\pi}{4}[DX+(EX)^2]=\frac{\pi}{4}\left(\frac{3}{4}+\frac{9}{4}\right)=\frac{3}{4}\pi$$
$$DY=EY^2-(EY)^2=\frac{\pi^2}{16}EX^4-\frac{9}{16}\pi^2=\frac{9}{20}\pi^2$$

12. 设 X 表示在取到正品之前已取出的废品数，显然 X 是一个离散型随机变量，其所有可能取值为 0,1,2，且

$$P(X=0)=\frac{8}{10}=\frac{4}{5}$$
$$P(X=1)=\frac{2\times 8}{10\times 9}=\frac{8}{45}$$
$$P(X=2)=\frac{2\times 1\times 8}{10\times 9\times 8}=\frac{1}{45}$$

即 X 的分布律为

X	0	1	2
p	$\frac{4}{5}$	$\frac{8}{45}$	$\frac{1}{45}$

$$E(X)=0\times\frac{4}{5}+1\times\frac{8}{45}+2\times\frac{1}{45}=\frac{2}{9}$$
$$E(X^2)=0^2\times\frac{4}{5}+1^2\times\frac{8}{45}+2^2\times\frac{1}{45}=\frac{4}{15}$$
$$D(X)=E(X^2)-[E(X)]^2=\frac{4}{15}-\frac{4}{81}=\frac{88}{405}$$

13. 题中未给出遇到红灯次数 X 的分布律，但显然 $X\sim B\left(3,\frac{2}{5}\right)$，利用二项分布的期望与方差进行计算.

解一 设 X 表示途中遇到红灯的次数,则 $X\sim B\left(3,\frac{2}{5}\right)$.所以

$$E(X)=np=3\times\frac{2}{5}=\frac{6}{5}$$

$$D(X)=np(1-p)=3\times\frac{2}{5}\times\frac{3}{5}=\frac{18}{25}$$

解二 设 X 表示途中遇到红灯的次数,则 $X\sim B\left(3,\frac{2}{5}\right)$,于是 X 的分布律为

X	0	1	2	3
p	$\frac{27}{125}$	$\frac{54}{125}$	$\frac{36}{125}$	$\frac{8}{125}$

从而

$$E(X)=0\times\frac{27}{125}+1\times\frac{54}{125}+2\times\frac{36}{125}+3\times\frac{8}{125}=\frac{6}{5}$$

$$E(X^2)=0^2\times\frac{27}{125}+1^2\times\frac{54}{125}+2^2\times\frac{36}{125}+3^2\times\frac{8}{125}=\frac{54}{25}$$

$$D(X)=E(X^2)-[E(X)]^2=\frac{54}{25}-\frac{36}{25}=\frac{18}{25}$$

14. 因 $X\sim B(10,0.3)$,$Y\sim U(0,6)$,因此

$$E(X)=10\times0.3=3,D(X)=10\times0.3\times0.7=2.1$$

$$E(Y)=\frac{0+6}{2}=3,D(Y)=\frac{(6-0)^2}{12}=3$$

故

$$\begin{aligned}E(Z)&=E(2X-3Y-5)=2E(X)-3E(Y)-5\\&=2\times3-3\times3-5=-8\\D(Z)&=D(2X-3Y-5)=2^2D(X)+(-3)^2D(Y)\\&=4\times2.1+9\times3=35.4\end{aligned}$$

15. 比较容易想到的方法是:利用独立性先求 X 的分布律,再按定义计算.正因为各部件的状态相互独立,显然各部件需要调整服从两点分布,于是我们可以应用相互独立随机变量和的相关结论简化计算.

解一 设事件 A_i 表示"第 i 个部件需要调整",$i=1,2,3$.由题设知 A_1,A_2,A_3 相互独立,且

$$P(A_1)=0.10,P(A_2)=0.20,P(A_3)=0.30$$

于是

$$\begin{aligned}P(X=0)&=P(\overline{A}_1\,\overline{A}_2\,\overline{A}_3)=P(\overline{A}_1)P(\overline{A}_2)P(\overline{A}_3)\\&=0.9\times0.8\times0.7+0.9\times0.2\times0.7+0.9\times0.8\times0.3\\&=0.398\end{aligned}$$

$$P(X=3)=P(A_1A_2A_3)=0.1\times0.2\times0.3=0.006$$

$$P(X=2)=1-P(X=0)-P(X=1)-P(X=3)=0.092$$

即 X 的分布律为

X	0	1	2	3
p_k	0.504	0.398	0.092	0.006

所以

$$E(X)=0\times0.504+1\times0.398+2\times0.092+3\times0.006=0.6$$
$$E(X^2)=0^2\times0.504+1^2\times0.398+2^2\times0.092+3^2\times0.006=0.82$$
$$D(X)=E(X)-E(X)^2=0.82-0.36=0.46$$

解二 设随机变量

$$X_i=\begin{cases}1, & \text{第 } i \text{ 个部件需要调整}(i=1,2,3)\\0, & \text{否则}\end{cases}$$

由题知 X_1,X_2,X_3 相互独立，均服从两点分布，且 $X=X_1+X_2+X_3$.

于是

$$E(X_1)=P(X_1=1)=0.10$$
$$D(X_1)=P(X_1=1)\times P(X_1=0)=0.09$$
$$E(X_2)=P(X_2=1)=0.20$$
$$D(X_2)=P(X_2=1)\times P(X_2=0)=0.16$$
$$E(X_3)=P(X_3=1)=0.30$$
$$D(X_3)=P(X_3=1)\times P(X_3=0)=0.21$$

所以

$$\begin{aligned}E(X)&=E(X_1)+E(X_2)+E(X_3)\\&=0.10+0.20+0.30=0.6\end{aligned}$$
$$\begin{aligned}D(X)&=D(X_1)+D(X_2)+D(X_3)\\&=0.09+0.16+0.21=0.46\end{aligned}$$

16. 设直线的倾角为 θ，则 θ 是 $(0,\pi)$ 上服从均匀分布的随机变量，概率密度为

$$p(\theta)=\begin{cases}\dfrac{1}{\pi},0<\theta<\pi\\0,\text{其他}\end{cases}$$

原点到直线的距离 $Y=|b||\cos\theta|$，故

$$\begin{aligned}E(Y)&=E(|b||\cos\theta|)=\int_0^\pi|b||\cos\theta|\cdot\frac{1}{\pi}\mathrm{d}\theta\\&=\frac{|b|}{\pi}\left[\int_0^{\frac{\pi}{2}}\cos\theta\mathrm{d}\theta-\int_{\frac{\pi}{2}}^{\pi}\cos\theta\mathrm{d}\theta\right]=\frac{2|b|}{\pi}\end{aligned}$$

$$\begin{aligned}E(Y^2)&=E(b^2\cos^2\mathrm{d}\theta)=\int_0^\pi b^2\cos^2\mathrm{d}\theta\ \frac{1}{\pi}\mathrm{d}\theta\\&=\frac{b^2}{\pi}\int_0^\pi\frac{1+\cos2\theta}{2}\mathrm{d}\theta=\frac{b^2}{2}\end{aligned}$$

$$D(Y)=E(Y^2)-[E(Y)]^2=\left(\frac{1}{2}-\frac{4}{\pi^2}\right)b^2.$$

17. 由 $X\sim U(0,1)$ 得

$$EX=\frac{1}{2},DX=\frac{1}{12},p_X(x)=\begin{cases}1,0\leqslant x\leqslant1\\0,\text{其他}\end{cases}$$

由 $Y<U(1,3)$ 得

$$EY=2, DY=\frac{1}{3}, p_Y(y)=\begin{cases}\frac{1}{2}, 1\leqslant y\leqslant 3\\ 0, 其他\end{cases}$$

又 X、Y 独立，所以

$$E(XY)=EX\cdot EY=\frac{1}{2}\times 2=1$$

$$D(XY)=E(XY)^2-(EXY)^2=EX^2EY^2-1^2=\int_0^1 x^2\mathrm{d}x\times\int_1^3\frac{1}{2}y^2\mathrm{d}y-1$$

$$=\frac{1}{3}x^3\Big|_0^1\times\frac{1}{6}y^3\Big|_1^3-1=\frac{1}{3}\times\left(\frac{27}{6}-\frac{1}{6}\right)-1=\frac{4}{9}$$

18. $D(X+Y)=DX+DY+2\rho_{XY}\sqrt{DX}\sqrt{DY}=25+36+24=85$

$D(X-Y)=DX+DY-2\rho_{XY}\sqrt{DX}\sqrt{DY}=25+36-24=37$

19. $E(W)=E(X+Y+Z)=EX+EY+EZ=1$

$D(W)=D(X+Y+Z)=DX+DY+DZ+2Cov(X,Y)+2Cov(X,Z)+2Cov(Y,Z)$

$=3+2\times\frac{1}{2}\times 1-2\times\frac{1}{2}\times 1=3$

20. $P(X=1,Y=1)=P(AB)=P(A)P(B|A)=\frac{1}{4}\times\frac{1}{3}=\frac{1}{12}$

$P(X=1,Y=0)=P(A\bar{B})=P(A)-P(AB)=\frac{1}{4}-\frac{1}{12}=\frac{1}{6}$

$P(X=0,Y=1)=P(\bar{A}B)=P(B)-P(AB)=\frac{P(AB)}{P(A|B)}-P(AB)=\frac{\frac{1}{12}}{\frac{1}{2}}-\frac{1}{12}=\frac{1}{12}$

$P(X=0,Y=0)=P(\bar{A}\,\bar{B})P(\overline{A+B})=1-P(A+B)$

$=1-[P(A)+P(B)-P(AB)]=1-[P(A)+P(\bar{A}B)]$

$=1-\frac{1}{4}-\frac{1}{12}=\frac{2}{3}$

X \ Y	0	1	$P_{i\cdot}$
0	$\frac{2}{3}$	$\frac{1}{12}$	$\frac{3}{4}$
1	$\frac{1}{6}$	$\frac{1}{12}$	$\frac{1}{4}$
$P_{\cdot j}$	$\frac{5}{6}$	$\frac{1}{6}$	1

X	0	1
P	$\frac{3}{4}$	$\frac{1}{4}$

Y	0	1
P	$\frac{5}{6}$	$\frac{1}{6}$

XY	0	1
P	$\frac{11}{12}$	$\frac{1}{12}$

$$EX=\frac{1}{4},EY=\frac{1}{6}$$

$$EXY=\frac{1}{12},DX=\frac{3}{16},DY=\frac{5}{36}$$

$$\rho_{XY}=\frac{EXY-EXEY}{\sqrt{DX}\sqrt{DY}}=\frac{\frac{1}{12}-\frac{1}{4}\times\frac{1}{6}}{\frac{\sqrt{3}}{4}\times\frac{\sqrt{5}}{6}}=\frac{\sqrt{15}}{15}$$

21.
$$EX=\int_0^2\int_0^1\frac{x}{3}(x+y)\mathrm{d}x\mathrm{d}y=\int_0^2 x\left[\int_0^1\frac{x+y}{3}\mathrm{d}y\right]\mathrm{d}x$$

$$=\int_0^2\left(\frac{x^2}{3}+\frac{x}{6}\right)\mathrm{d}x=\left(\frac{x^3}{9}+\frac{x^2}{12}\right)\Big|_0^2=\frac{11}{9}$$

$$EY=\int_0^2\int_0^1\frac{y}{3}(x+y)\mathrm{d}x\mathrm{d}y=\int_0^1\left[\int_0^2\frac{xy+y^2}{3}\mathrm{d}x\right]\mathrm{d}y$$

$$=\int_0^1\left(\frac{2}{3}y+\frac{2}{3}y^2\right)\mathrm{d}y=\frac{5}{9}$$

$$EX^2=\int_0^2\int_0^1\frac{x^2}{3}(x+y)\mathrm{d}x\mathrm{d}y=\int_0^2 x^2\left[\int_0^1\frac{x+y}{3}\mathrm{d}y\right]\mathrm{d}x$$

$$=\int_0^2\left(\frac{x^3}{3}+\frac{x^2}{6}\right)\mathrm{d}x=\left[\frac{x^4}{12}+\frac{x^3}{18}\right]\Big|_0^2=\frac{16}{9}$$

$$EY^2=\int_0^2\int_0^1\frac{y^2}{3}(x+y)\mathrm{d}x\mathrm{d}y=\int_0^1\left[\int_0^2\frac{xy^2+y^3}{3}\mathrm{d}x\right]\mathrm{d}y$$

$$=\int_0^1\left(\frac{2}{3}y^2+\frac{2}{3}y^3\right)\mathrm{d}y=\left[\frac{2}{9}y^3+\frac{2}{12}y^4\right]\Big|_0^1=\frac{7}{18}$$

$$DX=EX^2-(EX)^2=\frac{16}{9}-\left(\frac{11}{9}\right)^2=\frac{23}{81}$$

$$DY=EY^2-(EY)^2=\frac{7}{18}-\left(\frac{5}{9}\right)^2=\frac{7}{18}-\frac{25}{81}=\frac{13}{162}$$

$$E(XY)=\int_0^2\int_0^1\frac{xy}{3}(x+y)\mathrm{d}x\mathrm{d}y=\int_0^1\left[\int_0^2\frac{x^2y+xy^2}{3}\mathrm{d}x\right]\mathrm{d}y$$

$$=\int_0^1\left(\frac{8}{9}y+\frac{2}{3}y^2\right)\mathrm{d}y=\left[\frac{4}{9}y^2+\frac{2}{9}y^3\right]\Big|_0^1=\frac{2}{3}$$

$$Cov(X,Y)=EXY-EXEY=\frac{2}{3}-\frac{11}{9}\times\frac{5}{9}=-\frac{1}{81}$$

$$\rho_{XY}=\frac{Cov(X,Y)}{\sqrt{bX}\sqrt{bY}}=\frac{-\frac{1}{81}}{\sqrt{\frac{23}{81}}\sqrt{\frac{13}{162}}}=-\frac{1}{\sqrt{299}}$$

22. (1)设 X 表示 600 粒种子中良种的粒数，则良种所占比例是$\frac{X}{600}$，且 $X\sim B\left(600,\frac{1}{6}\right)$.

$$EX=600\times\frac{1}{6}=100,DX=600\times\frac{1}{6}\times\frac{5}{6}=\frac{250}{3}$$

故
$$P\left(\left|\frac{X}{600}-\frac{1}{6}\right|\leqslant 0.02\right)=P(|X-100|\leqslant 12)$$
$$\geqslant 1-\frac{\frac{250}{3}}{12^2}$$
$$=1-\frac{1}{144}\times\frac{250}{3}=0.4213$$

(2) $n=600$，认为较大，可用 Laplace 定理
$$P\left(\left|\frac{X}{600}-\frac{1}{6}\right|\leqslant 0.02\right)=P(|X-100|\leqslant 12)$$
$$=P\left(\left|\frac{X-100}{\sqrt{250/3}}\right|<\frac{12}{\sqrt{250/3}}\right)\approx 2\Phi(1.3145)-1$$
$$\approx 2\times 0.9057-1=0.8114$$

23. 由切比雪夫不等式
$$P(|X-EX|<0.2)\geqslant 1-\frac{D(X)}{0.2^2}=1-\frac{0.004}{0.04}=0.9$$

24. 令 $X_i=\begin{cases}1, \text{第 } i \text{ 根长度}<3\text{m}\\0, \text{第 } i \text{ 根长度}\geqslant 3\text{m}\end{cases}$，则 $X_i\sim B(1,0.2)$.

设 X 为 100 根中长度小于 3m 的木柱数，则
$$X=\sum_{i=1}^{100}X_i\sim B(100,0.2)$$
$$P(X\geqslant 30)=1-P(X<30)\approx 1-\Phi\left(\frac{30-100\times 0.2}{\sqrt{100\times 0.2\times 0.8}}\right)$$
$$=1-\Phi(2.5)=1-0.9938=0.0062$$

25. 设 A 在 n 次试验中发生的次数为 n_A，即求 n，使 $P\left(0.74<\frac{n_A}{n}<0.76\right)\geqslant 0.95$.

即
$$P\left(\left|\frac{n_A}{n}-0.75\right|<0.001\right)\geqslant 0.95$$

由定理 4.9 知 $\dfrac{\frac{n_A}{n}-p}{\sqrt{p(1-p)/n}}\overset{\text{近似}}{\sim}N(0,1)$，所以
$$P\left[\frac{\frac{n_A}{n}-p}{\sqrt{p(1-p)/n}}\leqslant 0.01/\sqrt{p(1-p)/n}\right]\approx 2\Phi(0.01\sqrt{n}/\sqrt{p(1-p)})-1$$

求 n 使
$$2\Phi(0.01\sqrt{n}/\sqrt{p(1-p)})-1\geqslant 0.95$$

即
$$\Phi(0.01\sqrt{n}/\sqrt{p(1-p)})\geqslant 0.975=\Phi(1.96)$$

所以

$$0.01\sqrt{n}/\sqrt{p(1-p)}\geqslant 1.96$$
$$n\geqslant 20.3$$

26. 设 T_i 表示组装第 i 件成品所需要的时间($i=1,2,\cdots,100$),则 $T_1,T_2,\cdots,T_{100}$ 相互独立,且 $T_i\sim e(\theta)$.又知 $ET_i=\theta=10$,所以

$$T_i\sim E(10),(i=1,2,\cdots,100)$$

按题意,要求 $P(900\leqslant \sum_{i=1}^{100}T_i\leqslant 1080)$($15h=900\text{min}$,$18h=1080\text{min}$),因为 $n=100$ 较大,故可由中心极限定理求近似值.

因为

$$ET_i=10,DT_i=10^2=100,i=1,2,\cdots,100$$

所以

$$\left(900\leqslant \sum_{i=1}^{100}T_i\leqslant 1080\right)\approx\Phi\left(\frac{1080-100\times 10}{\sqrt{100\times 100}}\right)-\Phi\left(\frac{900-100\times 10}{\sqrt{100\times 100}}\right)$$
$$=\Phi(0.8)-\Phi(-1)=0.6294$$

27. 设 X 为选择影院的观众人物,$X\sim B\left(1000,\frac{1}{2}\right)$.

设甲(乙)影院应设立 n 个座位数才能保证因缺少座位而使观众离开的概率小于 1%.显然,当选择甲(乙)影院的观众人数 $X>n$ 时,观众才会离开,故应满足

$$P(X>n)=P\left[\frac{X-\frac{1000}{2}}{\sqrt{\frac{1000}{4}}}>\frac{n-\frac{1000}{2}}{\sqrt{\frac{1000}{4}}}\right]\approx 1-\Phi\left(\frac{n-500}{\sqrt{250}}\right)<0.01$$

于是

$$\Phi\left(\frac{n-500}{\sqrt{250}}\right)>0.99=\Phi(2.33)$$
$$\frac{n-500}{\sqrt{250}}>2.33$$
$$n>537$$

故每个影院应至少应设立 537 个座位.

28. 因为 $X_n\sim(0-1)$,所以

$$DX_n=\frac{1}{2^n}\left(1-\frac{1}{2^n}\right)$$

又 $X_1,X_2,\cdots,X_n$ 相互独立,故

$$D\left(\frac{1}{n}\sum_{i=1}^{n}x_i\right)=\frac{1}{n^2}\sum_{i=1}^{n}\frac{1}{2^i}\left(1-\frac{1}{2^i}\right)\leqslant\frac{1}{n^2}\sum_{i=1}^{n}\frac{1}{2^i}=\frac{1}{n^2}\left(1-\frac{1}{2^n}\right)$$

由概率的习惯性,极限的保号性及切比雪夫不等式得

$$0\leqslant\lim_{n\to\infty}\left(\left|\frac{1}{n}\sum_{i=1}^{n}X_i-\frac{1}{n}\sum_{i=1}^{n}EX_i\right|\geqslant\varepsilon\right)\leqslant\lim_{n\to\infty}\frac{1}{\varepsilon^2}D\left(\frac{1}{n}\sum_{i=1}^{n}X_i\right)$$
$$=\lim_{n\to\infty}\frac{1}{n^2\varepsilon^2}\sum_{i=1}^{n}DX_i\leqslant\lim_{n\to\infty}\frac{1}{n^2\varepsilon^2}\left(1-\frac{1}{2^n}\right)=0$$

从而

$$\lim_{n\to\infty}P\left(\left|\frac{1}{n}\sum_{i=1}^{n}X_i-\frac{1}{n}\sum_{i=1}^{n}EX_i\right|\geqslant\varepsilon\right)=0$$

即$\{X_n\}$服从大数定律.

习题 5

1. $P\{X_1=k_1,X_2=k_2,\cdots,X_n=k_n\}=\dfrac{\lambda^{k_1+k_2+\cdots+k_n}}{k_1!\ k_2!\ \cdots k_n!}e^{-n\lambda}(k_1,\cdots,k_n=0,1,\cdots)$

2. 样本的联合密度为

$$p(x_1,x_2,\cdots,x_n)=\begin{cases}\lambda^n e^{-\lambda\sum\limits_{i=1}^{n}x_i}, & x_1,\cdots,x_n>0\\ 0, & 其他\end{cases}$$

3. $$P\{X_1=x_1,X_2=x_2\}=P\{X_1=x_1\}P\{X_2=x_2\mid X_1=x_1\}$$

用"0"表示正品,用"1"表示次品,则

$$P(X_1=0,X_2=0)=\frac{L}{N}\cdot\frac{L-1}{N-1}$$

$$P(X_1=0,X_2=1)=\frac{L}{N}\cdot\frac{M}{N-1}$$

$$P(X_1=1,X_2=0)=\frac{M}{N}\cdot\frac{L}{N-1}$$

$$P(X_1=1,X_2=1)=\frac{M}{N}\cdot\frac{M-1}{N-1}$$

当 $N\to\infty,\dfrac{M}{N}\to p$ 时,$\dfrac{L}{N}\to 1-p$,此时

$$P(X_1=0,X_2=0)=(1-p)^2=p^{x_1+x_2}(1-p)^{2-(x_1+x_2)}$$
$$P(X_1=0,X_2=1)=(1-p)p=p^{x_1+x_2}(1-p)^{2-(x_1+x_2)}$$
$$P(X_1=1,X_2=0)=p(1-p)=p^{x_1+x_2}(1-p)^{2-(x_1+x_2)}$$
$$P(X_1=1,X_2=1)=p^2=p^{x_1+x_2}(1-p)^{2-(x_1+x_2)}$$

这恰为式(5.1)$n=2$ 的情况

4. $$\min x_i=15,\max x_i=45$$

即 $\alpha=14.5,b=45.5$,将区间(14.5,45.5)分为 10 个小区间,统计落在每个小区间中的样本观察值的频数和频率,得题表 5.1.

以组距 5 为底 $n_i/5n$ 为高作矩形得 X 的直方图如题图 5.1 所示.

题表 5.1

分组区间	频数 n_i	频率 n_i/n
14.5～19.5	10	0.10
19.5～24.5	17	0.17
24.5～29.5	31	0.31
29.5～34.5	21	0.12
34. 5～39.5	12	0.12
39.5～45.5	9	0.09

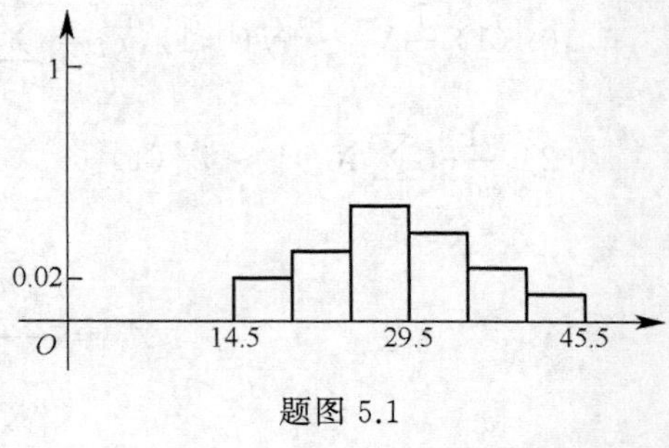

题图 5.1

5. 见题图 5.2.

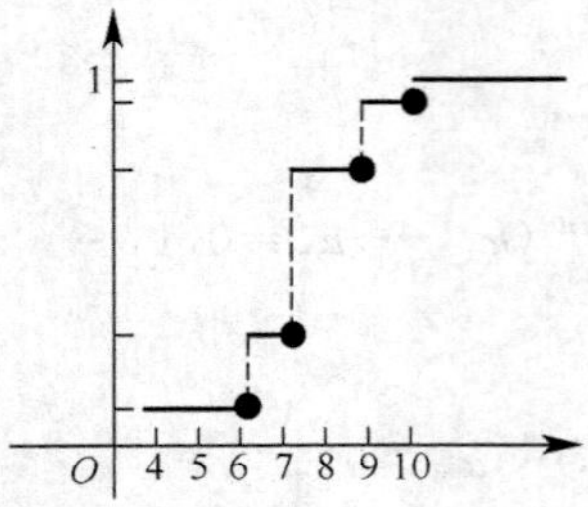

题图 5.2

$$F_{20}(x)=\begin{cases}0, & x<4\\ \dfrac{1}{10}, & 4\leqslant x<6\\ \dfrac{3}{10}, & 6\leqslant x<7\\ \dfrac{3}{4}, & 7\leqslant x<9\\ \dfrac{9}{10}, & 9\leqslant x<10\\ 1, & x\geqslant 10\end{cases}$$

6. $$\sum_{i=1}^{n}(X_i-\mu)^2/\sigma^2 \sim \chi^2(n)$$

7. $$\chi^2_{0.05}(20)=31.410 \quad \chi^2_{0.95}(20)=10.851$$

$$t_{0.01}(10)=2.7638 \quad F_{0.05}(12,15)=2.48$$

$$F_{0.95}(15,12)=1/F_{0.05}(12,15)=\frac{1}{2.48}=0.4032$$

8. 因 $X\sim t(n)$，所以 X 可写成

$X=\dfrac{V}{\sqrt{W/n}}$，其中 $V\sim N(0,1)$，$W\sim\chi^2(n)$ 且 W，V 独立.

$$X^2=\frac{V^2}{W/n}$$

因 $V^2\sim\chi^2(1)$，故 $X^2\sim F(1,n)$.

9. $$X_1+X_2+X_3\sim N(0,3) \quad (X_1+X_2+X_3)\sqrt{3}\sim N(0,1)$$

故

$$\frac{1}{3}(X_1+X_2+X_3)^2\sim\chi^2(1),\frac{1}{3}(X_4+X_5+X_6)^2\sim\chi^2(1)$$

所以

$$\frac{1}{3}[(X_1+X_2+X_3)^2+(X_4+X_5+X_6)^2]\sim\chi^2(2)$$

即当 $C=\dfrac{1}{3}$ 时，$CY\sim\chi^2(2)$.

10. (1) $\dfrac{1}{\sigma}X_i \sim N(0,1)$，$Y_i=\displaystyle\sum_{i=1}^{n}\frac{X_i^2}{\sigma^2}=\frac{1}{\sigma^2}\sum_{i=1}^{n}X_i^2 \sim \chi^2(n)$

(2) $\dfrac{1}{n\sigma^2}(\displaystyle\sum_{i=1}^{n}X_i)^2 \sim \chi^2(1)$

11. $$Y_1=\frac{\sqrt{m}\displaystyle\sum_{i=1}^{n}X_i}{\sqrt{n}\sqrt{\displaystyle\sum_{i=n+1}^{m+n}X_i^2}}=\frac{\dfrac{1}{\sqrt{n}\sigma}\displaystyle\sum_{i=1}^{n}X_i}{\sqrt{\dfrac{1}{m}\cdot\dfrac{1}{\sigma^2}\displaystyle\sum_{i=n+1}^{n+m}X_i^2}}$$

$$\frac{1}{\sqrt{n}\sigma}\sum_{i=1}^{n}X_i \sim N(0,1),\frac{1}{\sigma^2}\sum_{i=n+1}^{n+m}X_i^2 \sim \chi^2(m)$$

故

$$Y_1 \sim t(m)$$

$$Y_2=\frac{m\sum_{i=1}^{n}X_i^2}{n\sum_{i=n+1}^{n+m}X_i^2}=\frac{\frac{1}{\sigma^2}\sum_{i=1}^{n}X_i^2/n}{\frac{1}{\sigma^2}\sum_{i=n+1}^{n+m}X_i^2/m}\sim F(n,m)$$

12.
$$X_{n+1}-\overline{X}\sim N\left(0,\frac{n+1}{n}\sigma^2\right)\frac{X_{n+1}-\overline{X}}{\sqrt{\frac{n+1}{n}}\sigma}\sim N(0,1)$$

$$\frac{nS^{*2}}{\sigma^2}\sim\chi^2(n-1)\quad T=\frac{X_{n+1}-\overline{X}}{S^*}\sqrt{\frac{n-1}{n+1}}=\frac{\frac{X_{n+1}-\overline{X}}{\sqrt{(n+1)/n\sigma}}}{\sqrt{\frac{nS^{*2}}{\sigma^2}/(n-1)}}\sim t(n-1)$$

13.
$$a(\overline{X}-\mu_1)\sim N\left(0,\frac{\alpha^2}{n_1}\sigma_1^2\right),\beta(\overline{Y}-\mu_2)\sim N\left(0,\frac{\beta^2}{n_2}\sigma_2^2\right)$$

分子
$$\alpha(\overline{X}-\mu_1)+\beta(\overline{Y}-\mu_2)\sim N\left(0,\left(\frac{\alpha^2}{n_1}+\frac{\beta^2}{n_2}\right)\sigma^2\right)$$

$$\frac{\alpha(\overline{X}-\mu_1)+\beta(\overline{Y}-\mu_2)}{\sqrt{\frac{\alpha^2}{n_1}+\frac{\beta^2}{n_2}}\sigma}\sim N(0,1)$$

$$\frac{(n_1-1)s_1^2}{\sigma^2}\sim\chi^2(n_1-1)\quad\frac{(n_2-1)s_2^2}{\sigma^2}\sim\chi^2(n_2-1)$$

$$\frac{(n_1-1)S_1^2+(n_2-1)s_2^2}{\sigma^2}\sim\chi^2(n_1+n_2-2)$$

$$\frac{\alpha(\overline{X}-\mu_1)+\beta(\overline{Y}-\mu_2)}{\sqrt{\frac{(n_1-1)s_1^2+(n_2-1)s_2^2}{n_2+n_1-2}\left(\frac{\alpha^2}{n_1}+\frac{\beta^2}{n_2}\right)}}=$$

$$\frac{\frac{\sigma(\overline{X}-\mu_1)+\beta(\overline{Y}-\mu_2)}{\sqrt{\alpha^2/n_1+\beta^2/n_2\sigma}}}{\sqrt{\frac{(n_1-1)s_1^2+(n_2-1)s_2^2}{\sigma^2}/(n_1+n_2-2)}}\sim t(n_1+n_2-2)$$

14.
$$E\,\overline{X}=\lambda,D\,\overline{X}=\frac{\lambda}{n}$$

15.
$$E\,\overline{X}=\frac{a+b}{2},D\,\overline{X}=\frac{(b-a)^2}{12n}$$

16.
$$E\,\overline{X}=p,D\,\overline{X}=\frac{1}{n}pq\quad q=1-p$$

$$ES^2=E\left(\frac{1}{n-1}\sum_{i=1}^{n}(X_i-\overline{X})^2\right)=\frac{1}{n-1}\cdot E\left[\sum_{i=1}^{n}X_i^2-n\,\overline{X}^2\right]$$

$$=\frac{1}{n-1}\left[npq+np^2-n\left(\frac{1}{n}pq+p^2\right)\right]=pq$$

17. 顺序统计量观察值

$$X_{(1)}=-4,-2.1,-2.1,-0.1,-0.1,0,0,1.2,1.2,2.01,2.22,3.2,3.21=X_{(13)}$$

样本中位数观察值　$M=0$

样本极差的观察值　$R=7.21$

若构成容量为 14 的样本，则样本中位数观察值为 $M=0.6$.

习题 6

1. μ 的矩估计为 $\hat{\mu}=\overline{X}$，σ^2 的矩估计为 $\hat{\sigma}^2=\frac{1}{n}\sum\limits_{i=1}^{n}(X_i-\overline{X})^2=S^{*2}$

$$\overline{X}=\frac{1}{5}(2781+2836+2807+2765+2858)=2809.4$$

$$S^{*2}=\frac{1}{5}\times 5854.2=1170.84$$

所以

$$\hat{\mu}=2809,\hat{\sigma}^2=1170.8$$

2. $$\mu_1=\sum_{k=1}^{\infty}p^k\frac{-1}{\ln(1-p)}=-\frac{1}{\ln(1-p)}\sum_{k=1}^{\infty}p^k=-\frac{1}{\ln(1-p)}\cdot\frac{p}{1-p}\tag{1}$$

因为 p 很难解出来，所以再求总体的二阶原点矩

$$\mu_2=\sum_{k=1}^{\infty}kp^k\frac{-1}{\ln(1-p)}=-\frac{p}{\ln(1-p)}\sum_{k=1}^{\infty}kp^{k-1}=-\frac{p}{\ln(1-p)}\left(\sum_{k=1}^{\infty}x^k\right)'_{x=p}$$

$$=-\frac{p}{\ln(1-p)}\left[\frac{x}{1-x}\right]'_{x=p}=-\frac{p}{\ln(1-p)}\cdot\frac{1}{(1-p)^2}\tag{2}$$

式(1) 除以式(2)得$\frac{\mu_1}{\mu_2}=1-p$，所以 $p=\frac{\mu_2-\mu_1}{\mu_2}$

所以得 P 的矩估计

$$\hat{p}=\frac{\frac{1}{n}\sum\limits_{i=1}^{n}X_i^2-\overline{X}}{\frac{1}{n}\sum\limits_{i=1}^{n}X_i^2}=1-\frac{\overline{X}}{\alpha_2}$$

3. $$\begin{cases}\mu_1=NP\\ \mu_2=NP(1-p)+(NP)^2\end{cases}$$

解之得 $N=\mu_1/p$

$$(1-p)+Np=\frac{\mu_2}{\mu_1}$$

即

$$N=\frac{\mu_1}{p}$$

$$p=1-\frac{\mu_2-\mu_1^2}{\mu_1}$$

所以 N 和 p 的矩估计为

$$\hat{N}=\frac{\overline{X}}{\hat{p}},\hat{p}=1-\frac{S^{*2}}{\overline{X}}$$

4. $$\mu_1=EX=\int_C^{+\infty}C^{\frac{1}{\theta}}\frac{1}{\theta}x^{\frac{1}{\theta}}\mathrm{d}x=C^{\frac{1}{\theta}}\quad\frac{1}{\theta}\frac{1}{1-\frac{1}{\theta}}x^{1-\frac{1}{\theta}}\Big|_C^{+\infty}$$

$$=C^{\frac{1}{\theta}}\frac{1}{\theta-1}(-C\cdot C^{-\frac{1}{\theta}})=\frac{C}{1-\theta}$$

解出 θ 得

$$\theta=1-\frac{C}{\mu_1}$$

于是 θ 的矩估计为

$$\hat{\theta}=1-\frac{C}{\overline{X}}$$

5. 先求矩估计

$$\mu_1=EX=\int_0^1(\alpha+1)x^{\alpha+1}\mathrm{d}x=\frac{\alpha+1}{\alpha+2}x^{\alpha+2}\Big|_0^1=\frac{a+1}{a+2}$$

解出 α 得

$$\alpha=\frac{1-2\mu_1}{\mu_1-1}$$

所以 α 的矩估计为

$$\hat{\alpha}=\frac{1-2\overline{X}}{\overline{X}-1}$$

再求极大似然估计

$$L(X_1,\cdots,X_n;\alpha)=\prod_{i=1}^{n}(\alpha+1)x_i^{\alpha}=(\alpha+1)^n(x_1x_2\cdots x_n)^{\alpha}$$

$$\ln L=n\ln(\alpha+1)+\alpha\sum_{i=1}^{n}\ln x_i$$

$$\frac{\mathrm{d}\ln L}{\mathrm{d}\alpha}=\frac{n}{\alpha+1}+\sum_{i=1}^{n}\ln x_i\overset{\triangle}{=\!=}0$$

解得 α 的极大似然估计

$$\hat{\alpha}=-\left[1+\frac{n}{\sum\limits_{i=1}^{n}\ln x_i}\right]$$

6. 先求矩估计

$$\mu_1=EX=\frac{\theta_1+\theta_2}{2}$$

$$\mu_2=EX^2=\frac{(\theta_2-\theta_1)^2}{12}+\frac{(\theta_1+\theta_2)^2}{4}=\frac{\theta_1^2+\theta_1\theta_2+\theta_2^2}{3}$$

解方程组

$$\begin{cases}\mu_1=\dfrac{\theta_1+\theta_2}{2}\\ \mu_2=\dfrac{\theta_1^2+\theta_1\theta_2+\theta_2^2}{3}\end{cases}\text{得}\begin{matrix}\theta_1=\mu_1\pm\sqrt{3(\mu_2-\mu_1^2)}\\ \theta_2=\mu_1\mp\sqrt{3(\mu_2-\mu_1^2)}\end{matrix}$$

注意到 $\theta_1<\theta_2$，得 θ_1,θ_2 的矩估计为

$$\hat{\theta}_1=\overline{X}-\sqrt{3}S^*,\hat{\theta}_2=\overline{X}+\sqrt{3}S^*$$

再求极大似然估计

$L(X_1,\cdots,X_n;\theta_1,\theta_2)=\prod\limits_{i=1}^{n}\dfrac{1}{\theta_2-\theta_1}=\dfrac{1}{(\theta_2-\theta_1)^n},\theta_1\leqslant x_1,x_2,\cdots,x_n\leqslant\theta_2$，由极大似然估计的定义知，$\theta_1,\theta_2$ 的极大似然估计为

$$\hat{\theta}_1=\min(X_1,\cdots,X_n)=X_{(1)};\hat{\theta}_2=\max(X_1,\cdots,X_n)=X_{(n)}$$

7. (1) $L(X_1,\cdots,X_n;\theta)=\prod\limits_{i=1}^{n}(\theta\alpha)x_i^{\alpha-1}\mathrm{e}^{-\theta x_i^\alpha}=\theta^n\alpha^n(x_1,\cdots,x_n)^{\alpha-1}\mathrm{e}^{-\theta}\sum\limits_{i=1}^{n}x_i^\alpha$

$$\ln L(X_1,\cdots,X_n;\theta)=n\ln\theta+n\ln\alpha+(\alpha-1)\sum_{i=1}^{n}\ln x_i-\theta\sum_{i=1}^{n}x_i^\alpha$$

$$\frac{\mathrm{d}\ln L}{\mathrm{d}\theta}=\frac{n}{\theta}-\sum_{i=1}^{n}x_i^\alpha\xlongequal{\triangle}0$$

解似然方程

$$\frac{n}{\theta}=\sum_{i=1}^{n}x_i^\alpha$$

得 θ 的极大似然估计

$$\hat{\theta}=\frac{n}{\sum\limits_{i=1}^{n}x_i^\alpha}$$

(2) $L(X_1,\cdots,X_n;\theta)=\prod\limits_{i=1}^{n}\dfrac{1}{2}\mathrm{e}^{-|x_i-\theta|}=\dfrac{1}{2^n}\mathrm{e}^{-\sum\limits_{i=1}^{n}|x_i-\theta|}$

由极大似然估计的定义得 θ 的极大似然估计为样本中位数，即

$$\hat{\theta}\begin{cases}X_{\frac{n+1}{2}} & n\text{ 为奇数}\\ \dfrac{1}{2}(X_{\frac{n}{2}}+X_{\frac{n}{2}+1}), & n\text{ 为偶数}\end{cases}$$

8. $L(X_1,\cdots,X_n;\theta)=\prod\limits_{i=1}^{n}\mathrm{e}^{-(x_i-\theta)}=\mathrm{e}^{-\sum\limits_{i=1}^{n}x_i+n\theta},(x_i\geqslant\theta,i=1,2,\cdots,n)$

$$\ln L=n\theta-\sum_{i=1}^{n}X_i$$

$$\frac{\mathrm{d}\ln L}{\mathrm{d}\theta}=n\neq0$$

由极大似然估计的定义，θ 的极大似然估计为 $\hat{\theta}=x_{(1)}$

9. $L(X_1,\cdots,X_n;p)=\prod\limits_{i=1}^{n}p(1-p)^{x_i-1}=p^n(1-p)^{\sum\limits_{i=1}^{n}x_i-n}$

$$\ln L=n\ln p+(\sum_{i=1}^{n}x_i-n)\ln(1-p)$$

$$\frac{\mathrm{d}\ln L}{\mathrm{d}p}=\frac{n}{p}=\frac{\sum\limits_{i=1}^{n}x_i-n}{1-p}\xlongequal{\triangle}0$$

解似然方程

$$\frac{n}{p}=\frac{-n\sum_{i=1}^{n}x_i}{1-p}$$

得 p 的极大似然估计

$$\hat{p}=\frac{1}{\overline{X}}$$

10. (1) $L(X_1,\cdots,X_n;\theta_1,\theta_2)=\prod_{i=1}^{n}\frac{1}{\theta_2}\mathrm{e}^{-\frac{x_i-\theta_1}{\theta_2}},(x_i>\theta_1,i=1,2,\cdots,n)$

$$\ln L=-n\ln\theta_2-\frac{1}{\theta_2}(\sum_{i=1}^{n}X_i-n\theta_1)$$

$$\frac{\partial\ln L}{\partial\theta_1}=\frac{n}{\theta_2}\neq 0$$

由极大似然估计的定义,得 θ_1 的极大似然估计为

$$\hat{\theta}_1=x_{(1)};$$

$$\frac{\partial\ln L}{\partial\theta_2}=\frac{-n}{\theta_2}+\frac{1}{\theta_2^2}\left(\sum_{i=1}^{n}X_i=n\theta_1\right)\xlongequal{\triangle}0$$

解似然方程得 θ_2 的极大似然估计

$$\hat{\theta}_2=\overline{X}-x_{(1)}$$

(2) $\mu_1=EX=\theta_1+\theta_2$

$\mu_2=EX^2=DX+[E(X)]^2=\theta_2^2+(\theta_1+\theta_2)^2$

解方程组

$$\begin{cases}\mu_1=\theta_1+\theta_2\\ \mu_2=\theta_2^2+(\theta_1+\theta_2)^2\end{cases}$$

得

$$\theta_2^2=\mu_2-\mu_1^2$$

$$\theta_1=\mu_1-\sqrt{\mu_2-\mu_1^2}$$

所以 θ_1,θ_2 的矩估计为

$$\hat{\theta}_1=\overline{X}-S^*$$

$$\theta_2=\sqrt{S^{*2}}=S^*$$

11. 设 X 为连掷两次正面出现的次数,$A=$“取出的硬币为普通硬币”,则

$$P(X=0)=P(A)P(X=0\mid A)+P(\overline{A})P(X=0\mid\overline{A})=\frac{\theta}{N}\left(\frac{1}{2}\right)^2=\frac{\theta}{4N}$$

$$P(X=1)=P(A)P(X=1\mid A)+P(\overline{A})P(X=1\mid\overline{A})=\frac{\theta}{N}\cdot C_2^1\left(\frac{1}{2}\right)^2=\frac{\theta}{2N}$$

$$P(X=2)=P(A)P(X=2\mid A)+P(\overline{A})P(X=2\mid\overline{A})$$

$$=\frac{\theta}{N}\left(\frac{1}{2}\right)^2+\frac{N-\theta}{N}=\frac{4N-3\theta}{4N}$$

即 X 的分布为

X	0	1	2
P	$\dfrac{\theta}{4N}$	$\dfrac{\theta}{2N}$	$\dfrac{4N-3\theta}{4N}$

(1) $\mu_1=\dfrac{\theta}{2N}+\dfrac{4N-3\theta}{2N}=\dfrac{2N-\theta}{N}$

解出 θ 得
$$\theta=N(2-\mu_1)$$
θ 的矩估计为
$$\hat{\theta}=N(2-\overline{X})=N\left[2-\frac{1}{n}(n_1+2n_2)\right]$$
$$=\frac{N}{n}(2n-n_1-2n_2)=\frac{N}{n}(2n_0+n_1)$$

(2) $L(X_1,\cdots,X_n;\theta)=\left(\dfrac{\theta}{4N}\right)^{n_0}\left(\dfrac{\theta}{2N}\right)^{n_1}\left(\dfrac{4N-3\theta}{4N}\right)^{n_2}$

$\ln L=n_0(\ln\theta-\ln(4N))+n_1(\ln\theta-\ln(2N))+n_2(\ln(4N-3\theta)-\ln(4N))$

$\dfrac{\mathrm{d}\ln L}{\mathrm{d}\theta}=\dfrac{n_0}{\theta}+\dfrac{n_1}{\theta}-\dfrac{-3n_2}{4N-3\theta}\overset{\triangle}{=\!=}0$

解似然方程
$$\frac{n_0+n_1}{\theta}=\frac{3n_2}{4N-3\theta}$$
得 θ 的极大似然估计
$$\hat{\theta}=\frac{4N}{3n}(n_0+n_1)$$

12. $$L(X_1,\cdots,X_n;\theta)=\prod_{i=1}^{n-M}\theta^{x_i-1}(1-\theta)\theta^{Mr}=\theta^{\sum_{i=1}^{n-M}X_i-(n-M)}(1-\theta)^{n-M}\theta^{Mr}$$
$$\ln L=(\sum_{i=1}^{n-M}X_i-(n-M)+Mr)\ln\theta+(n-M)\ln(1-\theta)$$
$$\frac{\mathrm{d}\ln L}{\mathrm{d}\theta}=(\sum_{i=1}^{n-M}x_i-n+M+Mr)\frac{1}{\theta}-(n-M)\frac{1}{1-\theta}\overset{\triangle}{=\!=}0$$

解似然方程
$$\frac{\sum_{i=1}^{n-M}X_i-n+M+Mr}{\theta}=\frac{n-M}{1-\theta}$$
得 θ 的极大似然估计
$$\hat{\theta}=\frac{\sum_{i=1}^{n-M}X_i-n+M+Mr}{\sum_{i=1}^{n-M}X_i+Mr}=\frac{\sum_{i=1}^{n}X_i-n}{\sum_{i=1}^{n}X_i-M}$$

13. (1) $$E\hat{\sigma}^2=C\sum_{i=1}^{n-1}E(X_{i+1}-X_i)^2=c\sum_{i=1}^{n-1}[D(X_{i+1}+X_i)+E(X_{i+1}-X_i)]$$
$$=C\sum_{i=1}^{n-1}(DX_{i+1}+DX_i)=C\cdot 2(n-1)\sigma^2$$

可见当 $C=\frac{1}{2(n-1)}$ 时，$\hat{\sigma}^2=C\sum_{i=1}^{n-1}(X_{i+1}-X_i)^2$ 是 σ^2 的无偏估计量.

(2) $$E\hat{\sigma}=k\sum_{i=1}^{n}E\mid X_i-\overline{X}\mid=k\sum_{i=1}^{n}E\left|X_i-\frac{1}{n}X_i-\frac{1}{n}\sum_{j\neq i}X_j\right|$$

$$=k\sum_{i=1}^{n}E\left|\frac{n-1}{n}X_i-\frac{1}{n}\sum_{j\neq i}X_j\right|$$

设 $Z=\frac{n-1}{n}X_i-\frac{1}{n}\sum_{j\neq i}X_i$，因$\frac{n-1}{n}X_i\sim N\left(\frac{n-1}{n}\mu,\frac{(n-1)^2}{n}\sigma^2\right)$

$\frac{1}{n}\sum_{j\neq i}X_i\sim N\left(\frac{n-1}{n}\mu,\frac{n-1}{n^2}\sigma^2\right)$，所以 $Z\sim N\left(0,\frac{n-1}{n}\sigma^2\right)$，$\frac{Z}{\sqrt{\frac{n-1}{n}}\sigma}\sim N(0,1)$

因为 $E\left|\frac{Z}{\sqrt{\frac{n-1}{n}}\sigma}\right|=\sqrt{\frac{2}{\pi}}$，所以 $E\mid Z\mid=\sqrt{\frac{2(n-1)}{\pi n}}\sigma$

于是

$$E\hat{\sigma}=k\sum_{i=1}^{n}E\mid Z\mid=k\sqrt{2n(n-1)/\pi\sigma}$$

故当 $k=\frac{\sqrt{\pi}}{\sqrt{2n(n-1)}}$ 时，$\hat{\sigma}=k\sum_{i=1}^{n}\mid X_i-\overline{X}\mid$ 是 σ 的无偏估计.

14. $$E(k\overline{X}+(1-k)S^2)=kE\overline{X}+(1-k)ES^2=k\lambda+\lambda-k\lambda=\lambda$$

(此处利用了$\overline{X}$是EX 的无偏估计，S^2 是 DX 的无偏估计)，所以对任意的 k，$k\overline{X}+(1-k)S^2$ 是 λ 的无偏估计.

15. (1)，(2)，(3)都是样本的线性组合，而且组合系数之和为 1，故它们都是 μ 的无偏估计. 但(4)，(5)，(6)一般不是 μ 的无偏估计，如 $X\sim B(1,p)$，则 $P(X=1)=p$，$P(X=0)=1-p$，$EX=\mu=p$，而 $X_{(1)}$ 不是 0 就是 1，且

$$P(X_{(1)}=1)=P(X_1=1,X_2=1,\cdots,X_n=1)=p^n$$

故

$$EX_{(1)}=p^n\neq p$$

即 $X_{(1)}$ 不是 $\mu=p$ 的无偏估计.

16. $$E\hat{\theta}^2=D\hat{\theta}+(E\hat{\theta})^2=D\hat{\theta}+\theta^2\neq\theta^2$$

即 $\hat{\theta}^2$ 不是 θ^2 的无偏估计量.

注：该题说明：当 $\hat{\theta}$ 是未知参数 θ 的无偏估计时，$\hat{\theta}$ 的函数 $g(\hat{\theta})$ 不一定是 θ 的函数 $g(\theta)$ 的无偏估计.

17. $$E\hat{\mu}_1=\frac{1}{5}EX_1+\frac{3}{10}EX_2+\frac{1}{2}EX_3=\left(\frac{1}{5}+\frac{3}{10}+\frac{1}{2}\right)\mu=\mu$$

$$E\hat{\mu}_2=\left(\frac{1}{3}+\frac{1}{4}+\frac{5}{12}\right)\mu=\mu$$

$$E\hat{\mu}_3=\left(\frac{1}{3}+\frac{1}{6}+\frac{1}{2}\right)\mu=\mu$$

故 $\hat{\mu}_1$，$\hat{\mu}_2$，$\hat{\mu}_3$ 都是 μ 的无偏估计.

$$D\hat{\mu}_1=\frac{1}{25}DX_1+\frac{9}{100}DX_2+\frac{1}{4}DX_3=\frac{38}{100}\sigma^2=0.38\sigma^2$$

$$D\hat{\mu}_2=\left(\frac{1}{9}+\frac{1}{16}+\frac{25}{144}\right)\sigma^2=\frac{50}{144}\sigma^2=0.347\sigma^2$$

$$D\hat{\mu}_3=\left(\frac{1}{9}+\frac{1}{36}+\frac{1}{4}\right)\sigma^2=\frac{14}{36}\sigma^2=0.389\sigma^2$$

所以 $\hat{\mu}_2$ 最有效.

18.(1)先求矩估计

$$\mu_1=EX=\frac{1+\theta}{2}$$

$$\theta=2\mu_1-1$$

所以 θ 的矩估计为

$$\hat{\theta}=2\,\overline{X}-1$$

再求极大似然估计

$$L(x_1,\cdots,x_n;\theta)=\prod_{i=1}^{n}\frac{1}{\theta-1}=\frac{1}{(\theta-1)^n}(1\leqslant x_1,x_2,\cdots,x_n\leqslant\theta)$$

所以 θ 的极大似然估计为

$$\hat{\theta}_L=X_{(n)}$$

(2)
$$E\hat{\theta}=E(2\,\overline{X}-1)=2E\,\overline{X}-1=1+\theta-1=\theta$$

可见矩估计是 θ 的无偏估计.

为求 $\hat{\theta}_L$ 的数学期望,先求 $\hat{\theta}_L=X_{(n)}$ 的密度 $f_L(x)$.

总体 X 的分在函数为

$$F(x)=\begin{cases}0, & x<1\\ \dfrac{x-1}{\theta-1}, & 1\leqslant x\leqslant\theta\\ 1, & x>\theta\end{cases}$$

$X_{(n)}$ 的分布函数为

$$F_L(x)=[F(x)]^n$$

所以

$$f_L(x)=F'_L(x)=nF'(x)\cdot[F(x)]^{n-1}=nf(x)\cdot[F(x)]^{n-1}$$
$$=\begin{cases}\dfrac{n(x-1)^{n-1}}{(\theta-1)^n}, & 1\leqslant x\leqslant\theta\\ 0, & \text{其他}\end{cases}$$

$$E\hat{\theta}_L=\int_1^{\theta}x\cdot\frac{n(x-1)^{n-1}}{(\theta-1)^n}\mathrm{d}x=\frac{n}{(\theta-1)^n}\left[\int_1^{\theta}(x-1)^n\mathrm{d}x+\int_1^{\theta}(x-1)^{n-1}\mathrm{d}x\right]$$
$$=\frac{n}{(\theta-1)^n}\left[\frac{(x-1)^{n+1}}{n+1}\Bigg|_1^{\theta}+\frac{(x-1)^n}{n}\Bigg|_1^{\theta}\right]=\frac{n}{(\theta-1)^n}\left[\frac{(\theta-1)^{n+1}}{n+1}+\frac{(\theta-1)^n}{n}\right]$$
$$=n\left(\frac{\theta-1}{n+1}+\frac{1}{n}\right)=\frac{n}{n+1}\theta+\frac{1}{n+1}$$

可见 $\hat{\theta}_L$ 不是 θ 的无偏估计,若将 $\hat{\theta}'_L$ 修正为 $\hat{\theta}'_L=\frac{n+1}{n}\hat{\theta}_L-\frac{1}{n}$,则 $\hat{\theta}_L$ 是 θ 的无偏估计.

(3) $$D\hat{\theta}=D(2\overline{X}-1)=4D\overline{X}=\frac{(\theta-1)^2}{3n}$$

$$E\hat{\theta}_L^2=\int_1^\theta x^2\frac{n(x-1)^{n-1}}{(\theta-1)^n}\mathrm{d}x=\frac{n}{(\theta-1)^n}\left[\frac{x^2(x-1)^n}{n}\bigg|_1^\theta-\frac{2}{n}\int_1^\theta x(x-1)^n\mathrm{d}x\right]$$
$$=\frac{n}{(\theta-1)^n}\left[\frac{\theta^2(\theta-1)^n}{n}-\frac{2x(x-1)^{n-1}}{n(n+1)}\bigg|_1^\theta+\frac{2}{n(n+1)}\int_1^\theta(x-1)^{n+1}\mathrm{d}x\right]$$
$$=\left[\theta^2-\frac{2\theta(\theta-1)}{n+1}+\frac{2(\theta-1)^2}{(n+1)(n+2)}\right]$$
$$=\frac{1}{(n+1)(n+2)}[(n+1)\cdot n\theta^2+2n\theta+2]$$

$$D\hat{\theta}_L=E\hat{\theta}_L^2-(E\hat{\theta}_L^2)^2=\frac{n\theta^2}{(n+2)}+\frac{2n\theta}{(n+1)(n+2)}+\frac{2}{(n+1)(n+2)}$$
$$-\frac{n^2}{(n+1)^2}\theta^2-\frac{2n\theta}{(n+1)^2}-\frac{1}{(n+1)^2}=\left(\frac{n}{n+2}-\frac{n^2}{(n+1)^2}\right)\theta^2$$
$$+\frac{2n\theta}{(n+1)(n+2)}-\frac{2n\theta}{(n+1)}-\frac{1}{(n+1)^2}$$
$$D\hat{\theta}'_L=\frac{(n+1)^2}{n^2}\left[\frac{n(n+1)^2-n^2(n+2)}{(n+2)(n+1)^2}\theta^2+\frac{-2n(n+1)\theta}{(n+1)(n+2)}-\frac{1}{(n+1)^2}\right]$$
$$=\frac{\theta^2}{n(n+2)}-\frac{2\theta}{n(n+2)}-\frac{1}{n^2}\leqslant\frac{(\theta-1)^2}{n(n+2)}<\frac{(\theta-1)^2}{3n}=D\hat{\theta}$$

故 $\hat{\theta}'_L$ 较 $\hat{\theta}$ 有效.

19. $$E\left(\frac{1}{n}\sum_{i=1}^n(X_i-\mu)^2\right)=\frac{1}{n}\sum_{i=1}^nE(X_i-\mu)^2=\sigma^2$$

20. $$S^2=\frac{1}{n-1}\sum_{i=1}^n(X_i-\overline{X})^2=\frac{1}{n-1}\left[\sum_{i=1}^nX_i^2-n\overline{X}^2\right]$$

因为 $X_1,X_2,\cdots,X_n$ 相互独立,所以 $X_1^2,X_2^2,\cdots,X_n^2$ 也相互独立且具有相同的分布,由大数定理,对任意的 $\varepsilon>0$ 有

$$\lim_{n\to\infty}P\left\{\left|\frac{1}{n}\sum_{i=1}^nX_i^2-EX^2\right|\geqslant\varepsilon\right\}=0$$

即 $\frac{1}{n}\sum_{i=1}^nX_i^2$ 依概率收剑于 $\mu_2=EX^2$,而 $\overline{X}$ 依概率收剑于 $\mu_1=EX$,由依概率收剑的性质

$$\frac{1}{n}\sum_{i=1}^n(X_i-\overline{X})^2=\frac{1}{n}\sum_{i=1}^nX_i^2-\overline{X}^2\xrightarrow{P}\mu_2-\mu_1^2=EX^2-(EX)^2=\sigma^2$$

又由于 $\frac{n}{n-1}\to1$(当 $n\to\infty$ 时)而 $S^2=\frac{n}{n-1}S^{*2}$,故 S^2 依概率收剑于 σ^2,从而 S^2 是 σ^2 的相合估计.

21. 由切比雪夫不等式,对任意的 $\varepsilon>0$ 有

$$P(|\hat{\theta}_n-\theta-k_n|\geqslant\varepsilon)\leqslant\frac{D\hat{\theta}_n}{\varepsilon^2}$$

于是

$$0\leqslant\lim_{n\to\infty}P(|\hat{\theta}_n-\theta-k_n|\geqslant\varepsilon)\leqslant\lim_{n\to\infty}\frac{\sigma_n^2}{\varepsilon_n}=0$$

即 $\hat{\theta}_n$ 依概率收剑于 θ，故 $\hat{\theta}_n$ 是 θ 的相合估计.

22. $T_n=X_{(n)}$ 的分布函数为

$$F_T(t)=F^n(t)=\begin{cases}0. & t<0\\ \dfrac{t^2}{\theta^n}, & 0\leqslant t\leqslant\theta\\ 1, & t>\theta\end{cases}$$

T_n 的密度为

$$f_T(t)=F'_T(t)=nf(t)F^{n-1}(t)=\begin{cases}\dfrac{nt^{n-1}}{\theta^n}, & 0\leqslant t\leqslant\theta\\ 0, & t>\theta\end{cases}$$

$$ET_n=\int_0^\theta\frac{n}{\theta^n}t^n\,\mathrm{d}t=\frac{n}{\theta^n}\cdot\frac{\theta^{n+1}}{n+1}=\frac{n}{n+1}\theta$$

$$ET_n^2=\int_0^\theta\frac{n}{\theta^n}t^{n+1}\,\mathrm{d}t=\frac{n}{\theta^2}\frac{\theta^{n+2}}{n+2}=\frac{n}{n+2}\theta^2$$

所以

$$DT_n=\frac{n}{n+2}\theta^2-\frac{n^2}{(n+1)}\theta^2=\frac{n\theta^2}{(n+1)^2(n+2)}$$

由切比雪夫不等式有

$$P\left\{\left|T_n-\frac{n}{n+1}\theta\right|\geqslant\varepsilon\right\}\leqslant\frac{n\theta^2}{(n+1)^2\varepsilon^2}$$

当 $n\to\infty$ 时

$$\lim_{n\to\infty}P\left\{\left|T_n-\frac{n}{n+1}\theta\right|\geqslant\varepsilon\right\}=\lim_{n\to\infty}P\{|T_n-\theta|\geqslant\varepsilon\}=0$$

故 T_n 是 θ 的相合估计.

23. $$\overline{X}=2.125,S^2=0.0029,S=0.017$$

(1) μ 的置信区间为 $\left(\overline{X}-u_{0.05}\dfrac{\sigma}{\sqrt{n}},\overline{X}+u_{0.05}\dfrac{\sigma}{\sqrt{n}}\right)$，其中

$$\overline{X}=2.125,u_{0.05}=1.645,\sigma=0.01,n=16$$

μ 的置信区间为(2.121,2.129)

(2) μ 的置信区间为 $\left(\overline{X}-t_{0.05}(15)\dfrac{S}{\sqrt{n}},\overline{X}+t_{0.05}(15)\dfrac{S}{\sqrt{n}}\right)$

$$t_{0.05}(15)=1.7531$$

μ 的置信区间为(2.1175,2.1325)

24. μ 的置信区间为 $\left(\overline{X}-t_{0.025}(24)\dfrac{S}{\sqrt{n}},\overline{X}+t_{0.025}(24)\dfrac{S}{\sqrt{n}}\right)$，其中

$$\overline{X}=5.5,t_{0.025}(24)=2.0639,S=1.73,n=25$$

所以 μ 的置信度 0.95 下的置信区间为

$$\left(5.5-2.0639\times\frac{1.73}{5},5.5+2.0639\times\frac{1.73}{5}\right)=(4.7858,6.2141)$$

σ^2 的置信区间为

$$\left(\frac{(n-1)S^2}{\chi^2_{\alpha/2}(n-1)},\frac{(n-1)S^2}{\chi^2_{1-\alpha/2}(n-1)}\right)$$

$$S^2=2.9929,\chi^2_{0.0025}(24)=39.364,\chi^2_{0.975}(24)=12.401$$

所以 σ^2 的置信区间为

$$\left(\frac{24\times 2.9929}{39.364},\frac{24.29929}{12.401}\right)=(1.8248,5.7922)$$

25. μ 的无偏估计为 $\overline{X}=\frac{1}{10}\sum_{i=1}^{10}X_i=2.$

σ^2 的无偏估计为

$$S^2=\frac{1}{9}\left[\sum_{i=1}^{n}X_i^2-10\times 4\right]=5.778$$

μ 的置信区间为

$$\left(\overline{X}-t_{0.05}(9)\frac{S}{\sqrt{10}},\overline{X}-t_{0.05}(9)\frac{S}{\sqrt{10}}\right)$$

$$\overline{X}=2,S=2.404,t_{0.05}(9)=1.8331,\sqrt{10}=3.1623$$

所以 μ 的置信度为 0.90 的置信区间为

$$\left(2-1.8331\times\frac{2.404}{3.1623},2+1.8331\times\frac{2.404}{3.1623}\right)=(0.6064,3.3935)$$

σ^2 的置信区间为

$$\left(\frac{(n-1)S^2}{\chi^2_{\alpha/2}(n-1)},\frac{(n-1)S^2}{\chi^2_{1-\alpha/2}(n-1)}\right)$$

$$\chi^2_{0.05}(9)=16.919\quad \chi^2_{0.95}(9)=3.325$$

所以 σ^2 的置信度 0.90 下的置信区间为

$$\left(\frac{52.002}{16.919}\ \frac{52.002}{3.325}\right)=(3.075,15.6397)$$

26. 此题是在 $\sigma_1^2=\sigma_2^2$ 的条件下，求 $\mu_1-\mu_2$ 的置信区间，$\mu_1-\mu_2$ 的置信区间为

$$\left(\overline{X}-\overline{Y}-t_{\alpha/2}(n_1+n_2-2)S_W\sqrt{\frac{1}{n_1}+\frac{1}{n_2}},\overline{X}-\overline{Y}+t_{\alpha/2}(n_1+n_2-2)S_W\sqrt{\frac{1}{n_1}+\frac{1}{n_2}}\right)$$

其中 $\overline{X}=\frac{1}{8}\sum_{i=1}^{8}X_i=81.625,S_1^2=\frac{1}{7}\left(\sum_{i=1}^{8}X_i^2-8\times(81.625)^2\right)=145.60$

$$\overline{Y}=\frac{1}{8}\sum_{i=1}^{8}Y_i=75.875,S_2^2=\frac{1}{7}\left(\sum_{i=1}^{8}Y_i^2-8\times(75.875)^2\right)=102.13$$

$$S_W=\sqrt{\frac{(8-1)\times 145.60+(8-1)\times 102.13}{14}}=11.129\ \sqrt{\frac{1}{n_1}+\frac{1}{n_2}}=\frac{1}{2}$$

$$\alpha=0.05,t_{0.025}(14)=2.1448$$

所以 $\mu_1-\mu_2$ 的置信度为 0.95 下的置信区间为

$$\left(81.625-75.875-2.1448\times 11.129\times\frac{1}{2},81.625-75.875+\right.$$

$$\left.2.1448\times 11.129\times\frac{1}{2}\right)=(-6.185,17.685)$$

27. $\frac{\sigma_1^2}{\sigma_2^2}$的置信区间为

$$\left(\frac{S_1^2/S_2^2}{F_{\alpha/2}(n_1-1,n_2-1)}\quad\frac{S_1^2/S_2^2}{F_{1-\alpha/2}(n_1-1,n_2-1)}\right)$$

其中 $S_1^2=1.07\times10^{-7},S_2^2=5.3\times10^{-6},\alpha=0.10,F_{0.05}(4,4)=6.39$

$$F_{0.95}(4,4)=\frac{1}{F_{0.05}(4,4)}=0.1565$$

所以$\frac{\sigma_1^2}{\sigma_2^2}$的置信度 0.90 下的置信区间为

$$\left(\frac{1.07/53}{6.39},\frac{1.07/53}{0.1565}\right)=(0.0032,0.1290)$$

28. $\frac{\sigma_1^2}{\sigma_2^2}$的置信区间为

$$\left(\frac{S_1^2/S_2^2}{F_{\alpha/2}(n_1-1,n_2-1)}\quad\frac{S_1^2/S_2^2}{F_{1-\alpha/2}(n_1-1,n_2-1)}\right)$$

其中 $S_1^2=0.245,S_2^2=0.375,n_1=6,n_2=9,F_{0.025}(5,8)=4.82$

$$F_{0.975}(5,8)=\frac{1}{F_{0.025}(8,5)}=\frac{1}{6.76}=0.1479$$

所以 σ_1^2/σ_2^2 的置信区间为

$$\left(\frac{0.245/0.375}{4.82},\frac{0.245/0.375}{0.1479}\right)=(0.1355,4.4173)$$

29. 可以证明

$$2\lambda\sum_{i=1}^{n}X_i\sim\chi^2(2n)$$

对于给定的 α，查 χ^2 分布表，求出临界值 $\chi^2_{\alpha/2}(2n)$ 和 $\chi^2_{1-\alpha/2}(2n)$ 使

$$P(\chi^2_{1-\alpha/2}(2n))<2\lambda\sum_{i=1}^{n}X_i<\chi^2_{\alpha/2}(2n))=1-\alpha$$

解出 λ 得

$$P\left[\frac{\chi^2_{1-\alpha/2}(2n)}{2\sum\limits_{i=1}^{n}X_i}<\lambda<\frac{\chi^2_{\alpha/2}(2n)}{2\sum\limits_{i=1}^{n}X_i}\right]=1-\alpha$$

即 λ 的置信度 $1-\alpha$ 下的置信区间为$\left(\frac{\chi^2_{1-\alpha/2}(2n)}{2n\overline{X}},\frac{\chi^2_{\alpha/2}(2n)}{2n\overline{X}}\right)$.

30. X 的分布函数为

$$F_X(x)=\begin{cases}0, & x<0\\ \frac{x}{\theta}, & 0\leqslant x\leqslant\theta\\ 1, & x>\theta\end{cases}$$

$X_{(n)}$ 的分布函数为 $F_{X(n)}(t)=(F_x(t))^n=\begin{cases}0, & t<0\\ \frac{t^n}{\theta^n}, & 0\leqslant t\leqslant\theta\\ 1, & t>\theta\end{cases}$

$Z=\dfrac{X_{(n)}}{\theta}$的分布函数为

$$F_Z(z)=P(Z\leqslant z)=P\left(\frac{X_{(n)}}{\theta}\leqslant z\right)=P(X_{(n)}\leqslant \theta z)$$

$$=F_{X(n)}(\theta z)=\begin{cases}0, & z<0\\ z^n, & 0\leqslant z\leqslant 1\\ 1, & z>1\end{cases}$$

对于给定的α,令

$$P\left(t<\frac{X_{(n)}}{\theta}\leqslant 1\right)=1-\alpha$$

即

$$F_Z(1)-F_Z(t)=1-\alpha$$

由 Z 的分布函数的表达式,即

$$1-t^n=1-\alpha$$

从而得

$$t=\sqrt[n]{\alpha}$$

即

$$P\left(\sqrt[n]{\alpha}<\frac{X_{(n)}}{\theta}<1\right)=1-\alpha$$

将θ暴露出来得

$$P(X_{(n)}<\theta<X_{(n)}/\sqrt[n]{\alpha})=1-\alpha$$

所以θ 的置信度为 $1-\alpha$ 下的置信区间为

$$(X_{(n)},X_{(n)}/\sqrt[n]{\alpha})$$

31.(1)$X=\mathrm{e}^Y$,$EX=E\mathrm{e}^Y=\int_{-\infty}^{+\infty}\mathrm{e}^y\frac{1}{\sqrt{2}\pi}\mathrm{e}^{-\frac{(y-\mu)2}{2}}\mathrm{d}y\overset{\text{令 }t=y-\mu}{=\!=\!=\!=}\frac{1}{\sqrt{2}\pi}\int_{-\infty}^{+\infty}\mathrm{e}^{t+\mu}\mathrm{e}^{-\frac{t2}{2}\mathrm{d}t}$

$$=\mathrm{e}^{\mu+\frac{1}{2}}\int_{-\infty}^{+\infty}\frac{1}{\sqrt{2}\pi}\mathrm{e}^{-\frac{(t-1)2}{2}}\mathrm{d}t=\mathrm{e}^{\mu+\frac{1}{2}}$$

(2) μ 的置信区间为

$$\left(\overline{Y}-u_{\alpha/2}\frac{1}{\sqrt{n}},\overline{Y}+u_{\alpha/2}\frac{1}{\sqrt{n}}\right)$$

其中$\overline{Y}=\dfrac{1}{4}[\ln(0.50)+\ln(1.25)+\ln(0.8)+\ln(2.00)]=\dfrac{1}{4}\ln 1=0$

$$\alpha=0.05,u_{0.025}=1.96,n=4$$

所以 u 的置信区间为$(-0.98,0.98)$

(3) 由 e^x 的严格单调性及(2)

$$0.95=P(\overline{Y}-0.98<\mu<\overline{Y}+0.98)=P\left(\overline{Y}-0.48<\mu+\frac{1}{2}<\overline{Y}+1.48\right)$$

$$=P(\mathrm{e}^{Y-0.48}<\mathrm{e}^{u+\frac{1}{2}}<\mathrm{e}^{Y+1.48})$$

注意到$\overline{Y}=0$,知 $b=\mathrm{e}^{n+\frac{1}{2}}$ 的置信度为 0.95 的置信区间为$(\mathrm{e}^{-0.48},\mathrm{e}^{1.48})$.

32. 因总体不是正态的，所以该题是大样本区间估计，设平均椭圆度为 μ，由中心极限定理 $\dfrac{n\overline{X}-n\mu}{\sqrt{n}S}$ 近似服从 $N(0,1)$，对于给定的 α，查正态分布表，求出临界值 $u_{\alpha/2}$ 使

$$1-\alpha=P\left(-u_{\alpha/2}<\frac{n\overline{X}-n\mu}{\sqrt{n}S}<u_{\alpha/2}\right)=P\left(\overline{X}-\alpha_{\alpha/2}\frac{S}{\sqrt{n}}<\mu<\overline{X}+u_{\alpha/2}\frac{S}{\sqrt{n}}\right)$$

即 μ 的置信区间为

$$\left(\overline{X}-u_{\alpha/2}\frac{S}{\sqrt{n}},\overline{X}+u_{\alpha/2}\frac{S}{\sqrt{n}}\right)=\left(0.081-1.96\,\frac{0.025}{10\sqrt{2}},0.081+1.96\,\frac{0.025}{10\sqrt{2}}\right)$$
$$=(0.0775,0.0845)$$

33. 设次品率为 p，100 件产品中的次品数为 X，p 的置信区间为$(\hat{p}_1,\hat{p}_2)$，其中

$$\hat{p}_1=\frac{1}{2a}(-b-\sqrt{b^2-4ab})$$

$$\hat{p}_2=\frac{1}{2a}(-b+\sqrt{b^2-4ac})$$

此处 $a=n+u_{\alpha/2}^2$，$b=-(2n\overline{X}+u_{\alpha/2}^2)$，$c=n\overline{X}^2$

本题中 $n=100$，$\overline{X}=\dfrac{16}{100}=0.16$，$\alpha=0.05$，$u_{0.025}=1.96$

$$a=103.84,b=-35.84,c=2.56$$

于是 p 的置信度近似为 0.95 的置信区间为(0.101,0.244).

34. 由中心极限定理知 $\dfrac{\sum\limits_{i=1}^{n}X_i-n\lambda}{\sqrt{n\lambda}}$ 近似服从 $N(0,1)$

对于给定的 α，查正态分布表求出临界值 $u_{\alpha/2}$ 使

$$P\left\{\left|\frac{\sum\limits_{i=1}^{n}X_i-n\lambda}{\sqrt{n\lambda}}\right|<u_{\alpha/2}\right\}=1-\alpha$$

将括号内的不等式进行等价变换

$$\left|\frac{\sum\limits_{i=1}^{n}X_i-n\lambda}{\sqrt{n\lambda}}\right|<u_{\alpha/2}\Leftrightarrow\left(\frac{\overline{X}-\lambda}{\sqrt{\lambda}}\sqrt{n}\right)^2<u_{\alpha/2}^2\Leftrightarrow n\overline{X}^2-2\lambda n\overline{X}+n\lambda^2-\lambda u_{\alpha/2}^2\leqslant 0$$

$$\Leftrightarrow n\lambda^2-(2n\overline{X}+u_{\alpha/2}^2)\lambda+n\overline{X}^2)\leqslant 0\Leftrightarrow$$

$$\overline{X}+\frac{u_{\alpha/2}^2}{2n}-\sqrt{\frac{\overline{X}}{n}u_{\alpha/2}^2+\frac{u_{\alpha/2}^2}{4n^2}}<\lambda<\overline{X}+\frac{u_{\alpha/2}^2}{2n}+\sqrt{\frac{\overline{X}u_{\alpha/2}^2}{n}+\frac{u_{\alpha/2}^2}{4n^2}}$$

所以 λ 的置信度近似为 0.95 的置信区间为$\left(\overline{X}+\dfrac{k^2}{2n}-\sqrt{\dfrac{k^2\overline{X}}{n}+\dfrac{k^4}{4n^2}},\overline{X}+\dfrac{k^2}{2n}+\sqrt{\dfrac{k^2\overline{X}}{n}+\dfrac{k^4}{4n^2}}\right)$，其中 $k=1.96$.

习题 7

1. $$H_0:\lambda\geqslant\lambda_0$$

选统计量

$$\chi^2 = 2\lambda_0 \sum_{i=1}^{n} X_i = 2\lambda_0 n \overline{X}$$

记

$$\tilde{\chi}^2 = 2\lambda \sum_{i=1}^{n} X_i$$

则 $\tilde{\chi}^2 \sim \tilde{\chi}^2(2n)$，对于给定的显著性水平 α，查 χ^2 分布表求出临界值 $\chi^2_\alpha(2n)$ 使

$$P(\tilde{\chi}^2 \geqslant \chi^2_\alpha(2n)) = \alpha$$

因 $\tilde{\chi}^2 > \chi^2$，所以 $(\tilde{\chi}^2 \geqslant \chi^2_\alpha(2n)) \supset (\chi^2 \geqslant \chi^2_\alpha(2n))$，从而

$$\alpha = P\{\tilde{\chi}^2 \geqslant \chi^2_\alpha(2n)\} \geqslant P\{\chi^2 \geqslant \chi^2_\alpha(2n)\}$$

可见 $H_0: \lambda \geqslant \lambda_0$ 的否定域为 $\chi^2 \geqslant \chi^2_\alpha(2n)$

2. 问题是在 σ^2 已知的条件下检验假设 $H_0: \mu = 32.50$. H_0 的否定域为 $|u| \geqslant u_{\alpha/2}$，其中

$$u = \frac{\overline{X} - 32.50}{\sigma}\sqrt{n} = \frac{29.46 - 32.50}{1.1} \times 2.45 = -6.77$$

$u_{0.025} = 1.96$，因 $|u| = 6.77 > 1.96$，所以否定 H_0，即不能认为平均尺寸是 32.5mm.

3. 问题是在 σ^2 已知的条件下检验假设 $H_0: \mu \geqslant 1600$. H_0 的否定域为 $u < -u_\alpha$，其中

$$u = \frac{\overline{X} - 1600}{100}\sqrt{26} = \frac{1580 - 1600}{100} \times 5.1 = -1.02$$

$$-u_{0.05} = -1.64$$

因为 $u = -1.02 > -1.64 = -u_{0.05}$，所以接受 H_0，即可以认为这批产品的指标的期望值 μ 不低于 1600.

4. 设元件寿命为 X，则 $X \sim N(\mu, 100^2)$，问题是检验假设 $H_0: \mu \geqslant 1000$. H_0 的否定域为 $u \leqslant -u_{0.05}$，其中

$$u = \frac{\overline{X} - 1000}{\sigma}\sqrt{25} = \frac{950 - 1000}{100} \times 5 = -2.5$$

$$u_{0.05} = 1.64$$

因为

$$u = -2.5 < -1.64 = u_{0.05}$$

所以否定 H_0，即元件不合格.

5. 问题是在 σ^2 未知的条件下检验假设 $H_0: \mu = 3.25$. H_0 的否定域为

$$|t| > t_{\alpha/2}(4)$$

$$\overline{X} = 3.252, S^2 = \frac{1}{4}\left(\sum_{i=1}^{5} X_i - 5\overline{X}^2\right) = 0.00017, S = 0.013$$

$$t_{0.005}(4) = 4.6041$$

$$t = \frac{\overline{X} - 3.25}{S}\sqrt{5} = \frac{3.252 - 3.25}{0.013} \times 2.24 = 0.345$$

因为

$$|t| = 0.345 < 4.6041 = t_{0.005}(4)$$

所以接受 H_0，即可以认为这批矿砂的镍含量为 3.25.

6. $$\overline{X} = 99.98, S^2 = \frac{1}{8}\left(\sum_{i=1}^{9}(X_i - \overline{X})^2\right) = 1.47 \quad S = 1.21$$

问题是检验假设 $H_0:\mu=100$.

H_0 的否定域为

$$|t|\geqslant t_{\alpha/2}(8)$$

其中

$$t=\frac{\overline{X}-100}{S}\sqrt{9}=\frac{99.98-100}{1.21}\times 3=-0.05$$

$$t_{0.025}(8)=2.306$$

因为

$$|t|=0.05<2.306=t_{0.025}(8)$$

所以接受 H_0,即该日打包机工作正常.

7. 设 X 为维生素 C 的含量,则 $X\sim N(\mu,\sigma^2)$,$\overline{X}=20$,$S^2=419.625$,$S=20.485$,$n=17$.问题是检验假设 $H_0:\mu\geqslant 21$.

(1) $H_0:\mu\geqslant 21$;

(2) 选择统计量 t 并计算其值

$$t=\frac{\overline{X}-21}{S}\sqrt{n}=\frac{20-21}{20.485}\sqrt{17}=-0.20$$

(3) 对于给定的 $\alpha=0.025$ 查 t 分布表求出临界值 $t_\alpha(n)=t_{0.025}(16)=2.2$;

(4) 因为 $-t_{0.025}(16)=-2.20<-0.20=t$.所以接受 H_0,即认为维生素含量合格.

8. $\overline{X}=10631.4$,$S^2=6558.89$,$S=80.99$,$n=10$.问题是检验假设 $H_0:\mu\leqslant 10560$.

(1) $H_0:\mu\leqslant 10560$;

(2) 选统计量 t 并计算其值

$$t=\frac{\overline{X}-10560}{S}\sqrt{n}=\frac{10631.4-10560}{80.99}\sqrt{10}=2.772$$

(3) 对于 $\alpha=0.05$,查 t 分布表,得临界值 $t_\alpha(9)=t_{0.05}(9)=1.833$;

(4) 因 $t_{0.05}(9)=1.833<2.772=t$,故否定 H_0 即认为抗拉强度提高了.

9. $S=0.025$,$S^2=0.00065$,$n=15$,问题是检验假设 $H_0:\sigma^2=0.0004$.

(1) $H_0:\sigma^2=\sigma_0^2=0.0004$;

(2) 选统计量 χ^2 并计算其值

$$\chi^2=\frac{(n-1)S^2}{S_0^2}=\frac{14\times 0.00065}{0.0004}=22.75$$

(3) 对于给定的 $\alpha=0.05$,查 χ^2 分布表得临界值 $\chi^2_{\alpha/2}(14)=\chi^2_{0.025}(14)=26.119$,$\chi^2_{1-\alpha/2}(14)=\chi^2_{0.975}(14)=5.629$;

(4) 因为 $\chi^2_{0.975}=5.629<22.75=\chi^2<\chi^2_{0.025}=26.119$ 所以接受 H_0,即总体方差与规定的 $\sigma^2=0.0004$无显著差异.

10.
$$\overline{X}=62.4,S^2=121.82,n=10$$

问题是检验假设 $H_0:\sigma^2\leqslant 80$.

(1) $H_0:\sigma^2\leqslant 80=\sigma_0^2$;

(2) 选统计量 χ^2 并计算其值

$$\chi^2=\frac{(n-1)S^2}{\sigma_0^2}=\frac{9\times 121.82}{80}=13.705$$

(3) 对于给定的 $\alpha=0.05$,查 χ^2 分布表得临界值 $\chi^2_{\alpha}(n-1)=\chi^2_{0.05}(9)=16.919$;

(4) 因 $\chi^2=13.705<16.919=\chi^2_{0.05}$,故接受 H_0,即可以认为方差不大于 80.

11. 设第一、二种织品的强度分别为 X 和 Y,则 $X\sim N(\mu_1,\sigma^2)$,$Y\sim N(\mu_2,\sigma^2)$

$$\overline{X}=131,S_1^2=36.667,n_1=4$$

$$\overline{Y}=135,S_2^2=35.2,n_2=6$$

问题是检验假设 $H_0:\mu_1=\mu_2$.

(1) $H_0:\mu_1=\mu_2$;

(2) 选统计量 T 并计算其值

$$T=\frac{\overline{X}-\overline{Y}}{\sqrt{\frac{(n_1-1)S_1^2+(n_2-1)S_2^2}{n_1+n_2-2}}}\sqrt{\frac{n_1n_2}{n_1+n_2}}$$

$$=\frac{131-135}{\sqrt{\frac{3\times 36.667+5\times 35.2}{4+6-2}}}\times\sqrt{\frac{4\times 6}{4+6}}=-1.295$$

(3) 对于给定的 $\alpha=0.05$,查 t 分布表得临界值 $t_{\alpha/2}(n_1+n_2-2)=t_{0.025}(8)=2.3069$

(4) 因为 $|t|=1.295<2.3069=t_{0.025}(8)$,所以接受假设,即不能说一种羊毛较另一种好.

12. 设 X 为新品种产量,Y 为旧品种产量 $X\sim N(\mu_1,\sigma^2)$,$Y\sim N(\mu_2,\sigma^2)$,问题是检验假设 $H_0:\mu_1\geqslant\mu_2$.

$$\overline{X}=79.43,S_1^2=2.2246,n_1=10$$

$$\overline{Y}=76.23,S_2^2=3.3245,n_2=10$$

选统计量 T 并计算其值

$$T=\frac{\overline{X}-\overline{Y}}{\sqrt{(n_1-1)S_1^2+(n_2-1)S_2^2}}\sqrt{\frac{n_1n_2(n_1+n_2-2)}{n_1+n_2}}$$

$$=\frac{79.43-76.23}{\sqrt{(2.2246+3.3245)\times 9}}\sqrt{\frac{1800}{20}}=4.2956$$

对给定的 $\alpha=0.01$,查 t 分布表得临界值 $t_{\alpha}(18)=t_{0.01}(18)=2.5524$.

因为 $T=4.2956>-2.5524=-t_{0.01}(18)$,故接受 H_0,即新品种高于旧品种.

13.

$$S_1^2=0.345,n_1=6$$

$$S_2^2=0.357,n_2=9$$

问题是检验假设

$$H_0:\sigma_1^2=\sigma_2^2$$

选统计量 F 并计算其值

$$F=\frac{S_1^2}{S_2^2}=\frac{0.345}{0.357}=0.9664$$

对给定的 $\alpha=0.05$ 查 F 分布表得临界值

$$F_{\alpha/2}(5,8)=F_{0.025}(5,8)=4.65,F_{0.975}(5,8)=\frac{1}{6.76}=0.1479$$

因 $F_{0.975}(5,8)=0.1479<0.9664=F<4.65=F_{0.025}(5,8)$,故接受 H_0,即无显著差异.

14. 用 X 表示掷一次骰子出现的点数,其可能值为 1,2,3,4,5,6.问题是检验假设

$$H_0: p_i = P(X=i) = \frac{1}{6}, i=1,2,\cdots,6$$

这里 $k=6, p_{i0}=\dfrac{1}{6}, n=120, np_{i0}=20, A_i=\{i\}$故

$$\chi^2 = \sum_{i=1}^{k} \frac{(n_i - np_{i0})^2}{np_{i0}} = \sum_{i=1}^{6} \frac{(n_i - 20)^2}{20} = \frac{96}{20} = 4.8$$

查 χ^2 分布表，得临界值 $\chi_\alpha^2(k-1) = \chi_{0.05}^2(5) = 11.071$，因为 $\chi^2 = 4.8 < 11.071 = \chi_{0.05}^2$ 故接受 H_0，即骰子匀称.

15. 数据中最小的为 14.2，最大者为 15.9，设 $a=14.05, b=16.15$，欲把$[a,b]$分成七个（相等的）区间，则区间长度（组距）为$\dfrac{16.15-14.05}{7}=0.3$ 得分点 $y_1=14.35, y_2=14.65, y_3=14.95, y_4=15.25, y_5=15.55, y_6=15.85$.它们把实数轴分成七个不相交的区间，样本值分成了七组：

i	$y_{i-1} \sim y_i$	n_i
1	$-\infty \sim 14.35$	3
2	$14.35 \sim 14.65$	5
3	$14.65 \sim 14.95$	10
4	$14.95 \sim 15.25$	16
5	$15.25 \sim 15.55$	8
6	$15.55 \sim 15.85$	6
7	$15.85 \sim +\infty$	2

设钢珠的直径为 X，其分布函数为 $F(x)$，我们的问题是检验假设：$H_0: F(x) = \Phi\left(\dfrac{x-\mu}{\sigma}\right)$其中 μ, σ^2 未知.

在 H_0 成立之下，μ 和 σ^2 的极大似然估计为

$$\hat{\mu} = \overline{X} = 15.1, \hat{\sigma}^2 = \frac{1}{n}\sum_{i=1}^{n}(X_i - \overline{X})^2 = 0.1849, \hat{\sigma} = 0.43$$

在上面的表中第 1 组和第 7 组的频数过小把它们并入相邻的组内，即分成 5 组，分点为 $t_1 = 14.65, t_2 = 14.95, t_3 = 15.25, t_4 = 15.55$.

$$\hat{p}_1 = F(t_1) = \Phi\left(\frac{14.65-15.1}{0.43}\right) = 1-\Phi(1.04) = 0.1492$$

$$\begin{aligned}\hat{p}_2 &= F(t_2) - F(t_1) = \Phi\left(\frac{14.95-15.1}{0.43}\right) - 0.1492 \\ &= 1-\Phi(0.35) - 0.1492 = 0.214\end{aligned}$$

$$\begin{aligned}\hat{p}_3 &= F(t_3) - F(t_2) = \Phi\left(\frac{15.25-15.1}{0.43}\right) - 0.3632 \\ &= \Phi(0.35) - 0.3632 = 0.2736\end{aligned}$$

$$\begin{aligned}\hat{p}_4 &= F(t_4) - F(t_3) = \Phi\left(\frac{15.55-15.1}{0.43}\right) \\ &= \Phi(1.04) - 0.6368 = 0.218\end{aligned}$$

$$\hat{p}_5=1-F(t_4)=1-\Phi\left(\frac{15.55-15.1}{0.43}\right)=0.$$

统计量

$$\chi^2=\sum_{i=1}^{5}\frac{(n_i-n\hat{p}_i)^2}{n\hat{p}_i}\sim\chi^2(2)$$

的值计算如下：

i	n_i	$\hat{p}_i$	$n\hat{p}_i$	$n_i-n\hat{p}_i$	$(n_i-n\hat{p}_i)^2$	$(n_i-n\hat{p}_i)^2/n\hat{p}_i$
1	8	0.1492	7.46	0.54	0.2916	0.03909
2	10	0.2140	10.7	−0.7	0.40	0.04579
3	16	0.2736	13.68	2.32	5.3824	0.39345
4	8	0.2180	10.9	−2.9	8.41	0.77156
5	8	0.1452	7.26	0.74	0.5476	0.07543
$\sum$	50	1	50	0	15.1216	1.24997

即 $\chi^2=1.24997$，对于 $a=0.05$ 查 χ^2 分布表得临界值 $\chi^2_\alpha(2)=\chi^2_{0.05}(2)=5.991$.

因 $\chi^2=1.24997<5.991=\chi^2_{0.05}(2)$，故接受 H_0，即认为钢珠直径服从正态分布 $N(15.1,0.1849)$.

16. 检验假设：$H_0:X\sim U[0,2]$.

检验计算如下：

i	n_i	p_i	np_i	n_i-np_i	$\frac{(n_i-np_i)^2}{np_i}$
1	30	1/4	25	5	1
2	20	1/4	25	−5	1
3	36	1/4	25	11	4.84
4	14	1/4	25	−11	4.84
$\sum$	100	1	100	0	11.68

统计量

$$\chi^2=\sum_{i=1}^{4}\frac{(n_i-np_i)}{np_i}=11.68\quad\chi^2\sim\chi^2(4-1)$$

对于 $\alpha=0.05$，查得 $\chi^2_{0.05}(3)=7.815$.

因为

$$\chi^2=11.68>7.815=\chi^2_{0.05}(3)$$

所以不接受 H_0，即不能相信 $X\sim U[0,2]$.

习题 8

1. $m=5,n_1=n_2=n_3=n_4=n_5=4,n=20$，查附表 5 得

$$F_{0.01}(m-1,n-m)=F_{0.01}(4.15)=4.89$$

序号	A_1	A_2	A_3	A_4	A_5	$\sum_{i=1}^{m}$
1	4.3	6.1	6.5	9.3	9.5	
2	7.8	7.3	8.3	8.7	8.8	
3	3.2	4.2	8.6	7.2	11.4	
4	6.5	4.1	8.2	10.1	7.8	
$\sum_{j=1}^{ni} X_{ij}$	21.8	21.7	31.6	35.3	37.5	147.9
$(\sum_{j=1}^{ni} X_{ij})^2$	475.24	470.89	998.56	1246.09	1406.25	4597.03
$\frac{1}{n_i}(\sum_{j=1}^{ni} X_{ij})^2$	131.82	112.24	252.34	316.03	358.49	1149.25
$\sum_{j=1}^{ni} X_{ij}^2$	131.82	112.24	252.34	316.03	358.49	1170.92

$P=\frac{1}{20}\times(147.9)^2=1093.72;Q=1149.25;R=1170.92;S_e=R-2=21.67;S_A=Q-P=55.53;S=R-P=77.2$

方差分析表如下：

方差来源	平方和	自由度	均方	F 值
工艺	55.53	4	13.8825	9.6095**
误差	21.67	15	1.4447	
总和	77.20	19		

因为 9.6095>4.89，所以工艺对缩水率有显著影响.

2. $m=4,n_1=7,n_2=5,n_3=8,n_4=6,n=26$，查附表 5 得

$$F_{0.01}(m-1,n-m)=F_{0.01}(3.22)=4.82$$

为简化计算从试验结果中都减去 1600 再除以 10 得下表

$$P=\frac{1}{26}(124)^2=591.385,Q=1286.092,R=2937$$

$$S'_e=R-Q=1650.908,S_e=\frac{1}{100}S'_e=16.509$$

$$S'_A=Q-p=694.707,S_A=\frac{1}{100}S'_A=6.947$$

寿命 / 序号	A_1	A_2	A_3	A_4	$\sum_{i=1}^{4}$
1	0	25	−14	−9	
2	1	4	−5	−8	
3	5	4	0	−7	
4	8	10	2	−3	
5	10	15	4	0	
6	12		6	8	
7	20		14		
8			22		

续表

寿命 \ 序号	A_1	A_2	A_3	A_4	$\sum_{i=1}^{4}$
$\sum_{j=1}^{ni} X_{ij}$	56	58	29	−19	124
$\left(\sum_{j=1}^{ni} X_{ij}\right)^2$	3136	3364	841	361	
$\frac{1}{n_i}\left(\sum_{j=1}^{ni} X_{ij}\right)^2$	448	672.8	105.125	60.167	1286.092
$\sum_{j=1}^{n} X_{ij}^2$	734	982	957	264	2937

方差分析表如下：

方差来源	平方和	自由度	均方	F 值
配料	6.947	3	2.313	3.18
误差	16.509	22	0.727	
总和	23.456	25		

因为 $F=3.18<4.82=F_{0.01}(3,22)$，故不显著.

3. 因为 $X_i \sim N(\mu_1,\sigma^2)$，所以 μ_i 的点估计为 $\hat{\mu}_i=\overline{X}_i$，$(i=1,2,\cdots,m)$

由定理 8.1 知 $S_e/\sigma^2 \sim \chi^2(n-m)$，再由定理 6.1 知 $\overline{x}_i$，与 $S_i^2=\frac{1}{n_i-1}\sum_{j=1}^{ni}(X_{ij}-\overline{X}_{i*})^2$ 相互独立，又由 x_{ij} 独立，知 $\overline{x}_i$，与 $S_1^2,S_2^2,\cdots,S_m^2$ 独立，从而 $S_e=\sum_{i=1}^{M}(n_i-1)S_i^2$ 与 $\overline{x}_i$.独立，又

$$\frac{(\overline{X}_{i\cdot}-\mu_i)\sqrt{n_i}}{\sigma} \sim N(0,1)$$

由 t 分布的定义知

$$\frac{(\overline{X}_{i\cdot}-\mu_i)\sqrt{n_i}}{\sqrt{\overline{S}_e}} \sim t(n \sim m)$$

其中 $\overline{S}_e=S_e/(n-m)$.

对于给定的 α，查 t 分布表求出临界值 $t_{\alpha/2}(n-m)$ 使

$$P\left(\left|\frac{\overline{X}_{i\cdot}-\mu_i}{\sqrt{\overline{S}_e}}\sqrt{n_i}\right|<t_{\alpha/2}(n-m)\right)=1-\alpha$$

在上式括号内将 μ_i 暴露出来得 μ_i 在置信度 $1-\alpha$ 下的置信区间

$$\left(\overline{X}_{i\cdot}-t_{\alpha/2}(n-m)\sqrt{\frac{\overline{S}_e}{n_i}},\overline{X}_{i\cdot}+t_{\alpha/2}(n-m)\sqrt{\frac{\overline{S}_e}{n_i}}\right)$$

4. 因为 $S_e/\sigma^2 \sim \chi^2(n-m)$，所以 $E(S_e/\sigma^2)=n-m$，即

$$ES_e=(n-m)\sigma^2$$

于是

$$E\left(\frac{S_e}{n-m}\right)=\frac{1}{n-m}ES_e=\sigma^2$$

故$\dfrac{S_e}{n-m}$是σ^2的无偏估计.

因为

$$S_e/\sigma^2\sim\chi^2(n-m)$$

所以对于给定的α,查χ^2分布表求出临界值$\chi^2_{\alpha/2}(n-m)$和$\chi^2_{1-\alpha/2}(n-m)$使得

$$P\left(\chi^2_{1-\alpha/2}(n-m)<\frac{S_e}{\sigma^2}<\chi^2_{\alpha/2}(n-m)\right)=1-\alpha$$

在上式中将σ^2暴露出来得

$$P\left(\frac{S_e}{\chi^2_{\alpha/2}(n-m)}<\sigma^2<\frac{S_e}{\chi^2_{1-\alpha/2}(n-m)}\right)=1-\alpha$$

故σ^2的置信度为$1-\alpha$下的置信区间为

$$\left(\frac{S_e}{\chi^2_{\alpha/2}(n-m)},\frac{S_e}{\chi^2_{1-\alpha/2}(n-m)}\right)$$

5. a,b是函数$Q(a,b)=\sum\limits_{i=1}^{n}(y_i-a-bx_i)^2$的驻点,而

$$A=\frac{\partial^2 Q}{\partial a^2}=2n,B=\frac{\partial^2 Q}{\partial a\partial b}=2\sum_{i=1}^{n}X_i,C=\frac{\partial^2 Q}{\partial b^2}=2\sum_{i=1}^{n}X_i^2$$

$$\Delta=AC-B^2=4[n\sum_{i=1}^{n}X_i^2-(\sum_{i=1}^{n}X_i)^2]$$

故柯西不等式知$\Delta>0$,而$A>0,C>0$,所以$(\hat{a},\hat{b})$是$Q(a,b)$的极小点,而$Q(a,b)$存在最小值,故$\hat{a},\hat{b}$能使$Q(a,b)$达到最小值.

6. 因为$\hat{b}\sim N\left(b,\dfrac{\sigma^2}{L_{XX}}\right)$,所以$\dfrac{\hat{b}-b}{\sigma}\sqrt{L_{XX}}\sim N(0,1)$.

在$H_0:b=0$成立的条件下,$\dfrac{\hat{b}}{\sigma}\sqrt{L_{XX}}\sim N(0,1)$.

又

$$\frac{(n-2)S^2}{\sigma^2}\sim\chi^2(n-2)$$

由t分布的定义知

$$t=\frac{\hat{b}}{S}\sqrt{L_{XX}}=\frac{\dfrac{\hat{b}}{\sigma}\sqrt{L_{XX}}}{\sqrt{\dfrac{(n-2)S^2}{\sigma^2}/(n-2)}}\sim t(n-2)$$

今利用t统计量检验回归方程的显著性

$$t=\frac{\hat{b}}{S}\sqrt{L_{XX}}=\frac{27.156}{\sqrt{118.734}}\sqrt{6.056}=6.133$$

对于给定的$\alpha=0.01$查t分布表得临界值$t_{0.01}(10)=2.7638$.

因为$t=6.133>2.738=t_{0.01}(10)$,所以回归方程显著.

7. 由定理 8.2 知

$$t=\frac{\hat{b}-b}{S}\sqrt{L_{XX}}\sim t(n-2)$$

对于给定的 α，查 t 分布表求出临界值 $t_{\alpha/2}(n-2)$ 使

$$P\left\{-t_{\alpha/2}(n-2)<\frac{\hat{b}-b}{S}\sqrt{L_{XX}}<t_{\alpha/2}(n-2)\right\}=1-\alpha$$

在上式的大括号内，将 b 暴露出来得

$$P\left\{\hat{b}-t_{\alpha/2}(n-2)\frac{S}{\sqrt{L_{XX}}}<b<\hat{b}+t_{\alpha/2}(n-2)\frac{S}{\sqrt{L_{XX}}}\right\}=1-\alpha$$

故 b 的置信度为 $1-\alpha$ 下的置信区间为

$$\left(\hat{b}-t_{\alpha/2}(n-2)\frac{S}{\sqrt{L_{XX}}},\hat{b}+t_{\alpha/2}(n-2)\frac{S}{\sqrt{L_{XX}}}\right)$$

在例 1 中 $\hat{b}=27.156, n=12, S=10.897, L_{XX}=6.056, t_{0.025}(10)=2.228$
所以 b 的置信度为 0.95 下的置信区间为(17.291,37.021).

8. 用下表进行计算

$$\overline{X}=0.543, \overline{Y}=20.77$$

$$L_{XX}=\sum_{i=1}^{7}x_i^2-7\overline{X}^2=2.595-2.064=0.531$$

$$L_{YY}=\sum_{i=1}^{7}y_i^2-7\overline{Y}^2=3104.2-3019.75=84.45$$

$$L_{XY}=\sum_{i=1}^{7}x_iy_i-7\overline{X}\,\overline{Y}=85.61-78.947=6.663$$

序号	x	y	x^2	y^2	xy
1	0.10	15	0.01	225	1.5
2	0.30	18	0.09	324	5.4
3	0.40	19	0.16	361	7.6
4	0.55	21	0.3025	441	11.55
5	0.70	22.6	0.49	510.76	15.82
6	0.80	23.8	0.64	566.44	19.04
7	0.95	26	0.9025	676	24.7
$\sum$	3.8	145.4	2.595	3104.2	85.61
平均	0.543	20.77			

(1) 因为 $\hat{b}=\frac{L_{XY}}{L_{XX}}=12.55, \hat{a}=\overline{Y}-\hat{b}\,\overline{X}=13.95$

所以回归方程为

$$\hat{y}=13.95+12.55x$$

(2) 我们用方差分析表来检验回归方程的显著性，方差分析表如下：

方差来源	平方和	自由度	均方	F 值
回归	$U=83.62$	1	$\overline{U}=83.62$	$\dfrac{\overline{U}}{\overline{Q}}=503.61$
剩余	$Q=0.831$	5	$\overline{Q}=0.166$	
总和	$L_{YY}=84.45$	6		

其中,$U=\hat{b}L_{XY}$,$Q=L_{YY}-U$,$\overline{Q}=\dfrac{Q}{n-2}$.查 F 分布表求出临界值 $F_{0.01}(1,5)=16.62$.

因为 $F=503.61\gg 16.62=F_{0.01}(1,5)$,所以回归方程高度显著.

(3) 由第 7 题知,b 的置信度为 $1-\alpha$ 下的置信区间为

$$\left(\hat{b}-t_{\alpha/2}(n-2)\frac{S}{\sqrt{L_{XX}}},\hat{b}+t_{\alpha/2}(n-2)\frac{S}{\sqrt{L_{XX}}}\right)$$

此处 $\hat{b}=12.55$,$n=7$,$\alpha=0.05$,$t_{0.025}(5)=2.5706$,$S^2=(L_{YY}-\hat{b}L_{XY})/(n-2)=0.166$.
所以 b 的置信度为 0.95 下的置信区间为(11.112,13.987).

(4) $n=7$,$\overline{X}=0.543$,$L_{XX}=0.531$,$S=0.407$,$t_{0.025}(5)=2.5706$,$x_0=0.50$.

$$\delta(x_0)=t_{\alpha/2}(n-1)S\sqrt{1+\frac{1}{n}+\frac{(x_0-X)^2}{L_{XX}}}$$

$$=2.5706\times 0.407\times\sqrt{1+\frac{1}{7}+\frac{(0.5-0.543)^2}{0.531}}=1.12$$

$$\hat{y}_0=13.95+12.55\times 0.5=20.225$$

故 y 在 $x=0.50$ 处的置信度为 0.95 的置信区间为

$$(\hat{y}_0-\delta(0.5),\hat{y}_0+\delta(0.5))=(19.105,21.345)$$

9. 计算表如下:

序号	t_i	y_i	t_i^2	y_i^1	t_iy_i
1	0	66.7	0	4448.89	0
2	4	71.0	16	5041.00	284
3	10	76.3	100	5821.69	763
4	15	80.6	225	6496.36	1209
5	21	85.7	441	7344.49	1799.7
6	29	92.9	841	8630.41	2694.1
7	36	99.9	1296	9980.01	3596.4
8	51	113.6	2061	12904.96	5793.6
9	68	125.1	4624	15560.01	8506.8
$\sum$	234	811.8	10144	76317.82	24646.6

$$\overline{t}=26,\overline{y}=90.2$$

$$L_{tt}=\sum_{i=1}^{9}t_i^2-9\,\overline{t}^2=10144-6084=4060$$

$$L_{ty}=\sum_{i=1}^{9}t_iy_i-9\,\overline{t}\,\overline{y}=24646.6-21106.8=3539.8$$

$$L_{yy}=\sum_{i=1}^{9}y_i^2-9\,\overline{y}^2=76317.82-73224.36=3093.46$$

$$\hat{b}=\frac{L_{ty}}{L_{tt}}=0.87187,\hat{a}=\hat{y}-\hat{b}\,\overline{t}=67.5313$$

$$S^2=(L_{yy}-\hat{b}L_{ty})/7=1.0307,S=1.0152$$

(1) Y 对 t 的回归方程为

$$\hat{y}=67.5313+0.87187t$$

(2) 方差分析表如下：

方差来源	平方和	自由度	均方	F 值
回归	3086.25	1	3086.25	$\frac{3086.25}{1.03}=2996.36$
剩余	7.21	7	1.03	
总和	3093.46	8		

查 F 分布表求出临界值 $F_{0.01}(1,7)=12.25$.

因 $F=2996.36\gg12.25=F_{0.01}(1,7)$，故方程高度显著.

(3) $\hat{y}_0=67.5313+0.87187\times25=89.3281$

$$\delta(25)=t_{\alpha/2}(n-2)\times S\times\sqrt{1+\frac{1}{n}+\frac{(t_0-\overline{t})^2}{L_{tt}}}=2.3646\times1.0152\times1.05=2.53$$

Y 在 $t=25$ ℃时的置信度为 0.95 下的预测区间为

$$(\hat{y}_0-\delta(25),\hat{y}_0+\delta(25))=(86.79,91.85)$$

10. (1) $$\hat{b}=\frac{L_{XY}}{L_{XX}}=87.8386,\hat{a}=\overline{y}-\hat{b}\,\overline{X}=34.7752$$

所以回归方程为

$$\hat{y}=34.7752+87.8386x$$

(2) $$U=\hat{b}L_{XY}=2328.575\quad Q=L_{YY}-U=612.4589$$

方差分析表如下：

方差来源	平方和	自由度	均方	F 值
回归	2328.58	1	2328.58	$\frac{2328.58}{6.8051}=342.1815$
剩余	612.459	90	6.8051	
总和	2941.034	91		

查 F 分布表求出临界值 $F_{0.01}(1,90)=6.85$.

因 $F=342.1815>6.85=F_{0.01}(1,90)$，故方程高度显著.

(3) $$\hat{y}_0=34.7752-87.8386\times0.09=42.681$$

因为 $n=92$ 是很大的，x_0 又接近$\overline{x}$，所以取

$$\delta(0.09)=1.96\times S=1.96\times\sqrt{6.805}=5.113$$

故当 $x=0.09$ 时 Y 的置信度为 0.95 下的置信区间为 $(37.567,47.794)$

（4）由 $38=34.7752-1.96\times S+87.8386x$ 得 $x'=0.09492$

$52=34.775+1.96\times S+87.8386x$，$x''=0.1379$

于是 x 的控制范围为 $(0.09492,0.1379)$.

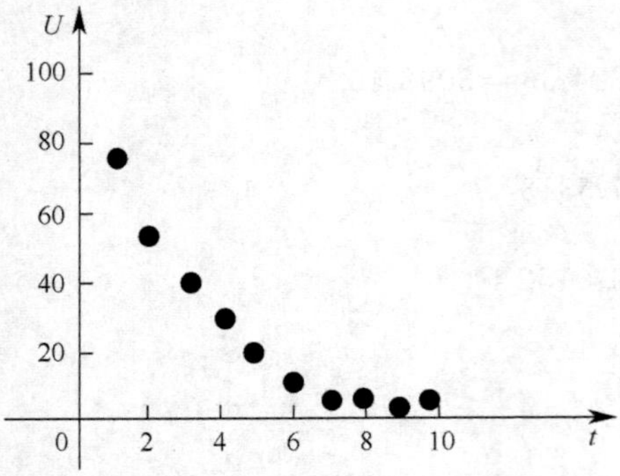

题图 8.1

11.（1）散点图如题图 8.1 所示.

（2）由 $U=\alpha e^{bt}$，两边取对数得 $\ln u=\ln\alpha+bt$

$$y=\ln u,A=\ln\alpha$$

得线性模型

$$y=A+bt$$

序号	t_i	y_i	t_i^2	y_i^2	x_iy_i
1	0	4.605	0	21.208	0
2	1	4.317	1	18.641	4.317
3	2	4.007	4	16.059	8.014
4	3	3.689	9	13.608	11.067
5	4	3.401	16	11.568	13.604
6	5	2.996	25	8.974	14.98
7	6	2.708	36	7.334	16.248
8	7	2.303	49	5.302	16.121
9	8	2.303	64	5.302	16.121
10	9	1.609	81	2.590	14.481
11	10	1.609	100	2.590	16.09
$\sum$	55	33.547	385	113.176	133.346

$$\bar{l}=5,\bar{y}=3.05$$
$$L_{tt}=385-275=110$$
$$L_{ty}=133.346-167.75=-34.404$$
$$L_{yy}=113.176-33.55=79.626$$

所以

$$\hat{b}=-\frac{34.404}{110}=-0.312.8,\hat{A}=3.05+1.564=4.614$$

故 $\hat{a}=\mathrm{e}^{\hat{A}}=100.887$，即 a,b 的估计值分别为 $\hat{a}=100.887,\hat{b}=-0.3128$.

附表 1 泊松分布累计概率值表

$$\sum_{k=m}^{\infty}\frac{\lambda^k}{k!}\mathrm{e}^{-\lambda}$$

m \ λ	0.1	0.2	0.3	0.4	0.5	0.6	0.7	0.8	0.9
0	1	1	1	1	1	1	1	1	1
1	.095 16	.181 27	.259 18	.329 68	.393 47	.451 19	.503 42	.550 67	.593 43
2	.004 68	.017 52	.036 94	.061 55	.090 20	.121 90	.155 81	.191 21	.227 52
3	.000 15	.001 15	.003 60	.007 93	.014 39	.023 12	.034 14	.047 42	.062 86
4		.000 06	.000 27	.000 78	.001 75	.003 36	.005 75	.009 08	.013 46
5			.000 02	.000 06	.000 17	.000 39	.000 79	.001 41	.002 34
6					.000 01	.000 04	.000 09	.000 18	.000 34
7							.000 01	.000 02	.000 04
8									.000 01

m \ λ	1	2	3	4	5	6	7	8	9
0	1	1	1	1	1	1	1	1	1
1	.632 12	.864 66	.950 21	.981 68	.993 26	.997 52	.999 09	.999 67	.999 88
2	.264 22	.593 99	.800 85	.908 42	.959 57	.982 65	.992 71	.996 98	.998 77
3	.080 30	.323 32	.576 81	.761 90	.875 35	.938 03	.970 36	.986 25	.993 77
4	.019 00	.142 88	.352 77	.566 53	.734 97	.848 80	.918 24	.957 62	.978 77
5	.003 66	.052 65	.184 74	.371 16	.559 51	.714 94	.827 01	.900 37	.945 04
6	.000 59	.016 56	.083 92	.214 87	.384 04	.554 32	.699 29	.808 76	.884 31
7	.000 08	.004 53	.033 51	.110 67	.237 82	.393 70	.550 29	.686 63	.793 22
8	.000 01	.001 10	.011 91	.051 13	.133 37	.256 02	.401 29	.547 04	.676 10
9		.000 24	.003 80	.021 36	.068 09	.152 76	.270 91	.407 45	.544 35
10		.000 05	.001 10	.008 13	.031 83	.083 92	.169 50	.283 38	.412 59
11		.000 01	.000 29	.002 84	.013 70	.042 62	.098 52	.184 11	.294 09
12			.000 07	.000 92	.005 45	.020 09	.053 35	.111 92	.196 99
13			.000 02	.000 27	.002 02	.008 83	.027 00	.063 80	.124 23
14				.000 08	.007 70	.003 63	.012 81	.034 18	.073 85
15				.000 02	.000 23	.001 40	.005 72	.017 26	.041 47
16				.000 01	.000 07	.000 51	.002 41	.008 23	.022 04
17					.000 02	.000 18	.000 96	.003 72	.011 11
18					.000 01	.000 06	.000 36	.001 59	.005 32
19						.000 02	.000 13	.000 65	.002 43
20						.000 01	.000 04	.000 25	.001 06
21							.000 01	.000 09	.000 44
22							.000 01	.000 03	.000 18
23								.000 01	.000 07
24									.000 03
25									.000 01

附表2 标准正态分布函数值表

$$\Phi(x)=\frac{1}{\sqrt{2\pi}}\int_{-\infty}^{x} e^{-\frac{u^2}{2}}du$$

$$=\int_{-\infty}^{x}\varphi(u)du$$

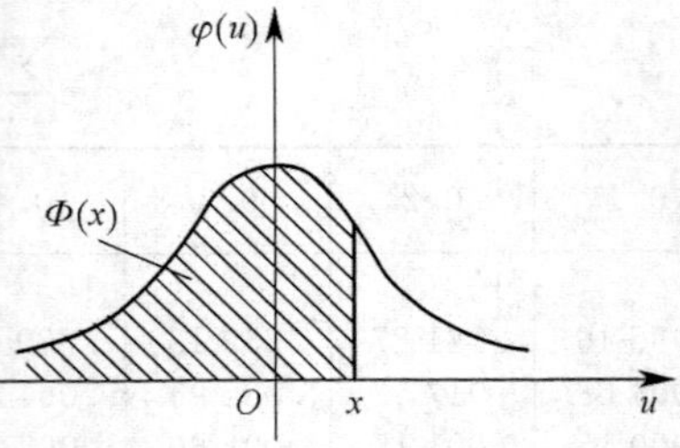

x	.00	.01	.02	.03	.04	.05	.06	.07	.08	.09
0.0	.5000	.5040	.5080	.5120	.5160	.5199	.5239	.5279	.5319	.5359
1	.5398	.5438	.5478	.5517	.5557	.5596	.5636	.5675	.5714	.5753
2	.5793	.5832	.5871	.5910	.5948	.5987	.6026	.6064	.6103	.6141
3	.6179	.6127	.6255	.6293	.6331	.6368	.6406	.6443	.6480	.6517
4	.6554	.6591	.6628	.6664	.6700	.6736	.6772	.6808	.6844	.6879
0.5	.6915	.6950	.6985	.7019	.7054	.7088	.7123	.7157	.7190	.7224
6	.7257	.7291	.7324	.7357	.7389	.7422	.7454	.7486	.7517	.7549
7	.7580	.7611	.7642	.7673	.7704	.7734	.7764	.7794	.7823	.7852
8	.7881	.7910	.7939	.7967	.7995	.8023	.8051	.8078	.8106	.8133
9	.8159	.8186	.8212	.8238	.8264	.8289	.8315	.8340	.8365	.8389
1.0	.8413	.8437	.8461	.8485	.8508	.8531	.8554	.8577	.8599	.8621
1	.8643	.8665	.8686	.8708	.8729	.8749	.8770	.8790	.8810	.8830
2	.8849	.8869	.8888	.8907	.8925	.8944	.8962	.8980	.8997	.9015
3	.9032	.9049	.9066	.9082	.9099	.9115	.9131	.9147	.9162	.9177
4	.9192	.9207	.9222	.9236	.9251	.9265	.9278	.9292	.9306	.9319
1.5	.9332	.9345	.9357	.9370	.9382	.9394	.9406	.9418	.9429	.9441
6	.9452	.9463	.9474	.9484	.9495	.9505	.9515	.9525	.9535	.9545
7	.9554	.9564	.9573	.9582	.9591	.9599	.9608	.9616	.9625	.9633
8	.9641	.9649	.9656	.9664	.9671	.9678	.9686	.9693	.9700	.9706
9	.9713	.9719	.9726	.9732	.9738	.9744	.9750	.9756	.9762	.9767
2.0	.9772	.9778	.9783	.9788	.9793	.9798	.9803	.9808	.9812	.9817
1	.9821	.9826	.9830	.9834	.9838	.9842	.9846	.9850	.9854	.9857
2	.9861	.9864	.9868	.9871	.9875	.9878	.9881	.9884	.9887	.9890
3	.9893	.9896	.9898	.9901	.9904	.9906	.9909	.9911	.9913	.9916
4	.9918	.9920	.9922	.9925	.9927	.9929	.9931	.9932	.9934	.9936
2.5	.9938	.9940	.9941	.9943	.9945	.9946	.9948	.9949	.9951	.9952
6	.9953	.9955	.9956	.9957	.9959	.9960	.9961	.9962	.9963	.9964
7	.9965	.9966	.9967	.9968	.9969	.9970	.9971	.9972	.9973	.9974
8	.9974	.9975	.9976	.9977	.9977	.9978	.9979	.9979	.9980	.9981
9	.9981	.9982	.9982	.9983	.9984	.9984	.9985	.9985	.9986	.9986
3.0	.9987	.9987	.9987	.9988	.9988	.9989	.9989	.9989	.9990	.9990
2	.9993	.9993	.9994	.9994	.9994	.9994	.9994	.9995	.9995	.9995
4	.9997	.9997	.9997	.9997	.9997	.9997	.9997	.9997	.9997	.9998
6	.9998	.9998	.9999	.9999	.9999	.9999	.9999	.9999	.9999	.9999
8	.9999	.9999	.9999	.9999	.9999	.9999	.9999	.9999	.9999	.9999

$\Phi(4,0)=0.999\ 968\ 329$	$\Phi(5,0)=0.999\ 999\ 713\ 3$	$\Phi(6,0)=0.999\ 999\ 999$

附表3 χ分布表

$$P\{\chi^2(n) > \chi^2_\alpha(n)\} = \alpha$$

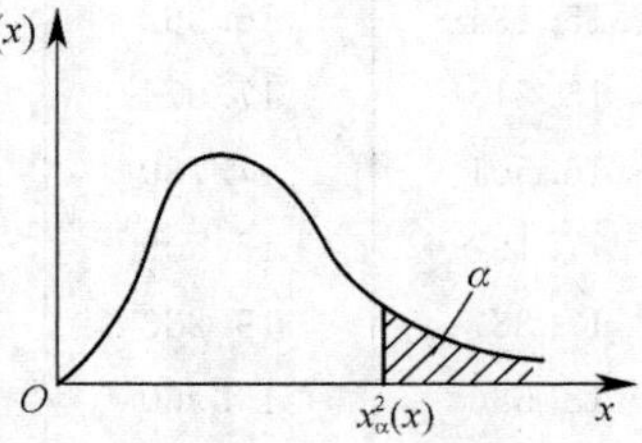

n	α=0.995	0.99	0.975	0.95	0.90	0.75
1	—	—	0.001	0.004	0.016	0.102
2	0.010	0.020	0.051	0.103	0.211	0.575
3	0.072	0.115	0.216	0.352	0.584	1.213
4	0.207	0.297	0.484	0.711	1.064	1.923
5	0.412	0.554	0.831	1.145	1.610	2.675
6	0.676	0.872	1.237	1.635	2.204	3.455
7	0.989	1.239	1.690	2.167	2.833	4.255
8	1.344	1.646	2.180	2.733	3.490	5.071
9	1.735	2.088	2.700	3.325	4.168	5.899
10	2.156	2.558	3.247	3.940	4.865	6.737
11	2.603	3.053	3.816	4.575	5.578	7.584
12	3.074	3.571	4.404	5.226	6.304	8.438
13	3.565	4.107	5.009	5.892	7.042	9.299
14	4.075	4.660	5.629	6.571	7.790	10.165
15	4.601	5.229	6.262	7.261	8.547	11.037
16	5.142	5.812	6.908	7.962	9.312	11.912
17	5.697	6.408	7.564	8.672	10.085	12.792
18	6.265	7.015	8.231	9.390	10.865	13.675
19	6.844	7.633	8.907	10.117	11.651	14.562
20	7.434	8.260	9.591	10.851	12.443	15.452
21	8.034	8.897	10.283	11.591	13.240	16.344
22	8.643	9.542	10.982	12.338	14.042	17.240
23	9.260	10.196	11.689	13.091	14.848	18.137
24	9.886	10.856	12.401	13.848	15.659	19.037
25	10.520	11.524	13.120	14.611	16.473	19.939
26	11.160	12.198	13.844	15.379	17.292	20.843
27	11.808	12.879	14.573	16.151	18.114	21.749

续表

n	α=0.995	0.99	0.975	0.95	0.90	0.75
28	12.461	13.565	15.308	16.928	18.939	22.657
29	13.121	14.257	16.047	17.708	19.768	23.567
30	13.787	14.954	16.791	18.493	20.599	24.478
31	14.458	15.655	17.539	19.281	21.434	25.390
32	15.134	16.362	18.291	20.072	22.271	26.304
33	15.815	17.074	19.074	20.867	23.110	27.219
34	16.501	17.789	19.806	21.664	23.952	28.136
35	17.192	18.509	20.569	22.465	24.797	29.054
36	17.887	19.233	21.336	23.269	25.643	29.973
37	18.586	19.960	22.106	24.075	26.492	30.893
38	19.289	20.691	22.878	24.884	27.343	31.815
39	19.996	21.426	23.654	25.695	28.196	32.737
40	20.707	22.164	24.433	26.509	29.051	33.660
41	21.421	22.906	25.215	27.326	29.907	34.585
42	22.138	23.650	25.999	28.144	30.765	35.510
43	22.859	24.398	26.785	28.965	31.625	36.436
44	23.584	25.148	27.575	29.787	32.487	37.363
45	24.311	25.901	28.366	30.612	33.350	38.291
n	α=0.25	0.10	0.05	0.025	0.01	0.005
1	1.323	2.706	3.841	5.024	6.635	7.879
2	2.773	4.605	5.991	7.378	9.210	10.597
3	4.108	6.251	7.815	9.348	11.345	12.838
4	5.385	7.779	9.488	11.143	13.277	14.860
5	6.626	9.236	11.071	12.833	15.086	16.750
6	7.841	10.615	12.592	14.449	16.812	18.548
7	9.037	12.017	14.067	16.013	18.475	20.278
8	10.219	13.362	15.507	17.535	20.090	21.955
9	11.389	14.684	16.919	19.023	21.666	23.589
10	12.549	15.987	18.307	20.483	23.209	25.188
11	13.701	17.275	19.675	21.920	24.725	26.757
12	14.845	18.549	21.026	23.337	26.217	28.299
13	15.984	19.812	22.362	24.736	27.688	29.819
14	17.117	21.064	23.685	26.119	29.141	31.319
15	18.245	22.307	21.996	27.488	30.578	32.801
16	19.369	23.542	26.296	28.845	32.000	34.267
17	20.489	24.769	27.587	30.191	33.409	35.718
18	21.605	25.989	28.869	31.526	34.805	37.156
19	22.718	27.204	30.144	32.852	36.191	38.582

续表

n	α=0.25	0.10	0.05	0.025	0.01	0.005
20	23.828	28.412	31.410	34.170	37.566	39.997
21	24.935	29.615	32.671	35.479	38.932	41.401
22	26.039	30.813	33.924	36.781	40.289	42.796
23	27.141	32.007	35.172	38.076	41.638	44.181
24	28.241	33.196	36.415	39.364	42.980	45.559
25	29.339	34.382	37.652	40.646	44.314	46.928
26	30.435	35.563	38.885	41.923	45.642	48.290
27	31.528	36.741	40.113	43.194	46.963	49.645
28	32.620	37.916	41.337	44.461	48.278	50.993
29	33.711	39.087	42.557	45.722	49.588	52.336
30	34.800	40.256	43.773	46.979	50.892	53.672
31	35.887	41.422	44.985	48.232	52.191	55.003
32	36.973	42.585	46.194	49.480	53.486	56.328
33	38.058	43.745	47.400	50.725	54.776	57.648
34	39.141	44.903	48.602	51.966	56.061	58.964
35	40.223	46.059	49.802	53.203	57.342	60.275
36	41.304	47.212	50.998	54.137	58.619	61.581
37	42.383	48.363	52.192	55.668	59.892	62.883
38	43.462	49.513	53.384	56.896	61.162	64.181
39	44.539	50.660	54.572	58.120	62.428	65.476
40	45.616	51.805	55.758	59.342	63.691	66.766
41	46.692	52.949	56.942	60.561	64.950	68.053
42	47.766	54.090	58.124	61.777	66.206	69.336
43	48.840	55.230	59.304	62.990	67.459	70.616
44	49.913	56.369	60.481	64.201	68.710	71.893
45	50.985	57.505	61.656	65.410	69.957	73.166

附表 4 t 分布表

$$P\{t(n) > t_\alpha(n)\} = \alpha$$

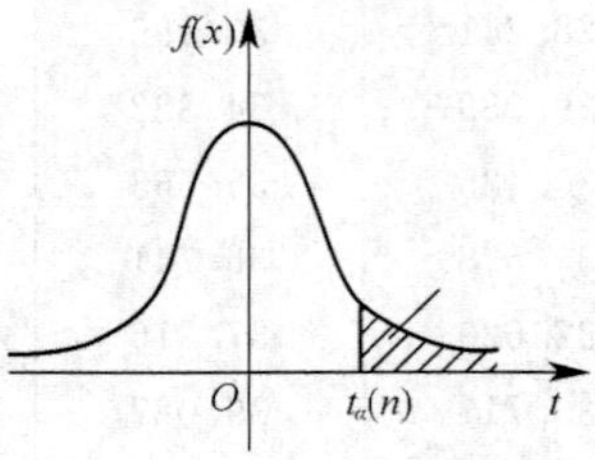

n	α=0.25	0.10	0.05	0.025	0.01	0.005
1	1.0000	3.0777	6.3138	12.7062	31.8207	63.6574
2	0.8165	1.8856	2.9200	4.3027	6.9646	9.9248
3	0.7649	1.6377	2.3534	3.1824	4.5407	5.8409
4	0.7407	1.5332	2.1318	2.7764	3.7469	4.6041
5	0.7267	1.4759	2.0150	2.5706	3.3649	4.0322
6	0.7176	1.4398	1.9432	2.4469	3.1427	3.7074
7	0.7111	1.4149	1.8946	2.3646	2.9980	3.4995
8	0.7064	1.3968	1.8595	2.3060	2.8965	3.3554
9	0.7027	1.3830	1.8331	2.2622	2.8214	3.2498
10	0.6998	1.3722	1.8125	2.2281	2.7638	3.1693
11	0.6974	1.3634	1.7959	2.2010	2.7181	3.1058
12	0.6955	1.3562	1.7823	2.1788	2.6810	3.0545
13	0.6938	1.3502	1.7709	2.1604	2.6503	3.0123
14	0.6924	1.3450	1.7613	2.1448	2.6245	2.9768
15	0.6912	1.3406	1.7531	2.1315	2.6025	2.9467
16	0.6901	1.3368	1.7459	2.1199	2.5835	2.9208
17	0.6892	1.3334	1.7396	2.1098	2.5669	2.8982
18	0.6884	1.3304	1.7341	2.1009	2.5524	2.8784
19	0.6876	1.3277	1.7291	2.0930	2.5395	2.8609
20	0.6870	1.3253	1.7247	2.0860	2.5280	2.8453
21	0.6864	1.3232	1.7207	2.0796	2.5177	2.8314
22	0.6858	1.3212	1.7171	2.0739	2.5083	2.8188
23	0.6853	1.3195	1.7139	2.0687	2.4999	2.8073
24	0.6848	1.3178	1.7109	2.0639	2.4922	2.7969
25	0.6844	1.3163	1.7081	2.0595	2.4851	2.7874
26	0.6840	1.3150	1.7056	2.0555	2.4786	2.7787
27	0.6837	1.3137	1.7033	2.0518	2.4727	2.7707

续表

n	$\alpha=0.25$	0.10	0.05	0.025	0.01	0.005
28	0.6834	1.3125	1.7011	2.0484	2.4671	2.7633
29	0.6830	1.3114	1.6991	2.0452	2.4620	2.7564
30	0.6828	1.3104	1.6973	2.0423	2.4573	2.7500
31	0.6825	1.3095	1.6955	2.0395	2.4528	2.7440
32	0.6822	1.3086	1.6939	2.0369	2.4487	2.7385
33	0.6820	1.3077	1.6924	2.0345	2.4448	2.7333
34	0.6818	1.3070	1.6909	2.0322	2.4411	2.7284
35	0.6816	1.3062	1.6896	2.0301	2.4377	2.7238
36	0.6814	1.3055	1.6883	2.0281	2.4345	2.7195
37	0.6812	1.3049	1.6871	2.0262	2.4314	2.7154
38	0.6810	1.3042	1.6860	2.0244	2.4286	2.7116
39	0.6808	1.3036	1.6849	2.0227	2.4258	2.7079
40	0.6807	1.3031	1.6839	2.0211	2.4233	2.7045
41	0.6805	1.3025	1.6829	2.0195	2.4208	2.7012
42	0.6804	1.3020	1.6820	2.0181	2.4185	2.6981
43	0.6802	1.3016	1.6811	2.0167	2.4163	2.6951
44	0.6801	1.3011	1.6802	2.0154	2.4141	2.6923
45	0.6800	1.3006	1.6794	2.0141	2.4121	2.6896

附表5 F 分布表

$$P\{F(n_1,n_2) > F_\alpha(n_1,n_2)\} = \alpha$$

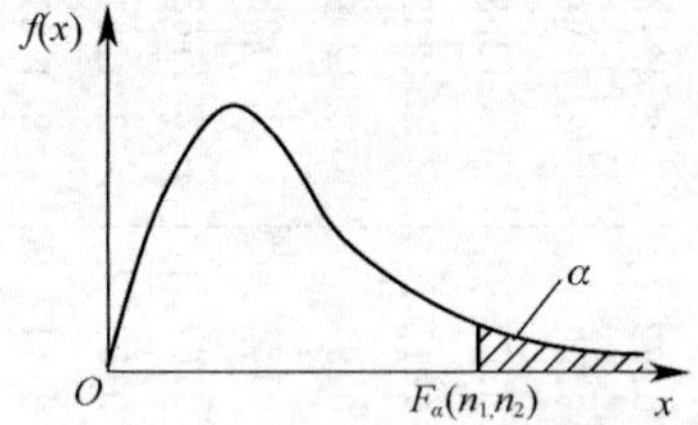

$\alpha = 0.10$

n_2 \ n_1	1	2	3	4	5	6	7	8	9	10	12	15	20	24	30	40	60	120	∞
1	39.86	49.50	53.59	55.83	57.24	58.20	58.91	59.44	59.86	60.19	60.71	61.22	61.74	62.00	62.26	62.53	62.79	63.06	63.33
2	8.53	9.00	9.16	9.24	9.29	9.33	9.35	9.37	9.38	9.39	9.41	9.42	9.44	9.45	9.46	9.47	9.47	9.48	9.49
3	5.54	5.46	5.39	5.34	5.31	5.28	5.27	5.25	5.24	5.23	5.22	5.20	5.18	5.18	5.17	5.16	5.15	5.14	5.13
4	4.54	4.32	4.19	4.11	4.05	4.01	3.98	3.95	3.94	3.92	3.90	3.87	3.84	3.83	3.82	3.80	3.79	3.78	3.76
5	4.06	3.78	3.62	3.52	3.45	3.40	3.37	3.34	3.32	3.30	3.77	3.24	3.21	3.19	3.17	3.16	3.14	3.12	3.10
6	3.78	3.46	3.29	3.18	3.11	3.05	3.01	2.98	2.96	2.94	2.90	2.87	2.84	2.82	2.80	2.78	2.76	2.74	2.72
7	3.59	3.26	3.07	2.96	2.88	2.83	2.78	2.75	2.72	2.70	2.67	2.63	2.59	2.58	2.56	2.54	2.51	2.49	2.47
8	3.46	3.11	2.92	2.81	2.73	2.67	2.62	2.59	2.56	2.54	2.50	2.46	2.42	2.40	2.38	2.36	2.34	2.32	2.29
9	3.36	3.01	2.81	2.69	2.61	2.55	2.51	2.47	2.44	2.42	2.38	2.34	2.30	2.28	2.25	2.23	2.21	2.18	2.16
10	3.29	2.92	2.73	2.61	2.52	2.46	2.41	2.38	2.35	2.32	2.28	2.24	2.20	2.18	2.16	2.13	2.11	2.08	2.06
11	3.23	2.86	2.66	2.54	2.45	2.39	2.34	2.30	2.27	2.25	2.21	2.17	2.12	2.10	2.08	2.05	2.03	2.00	1.97
12	3.18	2.81	2.61	2.48	2.39	2.33	2.28	2.24	2.21	2.19	2.15	2.10	2.06	2.04	2.01	1.99	1.96	1.93	1.90
13	3.14	2.76	2.56	2.43	2.35	2.28	2.23	2.20	2.16	2.14	2.10	2.05	2.01	1.98	1.96	1.93	1.90	1.88	1.85
14	3.10	2.73	2.52	2.39	2.31	2.24	2.19	2.15	2.12	2.10	2.05	2.01	1.96	1.94	1.91	1.89	1.86	1.83	1.80

续表

$\alpha=0.10$

n_2 \ n_1	1	2	3	4	5	6	7	8	9	10	12	15	20	24	30	40	60	120	∞
15	3.07	2.70	2.49	2.36	2.27	2.21	2.16	2.12	2.09	2.06	2.02	1.97	1.92	1.90	1.87	1.85	1.82	1.79	1.76
16	3.05	2.67	2.46	2.33	2.24	2.18	2.13	2.09	2.06	2.03	1.99	1.94	1.89	1.87	1.84	1.81	1.78	1.75	1.72
17	3.03	2.64	2.44	2.31	2.22	2.15	2.10	2.06	2.03	2.00	1.96	1.91	1.86	1.84	1.81	1.78	1.75	1.72	1.69
18	3.01	2.62	2.42	2.29	2.20	2.13	2.08	2.04	2.00	1.98	1.93	1.89	1.84	1.81	1.78	1.75	1.72	1.69	1.66
19	2.99	2.61	2.40	2.27	2.18	2.11	2.06	2.02	1.98	1.96	1.91	1.86	1.81	1.79	1.76	1.73	1.70	1.67	1.63
20	2.97	2.59	2.38	2.25	2.16	2.09	2.04	2.00	1.96	1.94	1.89	1.84	1.79	1.77	1.74	1.71	1.68	1.64	1.61
21	2.96	2.57	2.36	2.23	2.14	2.08	2.02	1.98	1.95	1.92	1.87	1.83	1.78	1.75	1.72	1.69	1.66	1.62	1.59
22	2.95	2.56	2.35	2.22	2.13	2.06	2.01	1.97	1.93	1.90	1.86	1.81	1.76	1.73	1.70	1.67	1.64	1.60	1.57
23	2.94	2.55	2.34	2.21	2.11	2.05	1.99	1.95	1.92	1.89	1.84	1.80	1.74	1.72	1.69	1.66	1.62	1.59	1.55
24	2.93	2.54	2.33	2.19	2.10	2.04	1.98	1.94	1.91	1.88	1.83	1.78	1.73	1.70	1.67	1.64	1.61	1.57	1.53
25	2.92	2.53	2.32	2.18	2.09	2.02	1.97	1.93	1.89	1.87	1.82	1.77	1.72	1.69	1.66	1.63	1.59	1.56	1.52
26	2.91	2.52	2.31	2.17	2.08	2.01	1.96	1.92	1.88	1.86	1.81	1.76	1.71	1.68	1.65	1.61	1.58	1.54	1.50
27	2.90	2.51	2.30	2.17	2.07	2.00	1.95	1.91	1.87	1.85	1.80	1.75	1.70	1.67	1.64	1.60	1.57	1.53	1.49
28	2.89	2.50	2.29	2.16	2.06	2.00	1.94	1.90	1.87	1.84	1.79	1.74	1.69	1.66	1.63	1.59	1.56	1.52	1.48
29	2.89	2.50	2.28	2.15	2.05	1.99	1.93	1.89	1.86	1.83	1.78	1.73	1.68	1.65	1.62	1.58	1.55	1.51	1.47
30	2.88	2.49	2.28	2.14	2.05	1.98	1.93	1.88	1.85	1.82	1.77	1.72	1.67	1.64	1.61	1.57	1.54	1.50	1.46
40	2.84	2.44	2.23	2.09	2.00	1.93	1.87	1.83	1.79	1.76	1.71	1.66	1.61	1.57	1.54	1.51	1.47	1.42	1.38
60	2.79	2.39	2.18	2.04	1.95	1.87	1.82	1.77	1.74	1.71	1.66	1.60	1.54	1.51	1.48	1.44	1.40	1.35	1.29
120	2.75	2.35	2.13	1.99	1.90	1.82	1.77	1.72	1.68	1.65	1.60	1.55	1.48	1.45	1.41	1.37	1.32	1.26	1.19
∞	2.71	2.30	2.08	1.94	1.85	1.77	1.72	1.67	1.63	1.60	1.55	1.49	1.42	1.38	1.34	1.30	1.24	1.17	1.00

$\alpha=0.05$

n_2 \ n_1	1	2	3	4	5	6	7	8	9	10	12	15	20	24	30	40	60	120	∞
1	161.4	199.5	215.7	224.5	230.2	234.0	236.8	238.9	240.5	241.9	243.9	245.9	248.0	249.1	250.1	251.1	252.2	253.3	254.3
2	18.51	19.00	19.16	19.25	19.30	19.33	19.35	19.37	19.38	19.40	19.41	19.43	19.45	19.45	19.46	19.47	19.48	19.49	19.50
3	10.13	9.55	9.28	9.12	9.01	9.94	8.89	8.85	8.81	8.79	8.74	8.70	8.66	8.64	8.62	8.59	8.57	8.55	8.53
4	7.71	6.94	6.59	6.39	6.26	6.16	6.09	6.04	6.00	5.96	5.91	5.86	5.80	5.77	5.75	5.72	5.69	5.66	5.63

续表

$\alpha=0.05$

n_2 \ n_1	1	2	3	4	5	6	7	8	9	10	12	15	20	24	30	40	60	120	∞
5	6.61	5.79	5.41	5.19	5.05	4.95	4.88	4.82	4.77	4.74	4.68	4.62	4.56	4.53	4.50	4.46	4.43	4.40	4.36
6	5.99	5.14	4.76	4.53	4.39	4.28	4.21	4.15	4.10	4.06	4.00	3.94	3.87	3.84	3.81	3.77	3.74	3.70	3.67
7	5.59	4.74	4.35	4.12	3.97	3.87	3.79	3.73	3.68	3.64	3.57	3.51	3.44	3.41	3.38	3.34	3.30	3.27	3.23
8	5.32	4.46	4.07	3.84	3.69	3.58	3.50	3.44	3.39	3.35	3.28	3.22	3.15	3.12	3.08	3.04	3.01	2.97	2.93
9	5.12	4.26	3.86	3.63	3.48	3.37	3.29	3.23	3.18	3.14	3.07	3.01	2.94	2.90	2.86	2.83	2.79	2.75	2.71
10	4.96	4.10	3.71	3.48	3.33	3.22	3.14	3.07	3.02	2.98	2.91	2.85	2.77	2.74	2.70	2.66	2.62	2.58	2.54
11	4.84	3.98	3.59	3.36	3.20	3.09	3.01	2.95	2.90	2.85	2.79	2.72	2.65	2.61	2.57	2.53	2.49	2.45	2.40
12	4.75	3.89	3.49	3.26	3.11	3.00	2.91	2.85	2.80	2.75	2.69	2.62	2.54	2.51	2.47	2.43	2.38	2.34	2.30
13	4.67	3.81	3.41	3.18	3.03	2.92	2.83	2.77	2.71	2.67	2.60	2.53	2.46	2.42	2.38	2.34	2.30	2.25	2.21
14	4.60	3.74	3.34	3.11	2.96	2.85	2.76	2.70	2.65	2.60	2.53	2.46	2.39	2.35	2.31	2.27	2.22	2.18	2.13
15	4.54	3.68	3.29	3.06	2.90	2.79	2.71	2.64	2.59	2.54	2.48	2.40	2.33	2.29	2.25	2.20	2.16	2.11	2.07
16	4.49	3.63	3.24	3.01	2.85	2.74	2.66	2.59	2.54	2.49	2.42	2.35	2.28	2.24	2.19	2.15	2.11	2.06	2.01
17	4.45	3.59	3.20	2.96	2.81	2.70	2.61	2.55	2.49	2.45	2.38	2.31	2.23	2.19	2.15	2.10	2.06	2.01	1.96
18	4.41	3.55	3.16	2.93	2.77	2.66	2.58	2.51	2.46	2.41	2.34	2.27	2.19	2.15	2.11	2.06	2.02	1.97	1.92
19	4.38	3.52	3.13	2.90	2.74	2.63	2.54	2.48	2.42	2.38	2.31	2.23	2.16	2.11	2.07	2.03	1.98	1.93	1.88
20	4.35	3.49	3.10	2.87	2.71	2.60	2.51	2.45	2.39	2.35	2.28	2.20	2.12	2.08	2.04	1.99	1.95	1.90	1.84
21	4.32	3.47	3.07	2.84	2.68	2.57	2.49	2.42	2.37	2.32	2.25	2.18	2.10	2.05	2.01	1.96	1.92	1.87	1.81
22	4.30	3.44	3.05	2.82	2.60	2.55	2.46	2.40	2.34	2.30	2.23	2.15	2.07	2.03	1.98	1.94	1.89	1.84	1.78
23	4.28	3.42	3.03	2.80	2.64	2.53	2.44	2.37	2.32	2.27	2.20	2.13	2.05	2.01	1.96	1.91	1.86	1.81	1.76
24	4.26	3.40	3.01	2.78	2.62	2.51	2.42	2.36	2.30	2.25	2.18	2.11	2.03	1.98	1.94	1.89	1.81	1.79	1.73
25	4.24	3.39	2.99	2.76	2.60	2.49	2.40	2.34	2.28	2.24	2.16	2.09	2.01	1.96	1.92	1.87	1.82	1.77	1.71
26	4.23	3.37	2.98	2.74	2.59	2.47	2.39	2.32	2.27	2.22	2.15	2.07	1.99	1.95	1.90	1.85	1.80	1.75	1.69
27	4.21	3.35	2.96	2.73	2.57	2.46	2.37	2.31	2.25	2.20	2.13	2.06	1.97	1.93	1.88	1.84	1.79	1.73	1.67
28	4.20	3.34	2.95	2.71	2.56	2.45	2.36	2.29	2.24	2.19	2.12	2.04	1.96	1.91	1.87	1.82	1.77	1.71	1.65
29	4.18	3.33	2.93	2.70	2.55	2.43	2.35	2.28	2.22	2.18	2.10	2.03	1.94	1.90	1.85	1.81	1.75	1.70	1.64
30	4.17	3.32	2.92	2.69	2.53	2.42	2.33	2.27	2.21	2.16	2.09	2.01	1.93	1.89	1.84	1.79	1.74	1.68	1.62
40	4.08	3.23	2.84	2.61	2.45	2.34	2.25	2.18	2.12	2.08	2.00	1.92	1.84	1.79	1.74	1.69	1.64	1.58	1.51
60	4.00	3.15	2.76	2.53	2.37	2.25	2.17	2.10	2.04	1.99	1.92	1.84	1.75	1.70	1.65	1.59	1.53	1.47	1.39
120	3.92	3.07	2.68	2.45	2.29	2.17	2.09	2.02	1.96	1.91	1.83	1.75	1.66	1.61	1.55	1.50	1.43	1.35	1.25
∞	3.84	3.00	2.60	2.37	2.21	2.10	2.01	1.94	1.88	1.83	1.75	1.67	1.57	1.52	1.46	1.39	1.32	1.22	1.00

续表

$\alpha=0.025$

n_2 \ n_1	1	2	3	4	5	6	7	8	9	10	12	15	20	24	30	40	60	120	∞
1	647.8	799.5	864.2	899.6	921.8	937.1	948.2	956.7	963.3	968.6	976.7	984.9	993.1	997.2	1001	1006	1010	1014	1018
2	38.51	39.00	39.17	39.25	39.30	39.33	39.36	39.37	39.39	39.40	39.41	39.43	39.45	39.46	39.46	39.47	39.48	39.49	39.50
3	17.44	16.04	15.44	15.10	14.88	14.73	14.62	14.54	14.47	14.42	14.34	14.25	14.17	14.12	14.08	14.04	13.99	13.95	13.90
4	12.22	10.65	9.98	9.60	9.36	9.20	9.07	8.98	8.90	8.84	8.75	8.66	8.56	8.51	8.46	8.41	8.36	8.31	8.26
5	10.01	8.43	7.76	7.39	7.15	6.98	6.85	6.76	6.68	6.62	6.52	6.43	6.33	6.28	6.23	6.18	6.12	6.07	6.02
6	8.81	7.26	6.60	6.23	5.99	5.82	5.70	5.60	5.52	5.46	5.37	5.27	5.17	5.12	5.07	5.01	4.96	4.90	4.85
7	8.07	6.54	5.89	5.52	5.29	5.12	4.99	4.90	4.82	4.76	4.67	4.57	4.47	4.42	4.36	4.31	4.25	4.20	4.14
8	7.57	6.06	5.42	5.05	4.82	4.65	4.53	4.43	4.36	4.30	4.20	4.10	4.00	3.95	3.89	3.84	3.78	3.37	3.67
9	7.21	5.71	5.08	4.72	4.48	4.32	4.20	4.10	4.03	3.96	3.87	3.77	3.67	3.61	3.6	3.51	3.45	3.39	3.33
10	6.94	5.46	4.83	4.47	4.24	4.07	3.95	3.85	3.78	3.72	3.62	3.52	3.42	3.37	3.31	3.26	3.20	3.14	3.08
11	6.72	5.26	4.63	4.28	4.04	3.88	3.76	3.66	3.59	3.53	3.43	3.33	3.23	3.17	3.12	3.06	3.00	2.94	2.88
12	6.55	5.10	4.47	4.12	3.89	3.73	3.61	3.51	3.44	3.37	3.28	3.18	3.07	3.02	2.96	2.91	2.85	2.79	2.72
13	6.41	4.97	4.35	4.00	3.77	3.60	3.48	3.39	3.31	3.25	3.15	3.05	2.95	2.89	2.84	2.78	2.72	2.66	2.60
14	6.30	4.86	4.24	3.89	3.66	3.50	3.38	3.29	3.21	3.15	3.05	2.95	2.84	2.79	2.73	2.67	2.61	2.55	2.49
15	6.20	4.77	4.15	3.80	3.58	3.41	3.29	3.20	3.12	3.06	2.96	2.86	2.76	2.70	2.64	2.59	2.52	2.46	2.40
16	6.12	4.69	4.08	3.73	3.50	3.34	3.22	3.12	3.05	2.99	2.89	2.79	2.86	2.63	2.57	2.51	2.45	2.38	2.32
17	6.04	4.62	4.01	3.66	3.44	3.28	3.16	3.06	2.98	2.92	2.82	2.72	2.62	2.56	2.50	2.44	2.38	2.32	2.25
18	5.98	4.56	3.59	3.61	3.38	3.22	3.10	3.01	2.93	2.87	2.77	2.67	2.56	2.50	2.44	2.38	2.32	2.26	2.19
19	5.92	4.51	3.90	3.56	3.33	3.17	3.05	2.96	2.88	2.82	2.72	2.62	2.51	2.45	2.39	2.33	2.27	2.20	2.13
20	5.87	4.46	3.86	3.51	3.29	3.13	3.01	2.91	2.84	2.77	2.68	2.57	2.46	2.41	2.35	2.29	2.22	2.16	2.09
21	5.83	4.42	3.82	3.48	3.25	3.09	2.97	2.87	2.80	2.73	2.64	2.53	2.42	2.37	2.31	2.25	2.18	2.11	2.04
22	5.79	4.38	3.78	3.44	3.22	3.05	2.93	2.84	2.76	2.70	2.60	2.50	2.39	2.33	2.27	2.21	2.14	2.08	2.00
23	5.75	4.35	3.75	3.41	3.18	3.02	2.90	2.81	2.73	2.67	2.57	2.47	2.36	2.30	2.24	2.18	2.11	2.04	1.97
24	5.72	4.32	3.72	3.38	3.15	2.99	2.87	2.78	2.70	2.64	2.54	2.44	2.33	2.27	2.21	2.15	2.08	2.01	1.94
25	5.69	4.29	3.69	3.35	3.13	2.97	2.85	2.75	2.68	2.61	2.51	2.41	2.30	2.24	2.18	2.12	2.05	1.98	1.91
26	5.66	4.27	3.67	3.33	3.10	2.94	2.82	2.73	2.65	2.59	2.49	2.39	2.28	2.22	2.16	2.09	2.03	1.95	1.88
27	5.63	4.24	3.65	3.31	3.08	2.92	2.80	2.71	2.63	2.57	2.47	2.36	2.25	2.19	2.13	2.07	2.00	1.93	1.85
28	5.61	4.22	3.63	3.29	3.06	2.90	2.78	2.69	2.61	2.55	2.45	2.34	2.23	2.17	2.11	2.05	1.98	1.91	1.83
29	5.59	4.20	3.61	3.27	3.04	2.88	2.76	2.67	2.59	2.53	2.43	2.32	2.21	2.15	2.09	2.03	1.96	1.89	1.81

续表

$\alpha=0.025$

n_2 \ n_1	1	2	3	4	5	6	7	8	9	10	12	15	20	24	30	40	60	120	∞
30	5.57	4.18	3.59	3.25	3.03	2.87	2.75	2.65	2.57	2.51	2.41	2.31	2.20	2.14	2.07	2.01	1.94	1.87	1.79
40	5.42	4.05	3.46	3.13	2.90	2.74	3.62	2.53	2.45	2.39	2.29	2.18	2.07	2.01	1.94	1.88	1.80	1.72	1.64
60	5.29	3.93	3.34	3.01	2.79	2.63	2.51	2.41	2.33	2.27	2.17	2.06	1.94	1.88	1.82	1.74	1.67	1.58	1.48
120	5.15	3.80	3.23	2.89	2.67	2.52	2.39	2.30	2.22	2.16	2.05	1.94	1.82	1.76	1.69	1.61	1.53	1.43	1.31
∞	5.02	3.69	3.12	2.79	2.57	2.41	2.29	2.19	2.11	2.05	1.94	1.83	1.71	1.64	1.57	1.48	1.39	1.27	1.00

$\alpha=0.01$

n_2 \ n_1	1	2	3	4	5	6	7	8	9	10	12	15	20	24	30	40	60	120	∞
1	4052	4999	5403	5625	5764	5859	5928	5982	6022	6056	6106	6157	6209	6235	6261	6287	6313	6339	6366
2	98.50	99.00	99.17	99.25	99.30	99.33	99.36	99.37	99.39	99.40	99.42	99.43	99.45	99.46	99.47	99.47	99.48	99.49	99.50
3	34.12	30.82	29.46	28.71	28.24	27.91	27.67	27.49	27.35	27.23	27.05	26.87	26.69	26.60	26.50	26.41	26.32	26.22	26.13
4	21.20	18.00	16.69	15.98	15.52	15.21	14.98	14.80	14.66	14.55	14.37	14.20	14.20	13.93	13.84	13.75	13.65	13.56	13.46
5	16.26	13.27	12.06	11.39	10.97	10.67	10.46	10.29	10.16	10.05	9.89	9.72	9.55	9.47	9.38	9.29	9.20	9.11	9.02
6	13.75	10.92	9.78	9.15	8.75	8.47	8.26	8.10	7.98	7.87	7.72	7.56	7.40	7.31	7.23	7.14	7.06	6.97	6.88
7	12.25	9.55	8.15	7.85	7.46	7.19	6.99	6.84	6.72	6.62	6.47	6.31	6.16	6.07	5.99	5.91	5.82	5.74	5.65
8	11.26	8.65	7.59	7.01	6.63	6.37	6.18	6.03	5.91	5.81	5.67	5.52	5.36	5.28	5.20	5.12	5.03	4.95	4.86
9	10.56	8.02	6.99	6.42	6.06	5.80	5.61	5.47	5.35	5.26	5.11	4.96	4.81	4.73	4.65	4.57	4.48	4.40	4.31
10	10.04	7.56	6.55	5.99	5.64	5.39	5.20	5.06	4.94	4.85	4.71	4.56	4.41	4.33	4.25	4.17	4.08	4.00	3.91
11	9.65	7.21	6.22	5.67	5.32	5.07	4.89	4.74	4.63	4.54	4.40	4.25	4.10	4.02	3.94	3.86	4.78	3.69	3.60
12	9.33	6.93	5.95	5.41	5.06	4.82	4.64	4.50	4.39	4.30	4.16	4.01	3.86	3.78	3.70	3.62	3.54	3.45	3.86
13	9.07	6.70	5.74	5.21	4.86	4.62	4.44	4.30	4.19	3.10	3.96	3.82	3.66	3.59	3.51	3.43	3.34	3.25	3.17
14	8.86	6.51	5.56	5.04	4.69	4.46	4.28	4.14	4.03	3.94	3.80	3.66	3.51	3.43	3.35	3.27	3.18	3.09	3.00
15	8.68	6.36	5.42	4.89	4.56	4.32	4.14	4.00	3.89	3.80	3.67	3.52	3.37	3.29	3.21	3.13	3.05	2.96	2.87
16	8.53	6.23	5.29	4.77	4.44	4.20	4.03	3.89	3.78	3.69	3.55	3.41	3.26	3.18	3.10	3.02	2.93	2.84	2.75
17	8.40	6.11	5.18	4.67	4.34	4.10	3.93	3.79	3.68	3.59	3.46	3.31	3.16	3.08	3.00	2.92	2.83	2.75	2.65
18	8.29	6.01	5.09	4.58	4.25	4.01	3.84	3.71	3.60	3.51	3.37	3.23	3.08	3.00	2.92	2.84	2.75	2.66	2.57
19	8.18	5.93	5.01	4.50	4.17	3.94	3.77	3.63	3.52	3.43	3.30	3.15	3.00	2.92	2.84	2.76	2.67	2.58	2.49

续表

$\alpha=0.01$

n_2 \ n_1	1	2	3	4	5	6	7	8	9	10	12	15	20	24	30	40	60	120	∞
20	8.10	5.85	4.94	4.43	4.10	3.87	3.70	3.56	3.46	3.37	3.23	3.09	2.94	2.86	2.78	2.69	2.61	2.52	2.42
21	8.02	5.78	4.87	4.37	4.04	3.81	3.64	3.51	3.40	3.31	3.17	3.03	2.88	2.80	2.72	2.64	2.55	2.46	2.36
22	7.95	5.72	4.82	4.31	3.99	3.76	3.59	3.45	3.35	3.26	3.12	2.98	2.83	2.75	2.67	2.58	2.50	2.40	2.31
23	7.88	5.66	4.76	4.26	3.94	3.71	3.54	3.41	3.30	3.21	3.07	2.93	2.78	2.70	2.62	2.54	2.45	2.35	2.26
24	7.82	5.61	4.72	4.22	3.90	3.67	3.50	3.36	3.26	3.17	3.03	2.89	2.74	2.66	2.58	2.49	2.40	2.31	2.21
25	7.77	5.57	4.68	4.18	3.85	3.63	3.46	3.32	3.22	3.13	2.99	2.85	2.70	2.62	2.54	2.45	2.36	2.27	2.17
26	7.72	5.53	4.64	4.14	3.82	3.59	3.42	3.29	3.18	3.09	2.96	2.81	2.66	2.58	2.50	2.42	2.33	2.23	2.13
27	7.68	5.49	4.60	4.11	3.78	3.56	3.39	3.26	3.15	3.06	2.93	2.78	2.63	2.55	2.47	2.38	2.29	2.20	2.10
28	7.64	5.45	4.57	4.07	3.75	3.53	3.36	3.23	3.12	3.03	2.90	2.75	2.60	2.52	2.44	2.35	2.26	2.17	2.06
29	7.60	5.42	4.54	4.04	3.73	3.50	3.33	3.20	3.09	3.00	2.87	2.73	2.57	2.49	2.41	2.33	2.23	2.14	2.03
30	7.56	5.39	4.51	4.02	3.70	3.47	3.30	3.17	3.07	2.98	2.84	2.70	2.55	2.47	2.39	2.30	2.21	2.11	2.01
40	7.31	5.18	4.31	3.83	3.51	3.29	3.12	2.99	2.89	2.80	2.66	2.52	2.37	2.29	2.20	2.11	2.02	1.92	1.80
60	7.08	4.98	4.13	3.65	3.34	3.12	2.95	2.82	2.72	2.63	2.50	2.35	2.20	2.12	2.03	1.94	1.84	1.73	1.60
120	6.85	4.79	3.95	3.48	3.17	2.96	2.79	2.66	2.56	2.47	2.34	2.19	2.03	1.95	1.86	1.76	1.66	1.53	1.38
∞	6.63	4.61	3.78	3.32	3.02	2.80	2.64	2.51	2.41	2.32	2.18	2.04	1.88	1.79	1.70	1.59	1.47	1.32	1.00

$\alpha=0.005$

n_2 \ n_1	1	2	3	4	5	6	7	8	9	10	12	15	20	24	30	40	60	120	∞
1	16 211	20 000	21 615	22 500	23056	23 437	23 715	23 925	24 091	24 224	24 426	24 630	24 836	24 940	25 044	25 148	25 253	25 359	25 465
2	198.5	199.0	199.2	199.2	199.3	199.3	199.4	199.4	199.4	199.4	199.4	199.4	199.4	199.5	199.5	199.5	199.5	199.5	199.5
3	55.55	49.80	47.47	46.19	45.39	44.84	44.43	14.13	43.88	43.69	43.39	43.08	42.78	42.62	42.47	42.31	42.15	41.99	11.83
4	31.33	26.28	24.26	23.15	22.46	21.97	21.62	21.35	21.14	20.97	20.70	20.14	20.17	20.03	19.89	19.75	19.61	19.47	19.32
5	22.78	18.31	16.53	15.56	14.94	14.51	14.20	13.96	13.77	13.62	13.38	13.15	12.90	12.78	12.66	12.53	12.40	12.27	12.14
6	18.63	14.54	12.92	12.03	11.46	11.07	10.79	10.57	10.39	10.25	10.03	9.81	9.59	9.47	9.36	9.24	9.12	9.00	8.88
7	16.24	12.40	10.88	10.05	9.52	9.16	8.89	8.68	8.51	8.38	8.18	7.97	7.75	7.65	7.53	7.42	7.31	7.19	7.08
8	14.69	11.04	9.60	8.81	8.30	7.95	7.69	7.50	7.34	7.21	7.01	6.81	6.61	6.50	6.40	6.29	6.18	6.06	5.95
9	13.61	10.11	8.72	7.96	7.47	7.13	6.88	6.69	6.54	6.42	6.23	6.03	5.83	5.73	5.62	5.52	5.41	5.30	5.19

$\alpha=0.005$

续表

n_2 \ n_1	1	2	3	4	5	6	7	8	9	10	12	15	20	24	30	40	60	120	∞
10	12.83	9.43	8.08	7.34	6.87	6.54	6.30	6.12	5.97	5.85	5.66	5.47	5.27	5.17	5.07	4.97	4.86	4.75	4.64
11	12.23	8.91	7.60	6.88	6.42	6.10	5.86	5.68	5.54	5.42	5.24	5.05	4.86	4.70	4.65	4.55	4.44	4.34	4.23
12	11.75	8.51	7.23	6.52	6.07	5.76	5.52	5.35	5.20	5.09	4.91	4.72	4.53	4.43	4.33	4.23	4.12	4.01	3.90
13	11.37	8.19	6.93	6.23	5.79	5.48	5.25	5.08	4.94	4.82	4.64	4.46	4.27	4.17	4.07	3.97	3.87	3.76	3.65
14	11.06	7.92	6.68	6.00	5.56	5.26	5.03	4.86	4.72	4.60	4.43	4.25	4.06	3.96	3.86	3.76	3.66	3.55	3.44
15	10.80	7.70	6.48	5.80	5.37	5.07	4.85	4.67	4.54	4.42	4.25	4.07	3.88	3.79	3.69	3.58	3.48	3.37	3.26
16	10.58	7.51	6.30	5.64	5.21	4.91	4.69	4.52	4.38	4.27	4.10	3.92	3.73	3.64	3.54	3.44	3.33	3.22	3.11
17	10.38	7.35	6.16	5.50	5.07	4.78	4.56	4.39	4.25	4.14	3.97	3.79	3.61	3.51	3.41	3.31	3.21	3.10	2.98
18	10.22	7.21	6.03	5.37	4.96	4.66	4.44	4.28	4.14	4.03	3.86	3.68	3.50	3.40	3.30	3.20	3.10	2.99	2.87
19	10.07	7.09	5.92	5.27	4.85	4.56	4.34	4.18	4.04	3.93	3.76	3.59	3.40	3.31	3.21	3.11	3.00	2.89	2.78
20	9.94	6.99	5.82	5.17	4.76	4.47	4.26	4.09	3.96	3.85	3.68	3.50	3.32	3.22	3.12	3.02	2.92	2.81	2.69
21	9.83	6.89	5.73	5.09	4.68	4.39	4.18	4.01	3.88	3.77	3.60	3.43	3.24	3.15	3.05	2.95	2.84	2.73	2.61
22	9.73	6.81	5.65	5.02	4.61	4.32	4.11	3.94	3.81	3.70	3.54	3.36	3.18	3.08	2.98	2.88	2.77	2.66	2.55
23	9.63	6.73	5.58	4.95	4.54	4.26	4.05	3.88	3.75	3.64	3.47	3.30	3.12	3.02	2.92	2.82	2.71	2.60	2.48
24	9.55	6.66	5.52	4.89	4.49	4.20	3.99	3.83	3.69	3.59	3.42	3.25	3.06	2.97	2.87	2.77	2.66	2.55	2.43
25	9.48	6.60	5.46	4.84	4.43	4.15	3.94	3.78	3.64	3.54	3.37	3.20	3.01	2.92	2.82	2.72	2.61	2.50	2.38
26	9.41	6.54	5.41	4.79	4.38	4.10	3.89	3.73	3.60	3.49	3.33	3.15	2.97	2.87	2.77	2.67	2.56	2.45	2.33
27	9.34	6.49	5.36	4.74	5.34	4.06	3.85	3.69	3.56	3.45	3.23	3.11	2.93	2.83	2.73	2.63	2.52	2.41	2.29
28	9.28	6.44	5.32	4.70	4.30	4.02	3.81	3.65	3.52	3.41	3.25	3.07	2.89	2.79	2.69	2.59	2.48	2.37	2.25
29	9.23	6.40	5.28	4.66	4.26	3.98	3.77	3.61	3.48	3.38	3.21	3.04	2.86	2.76	2.66	2.56	2.45	2.33	2.21
30	9.18	6.35	5.24	4.62	4.23	3.95	3.74	3.58	3.45	3.34	3.18	3.01	2.82	2.73	2.63	2.52	2.42	2.30	2.18
40	8.83	6.07	4.98	4.37	3.99	3.71	3.51	3.35	3.22	3.12	2.95	2.78	2.60	2.50	2.40	2.30	2.18	2.06	1.93
60	8.49	5.79	4.73	4.14	3.76	3.49	3.29	3.13	3.01	2.90	2.74	2.57	2.39	2.29	2.19	2.08	1.96	1.83	1.69
120	8.18	5.54	4.50	3.92	3.55	3.28	3.09	2.93	2.81	2.71	2.54	2.37	2.19	2.09	1.98	1.87	1.75	1.61	1.43
∞	7.88	5.30	4.28	3.72	3.35	3.09	2.90	2.74	2.62	2.52	2.36	2.19	2.00	1.90	1.79	1.67	1.53	1.36	1.00

$\alpha=0.001$ 续表

n_2 \ n_1	1	2	3	4	5	6	7	8	9	10	12	15	20	24	30	40	60	120	∞
1	4053t	5000t	5404t	5625t	5764t	5859t	5929t	5981t	6023t	6056t	6107t	6158t	6209t	6235t	6261t	6287t	6313t	6340t	6366t
2	998.5	999.0	999.2	999.2	999.3	999.3	999.4	999.4	999.4	999.4	999.4	999.4	999.4	999.5	999.5	999.5	999.5	999.5	999.5
3	167.0	148.5	141.1	137.1	134.6	132.8	131.6	130.6	129.9	129.2	128.3	127.4	126.4	125.9	125.4	125.0	124.5	124.0	123.5
4	74.14	61.25	56.18	53.44	51.71	50.53	49.66	49.00	48.47	48.05	47.41	46.76	46.10	45.77	45.43	45.09	44.75	44.40	44.05
5	47.18	37.12	33.20	31.09	29.75	28.84	28.16	27.64	27.24	26.92	26.42	25.91	25.39	25.14	24.87	24.60	24.33	24.06	23.79
6	35.51	27.00	23.70	21.92	20.81	20.03	19.46	19.03	18.69	18.41	17.99	17.56	17.12	16.89	16.67	16.44	16.21	15.99	15.75
7	29.25	21.69	18.77	17.19	16.21	15.52	15.02	14.63	14.33	14.08	13.71	13.32	12.93	2.73	12.53	12.33	12.12	11.91	11.70
8	25.42	18.49	15.83	14.39	13.49	12.86	12.40	12.04	11.77	11.54	11.19	10.84	10.48	10.30	10.11	9.92	9.73	9.53	9.33
9	22.86	16.39	13.90	12.56	11.71	11.13	10.70	10.37	10.11	9.89	9.57	9.24	8.90	8.72	8.55	8.37	8.19	8.00	7.81
10	21.04	14.91	12.55	11.28	10.48	9.92	9.52	9.20	8.96	8.75	8.45	8.13	7.80	7.64	7.47	7.30	7.12	6.94	6.76
11	19.69	13.81	11.56	10.35	9.58	9.05	8.66	8.35	8.12	7.92	7.63	7.32	7.01	6.85	6.68	6.52	6.35	6.17	6.00
12	18.64	12.97	10.80	9.63	8.89	8.38	8.00	7.71	7.48	7.29	7.00	6.71	6.40	6.25	6.09	5.93	5.76	5.59	5.42
13	17.81	12.31	10.21	9.07	8.35	7.86	7.49	7.21	6.98	6.80	6.52	6.32	5.93	5.78	5.63	5.47	5.30	5.14	4.97
14	17.14	11.78	9.73	8.62	7.92	7.43	7.08	6.80	6.58	6.40	6.13	5.85	5.56	5.41	5.25	5.10	4.94	4.77	4.60
15	16.59	11.34	9.34	8.25	7.57	7.09	6.74	6.47	6.26	6.08	5.81	5.54	5.25	5.10	4.95	4.80	4.64	4.47	4.31
16	16.12	10.97	9.00	7.94	7.27	6.81	6.46	6.19	5.98	5.81	5.55	5.27	4.99	4.85	4.70	4.54	4.39	4.23	4.06
17	15.72	10.66	8.73	7.68	7.02	7.56	6.22	5.96	5.75	5.58	5.32	5.05	4.78	4.63	4.48	4.33	4.18	4.02	3.85
18	15.38	10.39	8.49	7.46	6.81	6.35	6.02	5.76	5.56	5.39	5.13	4.87	4.59	4.45	4.30	4.15	4.00	3.84	3.67
19	15.08	10.16	8.28	7.26	6.62	6.18	5.85	5.59	5.39	5.22	4.97	4.70	4.43	4.29	4.14	3.99	3.84	3.68	3.51
20	14.82	9.95	8.10	1.70	6.46	6.02	5.69	5.44	5.24	5.08	4.82	4.56	4.29	4.15	4.00	3.86	3.70	3.54	3.38
21	14.59	9.77	7.94	6.95	6.32	5.88	5.56	5.31	5.11	4.95	4.70	4.44	4.17	4.03	3.88	3.74	3.58	3.42	3.26
22	14.38	9.61	7.80	6.81	3.19	5.76	5.44	5.19	4.99	4.83	4.58	4.33	4.06	3.92	3.78	3.63	3.48	3.32	3.15
23	14.19	9.47	7.67	6.69	3.08	5.65	5.33	5.09	4.89	4.73	4.48	4.23	3.96	3.82	3.68	3.53	3.38	3.22	3.05
24	14.03	9.34	7.55	6.59	5.98	5.55	5.23	4.99	4.80	4.64	4.39	4.14	3.87	3.74	3.59	3.45	3.29	3.14	2.97

续表

$\alpha=0.001$

n_2 \ n_1	1	2	3	4	5	6	7	8	9	10	12	15	20	24	30	40	60	120	∞
25	13.88	9.22	7.45	6.49	5.88	5.46	5.15	4.91	4.71	4.56	4.31	4.06	3.79	6.66	3.52	3.37	3.22	3.06	2.89
26	13.74	9.12	7.36	6.41	5.80	5.38	5.07	4.83	4.64	4.48	4.24	3.99	3.72	3.59	3.44	3.30	3.15	2.99	2.82
27	13.61	9.02	7.27	6.33	5.73	5.31	5.00	4.76	4.57	4.41	4.17	3.92	3.66	3.52	3.38	3.23	3.08	2.92	2.75
28	13.50	8.93	7.19	6.25	5.66	5.24	4.93	4.69	4.50	4.35	4.11	3.86	3.60	3.46	3.32	3.18	3.02	2.86	2.69
29	13.39	8.85	7.12	6.19	5.59	5.18	4.87	6.64	4.45	4.29	4.05	3.80	3.54	3.41	3.27	3.12	2.97	2.81	2.64
30	13.29	8.77	7.05	6.12	5.53	5.12	4.82	4.58	4.39	4.24	4.00	3.75	3.49	3.36	3.22	3.07	2.92	2.76	2.59
40	12.61	8.25	6.60	5.70	3.13	4.73	4.44	4.21	4.02	3.87	3.64	3.40	3.15	3.01	2.87	2.73	2.57	2.41	2.23
60	11.97	7.76	6.17	5.31	4.76	4.37	4.09	3.87	3.69	3.54	3.31	3.08	2.83	2.69	2.55	2.41	2.25	2.08	1.89
120	11.38	7.32	5.79	4.95	4.42	4.04	3.77	3.55	3.38	3.24	3.02	2.78	2.53	2.40	2.26	2.11	1.95	1.76	1.54
∞	10.83	6.91	5.42	4.62	4.10	3.74	3.47	3.27	3.10	2.96	2.74	2.51	2.27	2.13	1.99	1.84	1.66	1.45	1.00

附表6 相关系数检验表

$N-2$ \ α	0.05	0.01	$N-2$ \ α	0.05	0.01
1	0.997	1.000	21	0.413	0.526
2	0.950	0.990	22	0.404	0.515
3	0.878	0.959	23	0.396	0.505
4	0.811	0.917	24	0.388	0.496
5	0.754	0.874	25	0.381	0.487
6	0.707	0.834	26	0.374	0.478
7	0.666	0.798	27	0.367	0.470
8	0.632	0.765	28	0.361	0.463
9	0.602	0.735	29	0.355	0.456
10	0.576	0.708	30	0.349	0.449
11	0.553	0.684	35	0.325	0.418
12	0.532	0.661	40	0.304	0.393
13	0.514	0.641	45	0.288	0.372
14	0.497	0.623	50	0.273	0.354
15	0.482	0.606	60	0.250	0.325
16	0.468	0.590	70	0.232	0.302
17	0.456	0.575	80	0.217	0.283
18	0.444	0.561	90	0.205	0.267
19	0.433	0.549	100	0.195	0.254
20	0.423	0.537	200	0.138	0.181

参考文献

[1] 陈桂林,计东海．概率论与数理统计学习指导[M]. 北京:科学出版社．2003.

[2] 刘家春．概率论与数理统计[M]. 哈尔滨:哈尔滨工业大学出版社．2005.

[3] 茆诗松,等．概率论与数理统计[M]. 北京:高等教育出版社．2004.

[4] 盛聚,等．概率论与数理统计[M]. 北京:高等教育出版社．2005.

[5] 王勇．概率论与数理统计[M]. 北京:高等教育出版社．2007.

[6] 袁荫棠．概率论与数理统计[M]. 北京:中国人民大学出版社．2008.